BEAUTÉS

DES LEÇONS

DE LA NATURE.

LILLE.

L. LEFORT, IMP. LIBRAIRE,
rue Esquermoise, 55.

BEAUTÉS

DES LEÇONS DE LA NATURE.

Œuvres de Dieu, bénissez le Créateur. *Dan. III. 57.*

BEAUTÉS

LEÇONS DE LA NATURE,

OU

L'HISTOIRE NATURELLE,

PRÉSENTÉE A L'ESPRIT ET AU CŒUR.

LILLE.

L. LEFORT, IMPRIMEUR-LIBRAIRE,

RUE ESQUERMOISE, 55.

1843.

INTRODUCTION.

><

La contemplation de la nature est une source de plaisirs
pour l'esprit, et une école pour le cœur.

Les hommes se fatiguent à inventer des amusements dont ils ne tardent pas à se dégoûter, tandis que la nature, avec une bonté maternelle, offre à tous ses enfants le moins dispendieux, le plus innocent et le plus durable des plaisirs. C'est celui dont jouissaient dans le jardin d'Eden les premiers des humains, et notre dépravation seule nous fait rechercher des satisfactions d'un genre différent. Pour peu que l'on conserve l'antique simplicité, il est presque impossible de ne pas trouver des charmes à contempler la nature. Le pauvre, ainsi que le riche, peut se procurer cette jouissance : mais c'est précisément ce qui en diminue le prix. Insensés que nous sommes ! rien ne devrait donner plus de valeur à un bien, que la pensée qu'il fait le bonheur de tous nos frères ; et nous donnons peu de prix à ce que tous les hommes partagent avec nous !

Combien cependant, auprès de ce plaisir si

touchant et si noble , combien sont frivoles et trompeurs ces amusements recherchés que le riche se procure à si grands frais ! Uniquement propres à nous arracher à nous-mêmes , ils laissent un vide affreux dans notre âme , et amènent toujours avec eux l'ennui et le dégoût. Au contraire , la bienfaisante nature offre continuellement de nouveaux objets à nos yeux. Tous les plaisirs qui ne sont que l'ouvrage de notre imagination ont une courte durée , et sont aussi fugitifs qu'un beau songe , dont l'illusion se détruit au moment du réveil. Les plaisirs de l'esprit et du cœur , ceux que nous goûtons en contemplant les œuvres de Dieu , sont solides et constants , parce qu'ils nous ouvrent une source inépuisable de délices. Le ciel avec tous ses feux , la terre émaillée de fleurs , le chant mélodieux des oiseaux , le doux murmure des fontaines , le cours majestueux d'un fleuve , la diversité des paysages , mille points de vue , tous plus ravissants les uns que les autres , fournissent sans cesse de nouveaux sujets de contentement et de joie ; et si nous y sommes insensibles , c'est que nous voyons les œuvres de la nature d'un œil indifférent. La grande science du chrétien consiste à jouir innocemment de tout ce qui l'environne ; il possède l'art de se rendre heureux dans toutes les circonstances , à peu de frais , et sans qu'il en coûte à sa vertu.

BEAUTÉS
DES LEÇONS DE LA NATURE.

1.re CONSIDÉRATION.

La Création.

Il fut un temps où la terre et les cieux n'étaient point:
Dieu voulut qu'ils existassent, et sa volonté toute-puissante créa l'univers. *Que la lumière soit*, dit le Seigneur,
et la lumière fut ; et du moment que ce fluide, destiné à
donner aux créatures le magnifique spectacle de la création, commence d'exister, on compte les révolutions qui
font la mesure du jour et de la nuit. Telle fut l'œuvre du
premier des jours.

La terre n'est encore qu'un amas de matériaux informes. Les corps fluides et solides sont confondus les uns
avec les autres. Dieu les sépare : il rassemble les eaux
de l'atmosphère : de la terre il fait élever des vapeurs,
qui en s'épaississant deviennent des nuées, et forment,
dans le second des jours, ce firmament inférieur qu'on
appelle *le ciel*. La volonté suprême donne à toutes choses le degré de bonté qui leur est propre ; elle va déga-
ger la terre de la dernière enveloppe qui la couvre. A
son ordre, les collines s'élancent, les montagnes s'élèvent ; et sa main puissante creuse le réservoir profond
où vont se rassembler les eaux inférieures. Mise à découvert par la retraite des eaux, la terre, ornée de prairies, de côteaux, de forêts, est prête à s'embellir d'une
multitude innombrable de plantes garnies de feuillages,
de fleurs et de fruits : tous ces végétaux nouvellement
créés contiennent les semences nécessaires à la propaga-

tion de leur espèce : ils allongent leurs racines , et vont chercher sous terre des sucs nourriciers. Mais un froid âpre comprime les boutons et les fleurs cachées sous leurs enveloppes ; et le principe de vie qui les anime y demeure dans une sorte d'engourdissement. De cette masse de lumière , qui , dès les premiers instants , avait été séparée des ténèbres , Dieu forme , au quatrième jour , des corps lumineux , pour servir d'une manière plus précieuse à la distinction du jour et de la nuit , et pour régler la vicissitude des saisons de l'année. Alors parut le soleil dont les feux et la bienfaisante chaleur échauffent et fertilisent la terre. A son aspect , les feuillages et les fleurs s'épanouissent ; les champs , tapissés de verdure , sont émaillés des plus vives couleurs ; et l'astre qui a tout vivifié déploie en même temps , par la lumière dont il est le principe , ce spectacle à la fois ravissant et majestueux. La lune , réfléchissant l'éclat de ce premier flambeau , préside à la nuit , accompagnée d'un nombre prodigieux d'étoiles qui brillent sur nos têtes , et qui , en l'absence de cet astre nocturne , dissipent en partie les épaisses ténèbres dans lesquelles nous resterions plongés.

Jusqu'ici , Dieu n'a produit sur la terre que des créatures inanimées, attachées à sa surface : le cinquième jour est employé à donner l'existence à une partie des êtres vivants , libres de se transporter en différents lieux , doués de la faculté de perpétuer leur espèce , et capables ainsi de peupler toute la nature. L'air , la mer et les eaux , les forêts , les vallons , les plaines , les rochers même , tout a ses habitants : les uns doux et traitables , les autres agrestes et solitaires. Leurs inclinations diverses , et appropriées aux fonctions auxquelles ils sont appelés par leur Auteur , les retiennent tous dans l'ordre et le rang qui leur sont assignés.

Mais pourquoi tant d'apprêts ? A qui est destiné ce magnifique séjour ?.... Ton cœur , ô homme ! répond à ces questions , et ton esprit t'a plus d'une fois confirmé ces réponses. La simple inspection de la terre prouve que si l'on en retirait l'homme , tout y serait sans beauté , sans harmonie et sans dessein ; il fait seul le lien de tout ce qui s'y trouve , parce que tout y a été livré à son pouvoir , à son industrie , à son gouvernement et à sa reconnaissance. L'Être suprême , qui voulait créer l'homme ,

lui a préparé une demeure. Il a d'abord fait la terre
qui devait le recevoir, et l'a placée de manière que ce
chef-d'œuvre de ses mains pût avoir part au spectacle
de l'univers : les provisions dont elle est enrichie dure-
ront autant que les siècles. Dieu lui donne une compagne
qu'il tire du corps de l'homme, pour qu'elle lui soit
aussi chère que lui-même ; et il lui fait partager avec la
femme le domaine de toute la terre, pour la lui rendre respectable. Celui à qui le Créateur réservait l'usage de tout
ce qu'il a produit dans cet heureux séjour, en est mis
en possession : tout est fait ; et parmi les objets visibles,
rien de nouveau n'y sera plus créé dans la suite des âges.

2.me CONSIDÉRATION.

Époque de l'origine du monde et du genre humain.

Selon les livres sacrés, c'est-à-dire selon les monuments les plus anciens et les plus authentiques, l'existence
de la terre, en admettant même le calcul des Septante,
ne remonte qu'à deux siècles environ au delà de sept
mille ans. L'opinion qui lui donne une antiquité plus reculée n'est fondée sur aucune preuve solide tirée de la
physique, de l'astronomie, ou de l'histoire. D'abord la
physique ne présente point de phénomènes qui supposent
à la terre une antiquité plus grande que celle que lui
attribuent les livres saints : tout ce que l'on observe à
la surface et dans l'intérieur du globe découle manifestement ou de sa constitution primitive, ou des altérations
qu'ont dû y occasionner le déluge et les causes naturelles, comme l'ont si bien prouvé de nos jours les plus
savants géologues. L'astronomie n'en recule pas plus l'existence, puisque les observations les plus anciennes, celles
du moins sur lesquelles on peut faire un véritable fonds,
et qui n'ont rien de commun avec des tables et des calculs faits après coup, ne vont point au delà d'un siècle
environ après le déluge. Tout ce qui précède cette époque n'est qu'un commencement grossier de connaissances
astronomiques. Enfin, l'histoire du genre humain ne remonte pas plus haut que celle que nous transmet Moïse ;
et tout ce qu'on débite touchant l'immense antiquité des

anciens peuples est avancé sans preuve. Les annales des
Chinois, visiblement remplies de faussetés, n'atteignent
pas d'ailleurs, à beaucoup près, au temps où la chronologie des Septante place le déluge. Les Phéniciens n'ont
pas d'historien plus ancien que Sanchoniaton, postérieur
au législateur des Hébreux. Les calculs de Bérose et de
Manéthon, qui donnaient aux Chaldéens et aux Egyp-
tiens une antiquité si reculée, sont évidemment fabuleux.
Quant aux nations indiennes, dont on vante aussi l'antiquité, leur temps historique est tellement confondu
avec le temps des fables, qu'il n'est pas possible d'y rien
trouver de fixe et de certain. En un mot, toutes les histoires, si l'on en supprime les prétendus règnes des dieux,
sur le fondement ruineux desquels est appuyée cette antiquité prodigieuse qu'on a voulu tourner en preuve contre
Moïse; toutes les histoires, dis-je, viennent finir au
point que nos livres divins ont assigné au déluge, et
elles concourent à prouver l'époque de la création, par
l'origine récente qu'elles donnent aux plus anciennes nations de la terre, ainsi qu'aux sciences et aux arts les
plus nécessaires aux hommes réunis en société.

A mesure que l'on rétrograde vers les temps primitifs,
la terre se montre toujours moins défrichée, moins parsemée d'habitations; le genre humain moins nombreux
et la civilisation moins avancée. Presque toute l'Europe
était jadis couverte d'immenses forêts. La Gaule, la Grande-
Bretagne, la Germanie, vers le commencement de l'ère
vulgaire, sont habitées par des peuplades divisées en
une multitude de petits états indépendants les uns des autres; les villes y méritent à peine le nom de villages,
les maisons n'y sont que des chaumières, les dieux n'y
ont d'autres temples, les assemblées nationales d'autres
palais, que les forêts voisines. Combien toutes ces régions devaient alors être moins peuplées qu'aujourd'hui!
L'Allemagne, par exemple, n'était qu'une vaste forêt
dont les habitants ne purent d'abord ensemencer que les
espaces vides. Ils n'avaient point de possession en propre; ils changeaient annuellement de demeure. La Germanie n'offrait pas un seul arbre fruitier; il n'y croissait
que du gland. Maintenant, pour établir un parallèle
entre les habitants de l'ancienne Germanie et ceux de
l'Allemagne moderne, il faut premièrement mettre à part

tous les habitants des villes et des bourgs ; faire attention ensuite aux nombreuses colonies que la dernière envoie en d'autres pays ; observer enfin que la plupart des
forêts étant converties actuellement en terres labourables,
l'ancienne Germanie avait à peine en terrain cultivé le
dixième de ce qu'elle en contient à présent, et par conséquent le dixième de ses habitants. Combien alors de millions d'hommes de moins sur la terre ! et combien ils
se sont multipliés depuis ! Et cependant les forêts qui
de l'Allemagne s'étendent au nord-est de l'Asie, celles
qui sont encore restées en Afrique et en Amérique, prou-
vent que notre globe n'est pas, à beaucoup près, aussi
peuplé qu'il pourrait l'être.

L'Italie, au temps de la fondation de Rome, sept à
huit siècles avant Jésus-Christ, à peine défrichée, encore sauvage, et divisée en une foule de petites sociétés
particulières, est loin de s'annoncer comme ayant été
habitée depuis un nombre immense de siècles. Sept à huit
cents ans avant Rome, la Grèce et l'Asie mineure ne nous
offrent que des peuples qui viennent en quelque sorte de
naître, sans art, sans aucun de ces traits caractéristiques
qui font présumer une longue civilisation. La Grèce et
l'Asie mineure étaient alors ce que fut l'Italie huit siècles
plus tard : ce que furent encore longtemps après la
Gaule, la Grande-Bretagne, la Germanie ; ce qu'avaient
été auparavant l'Assyrie et la Palestine.

Si notre globe existait de toute éternité, il aurait dû,
de temps immémorial, être beaucoup plus peuplé qu'il ne
l'est aujourd'hui ; et quand même nous ne le suppose-
rions que de quelques milliers d'années plus ancien qu'il
ne l'est effectivement, sa population devrait être bien
plus considérable que celle que nous lui connaissons. La
population a toujours augmenté depuis le déluge ; on l'é-
value à onze cent millions d'hommes, et l'on a calculé
que la terre pourrait fournir la subsistance de cinq milliards au moins.

L'origine récente des sciences et des arts ajoute une
nouvelle force aux preuves que nous venons d'apporter de
la nouveauté du monde. L'histoire nous fait remonter à
l'époque peu éloignée, où les hommes avaient à peine
inventé les arts les plus nécessaires à la vie, et où l'on
n'avait, pour ainsi dire, aucune idée des premiers prin-

cipes des sciences. Si l'existence du globe remontait à des temps infiniment reculés, comment, durant cette longue suite de siècles, les arts les plus indispensables eussent-ils été inconnus? Et n'y aurait-il pas de l'absurdité à supposer que les hommes fussent restés ensevelis pendant un si long temps dans les plus épaisses ténèbres, et plongés dans une profonde léthargie, dont ils se seraient réveillés tout-à-coup?

Ces considérations nous ramènent au Dieu puissant, créateur du ciel et de la terre. C'est de lui que le monde et les hommes tirent leur origine : toutes choses sont par lui; il était avant que cet univers existât, et il sera éternellement le même. Et moi aussi j'existerai toujours!.... Pensée consolante! quels ravissements tu me fais éprouver! Quand les cieux passeront, je serai encore; et si j'ai été fidèle à ma vocation, l'éternité s'écoulera pour moi dans le sein du bonheur!

3.me CONSIDÉRATION.

La matière; son étonnante divisibilité.

LA matière qui constitue l'univers sensible, quoiqu'elle affecte nos sens de tant de manières différentes, ne nous est cependant point connue dans son essence : tout ce que nous savons, c'est que dans son état naturel, elle est une substance étendue et impénétrable; mais est-elle divisible à un point que, malgré l'extrême petitesse à laquelle on suppose réduit par la division un élément de matière, il y ait toujours un intervalle immense entre la division effectuée et la division possible? C'est une question qui, soit que l'on nie, soit qu'on affirme, renferme plus de difficulté qu'on ne pense, et que nous ne nous empresserons pas de résoudre. Contentons-nous de dire que les bornes de la divisibilité de la matière sont réellement inassignables; qu'elle est actuellement divisible et divisée autant que l'exige la conservation de l'univers, et que ses éléments sont d'une si concevable petitesse, qu'il nous serait impossible de rien imaginer d'aussi subtil.

Le corps le plus imperceptible est comme un monde où des millions de parties se trouvent réunies et arrangées dans l'ordre le plus parfait. Jusque dans les moindres objets du règne de la nature on retrouve , avec de nouvelles preuves de l'inconcevable divisibilité de la matière, les plus grands sujets d'admiration. Votre corps même contient une foule d'objets d'une petitesse extrême , que vous n'avez peut-être pas remarqués jusqu'ici , et qui méritent cependant toute votre attention. Il est couvert d'une multitude innombrable de pores , dont il n'y a que la moindre partie qu'on puisse distinguer à la simple vue. Votre épiderme ressemble aux écailles d'un poisson : un grain de sable peut couvrir deux cent cinquante de ces petites écailles , et une seule couvre cinq cents de ces interstices ou pores , qui donnent passage à la sueur et à la transpiration insensible. Dans ce limon blanchâtre que les aliments laissent sur les dents , on a , dit-on , découvert une quantité innombrable d'animaux , dont un million n'occuperait que l'espace d'un grain de poudre à canon.

Loin de nous donc cette idée , que le pouvoir et la sagesse du Créateur ne se montrent que dans l'immense grandeur du monde! La puissance *du Dieu fort* n'est pas moins admirable dans les plus petits objets , et nous ne devons pas moins la reconnaître dans l'inconcevable divisibilité de la matière , que dans cette multitude de globes immenses dont elle a peuplé l'univers.

4.ᵐᵉ CONSIDÉRATION.

Lois générales de la nature , et premièrement l'impulsion et l'attraction universelles.

On nomme *lois de la nature* la manière fixe et constante dont la matière reçoit , communique et perd l'action qui l'anime. Le système de l'univers est un , et par conséquent il existe une seule loi générale que nous ne connaissons pas , et de laquelle naissent les lois particulières pour chaque espèce de choses , et même pour chaque individu. Parmi ces lois subordonnées on en distingue trois , qu'on appelle improprement *générales* et *primitives : l'impulsion* , *l'attraction* et *l'affinité* , qui paraissent être les causes de tout ce qu'il y a d'action dans la nature , et de tous les phénomènes qu'elle nous présente : « Non pas , dit » Leibnitz , qu'elles naissent du principe de la nécessité ;

» mais elles naissent du principe de la perfection et de
» l'ordre ; elles sont un effet du choix et de la sagesse de
» Dieu. Ces belles lois démontrables de plusieurs maniè-
» res, non pas, à la vérité, comme le serait une pro-
» position géométrique, ce qui d'ailleurs n'est pas d'une
» nécessité absolue, sont une preuve merveilleuse d'un
» Etre intelligent et libre, contre le système de la néces-
» sité absolue et brute de Straton et de Spinosa. »

L'impulsion est l'action d'un corps qui heurte et met en
mouvement un autre corps ; par exemple, d'un boulet de
canon sur le mur qu'il frappe. Ainsi l'impulsion renferme
deux choses : l'action du corps qui meut ou tend à mouvoir un autre corps, et le mouvement produit dans le corps
heurté ou frappé. L'impulsion est évidemment, dans la
nature, une cause générale et primitive, dont on connaît
et l'on calcule les effets, quoique l'on n'en connaisse
pas assez le premier moteur.

Il est impossible, avec l'impulsion seule, de rendre
raison de tous les phénomènes de la nature ; il faut lui
associer une autre cause : *l'attraction*, force en vertu de
laquelle les corps tendent réciproquement à s'approcher les
uns des autres. L'expérience nous apprend que, sur la
terre ils tendent tous à descendre ; ou que s'ils sont éloignés de sa surface sans être soutenus, ils y tombent en
ligne perpendiculaire. Phénomène sur la cause duquel le
génie des plus grands philosophes ne nous éclairera jamais.

Si nous ne pouvons déterminer la cause purement physique
de la pesanteur, au moins rien n'est plus sensible que les
avantages qui en résultent. Sans elle nous serions hors
d'état de nous mouvoir comme nous le faisons. Notre
marche, par exemple, est en quelque sorte une suite continuelle de chutes durant laquelle le centre de gravité,
placé vers le milieu de notre corps, se conserve entre
nos pieds. De là vient que nous plions le corps en avant,
lorsque nous gravissons une montagne, et que nous le portons en arrière lorsque nous la descendons. Nous nous in-
clinons en avant, lorsque nous portons un fardeau sur les
épaules ; et, en arrière, si nous le portons devant nous.
Toutes ces positions s'effectuent d'après les lois de la gravité, lesquelles règlent les mouvements des animaux, soit
qu'ils marchent, qu'ils nagent ou qu'ils volent.

Ce sont encore les mêmes lois, comme nous le verrons

plus en détail en parlant de l'astronomie, qui président au mouvement de ces corps prodigieux qui roulent sur nos têtes.

Tel est le moyen, si petit en apparence, par lequel la sagesse divine procure le mouvement aux corps célestes et aux animaux : les seules lois de la gravité empêchent que le moindre grain de poussière ne se perde ni sur la terre, ni dans les autres globes. Combien donc est aveugle ou ingrat celui qui, au milieu de tant de merveilles, en méconnaît l'auteur !

5.me CONSIDÉRATION.

De l'affinité ou attraction spéciale.

L'ATTRACTION universelle qui agit en raison directe des masses, et en raison inverse du carré des distances, joue le plus grand rôle dans le ciel ; mais elle ne suffit point pour expliquer, soit la tendance qui porte les unes vers les autres les parties intégrantes ou constituantes des corps, soit la force qui les fait adhérer ensemble quand elles sont unies. Il est démontré, par une infinité d'expériences, que cette tendance et cette force existent : c'est ce qu'on appelle *affinité*, *attraction spéciale* ou *élective*.

La force d'affinité a lieu, ou entre des molécules de nature semblable, ce qui forme un tout résultat de plusieurs parties uniquement agrégées, sans qu'elles se combinent, et elle s'appelle *affinité d'agrégation* ; ou entre des molécules de nature différente qui se combinent entre elles, et on la nomme *affinité de combinaison* ou *de composition*. On a un exemple de celle-ci dans l'acide muriatique et dans l'alcali minéral, dont la réunion forme le sel marin d'une saveur agréable. Ainsi l'acide muriatique, qui est celui du sel commun, et l'alcali minéral ou la soude réunis, forment un sel neutre, le sel marin dont la saveur est agréable, tandis que séparés ils sont de violents caustiques.

Le mécanisme physique du règne animal et du règne végétal paraît dépendre en grande partie de l'affinité : elle est une des causes du mouvement des sucs dans les plantes, et même dans les animaux dont le corps est un tissu innombrable de tubes capillaires, où les humeurs sont dans un mouvement continuel, réglé probablement en partie d'après les lois de la mécanique, et en partie d'après celles de l'affinité.

L'attraction élective n'a lieu qu'entre des molécules très-petites, et lorsqu'elles sont au point de contact. C'est en cela qu'elle semble spécialement différer de l'attraction universelle, puisque celle-ci agit à de grandes distances, et tient, pour ainsi dire, attachées de loin au soleil les planètes qui se meuvent autour de lui. Ainsi le physicien voit la même force, modifiée par des circonstances particulières, tenir à des distances réglées des planètes dans leurs orbites, et produire l'adhérence des atomes qui s'unissent dans les combinaisons chimiques : il adore cette sagesse admirable, qui par une même loi produit la végétation d'un brin d'herbe, et le mouvement de tous les mondes.

6.ᵐᵉ CONSIDÉRATION.

Sur la force d'inertie.

OUTRE les lois dont nous venons de parler, les physiciens admettent dans la matière une force de résistance, par laquelle les corps tendent à rester dans l'état où ils se trouvent. Cette force, qu'ils ont nommée *force d'inertie*, ne doit pas être confondue avec *l'inertie de la matière*, dénomination par laquelle on entend l'incapacité naturelle qu'elle a de se donner par elle-même le mouvement et l'action. La force d'inertie est, dit-on, l'obstacle que la matière oppose au mouvement, si elle est en repos ; et au repos, ou à un mouvement différent, si elle se meut, et toujours en raison de sa masse. Cette force est une dépendance de la loi d'impulsion. L'auteur de la nature, qui a voulu que les corps reçussent tel mouvement à l'occasion de tel choc, a aussi établi qu'ils opposeraient telle résistance au mouvement, et que cette résistance serait proportionnelle à la quantité de matière dont ils seraient composés.

Voyons s'il ne serait pas possible de se faire des idées plus exactes.

Quoique nous ignorions la nature du mouvement, nous savons, à n'en pouvoir douter, que le mouvement est autre chose que le repos. Pour mouvoir, il faut produire un effet : or tout effet demande une cause, à laquelle on puisse donner le nom de *force*.

Si donc une force est nécessaire pour mouvoir un corps, ce n'est pas qu'il y ait dans ce corps une force qui résiste, mais c'est que le mouvement est un effet à produire.

D'un autre côté, pour rendre le repos à un corps en mouvement, c'est un effet à détruire; et si ce corps persévère dans son mouvement, ce n'est pas par une *force d'inertie*, c'est par une *force motrice* qui lui a été communiquée. Aussi voyons-nous que le mouvement n'est retardé ou anéanti, que quand un corps rencontre des obstacles.

De cette manière, les corps se meuvent avec une régularité parfaite; et l'on peut déterminer avec la précision la plus exacte les lois du mouvement et de la percussion. S'il n'en était pas ainsi, les globes célestes ne pourraient parcourir leur carrière avec cet ordre qui nous frappe, et toujours il faudrait une nouvelle cause motrice pour entretenir le mouvement des astres. De là il résulte manifestement que c'est une sagesse infinie qui a formé et arrangé l'univers. Qu'une seule pièce de cet immense édifice vînt à être supprimée, le tout s'écroulerait. De quelle utilité nous serait la structure merveilleuse des plantes et des animaux, et l'arrangement si admirable des globes célestes, si ces différents corps n'étaient pas susceptibles de mouvement!

7.me CONSIDÉRATION.

Réflexions sur le globe terrestre; sage ordonnance qu'on y découvre.

LA terre, de forme à peu près sphérique, ne pouvait avoir de figure plus propre à être habitée par des créatures vivantes. Au moyen de cette forme, la lumière et la chaleur, ces deux choses si nécessaires à la vie, se distribuent sur tout le globe. Si nous la considérons dans ses dimensions, nous voyons qu'avec une circonférence de neuf mille lieues et un diamètre de trois mille, elle présente une surface d'environ vingt-cinq millions six cent quatre-vingt-quatorze mille deux cent quarante lieues carrées, dont les deux tiers sont couverts d'eau. Plus molle ou plus spongieuse qu'elle ne l'est en effet, les hommes et les animaux s'y enfonceraient; plus dure, plus compacte et moins pénétrable, elle se refuserait aux travaux du laboureur; elle serait incapable de produire et de nourrir cette multitude d'herbes , de plantes , de racines et de fleurs qui sortent actuellement de son sein.

Ce globe est formé de couches distinctes ; les unes de différentes pierres , les autres de divers métaux ou minéraux. Sans nous étendre sur les nombreux avantages qui en résultent , surtout par rapport aux hommes , nous nous bornerons à dire que c'est au moyen des couches de sable renfermées dans la terre , à une grande profondeur , que se purifie et se filtre , pour ainsi dire , l'eau douce , si nécessaire aux besoins de la vie. Sa superficie offre un mélange admirable de plaines et de vallées , de collines et de montagnes qui forment un spectacle à souhait pour le plaisir des yeux. Qu'elle est belle cette demeure ! comme elle est appropriée aux besoins des créatures dont elle est le séjour ! Mais quelle sera la beauté , quels seront les trésors de cette demeure fortunée où s'élancent mes désirs , puisque celle où je ne fais que passer est déjà si riche en agréments , et si fertile en toutes sortes de biens !

8.me CONSIDÉRATION.

Origine des montagnes , leur nature , leurs volcans , leurs cavernes.

LES montagnes sont pour nous une source de bienfaits sans cesse renaissants , et sans elles la terre ne serait bientôt qu'un séjour de mort.

On peut distinguer trois sortes de montagnes : 1.° les montagnes *primitives* , toutes formées en général de granits , ne renfermant aucun débris d'animaux ou de végétaux , et ne présentant rien qui puisse être regardé comme une dépendance des lois générales de la nature. Telles sont principalement les montagnes les plus hautes et les plus étendues de notre planète. 2.° Les montagnes *secondaires* , formées de matières calcaires disposées par couches parallèles , horizontales , et où l'on voit un grand nombre de dépôts marins ; ce qui annonce qu'elles sont l'ouvrage des eaux. Il en est cependant qui n'offrant aucune trace de pétrifications , ne peuvent devoir leur origine aux dépôts de la mer. 3.° Les montagnes *tertiaires* , moins régulièrement composées.

Un entassement de sables , de grès , de cailloux roulés , de différents corps marins , épars avec les dépouilles d'animaux et de végétaux terrestres, nous montre les archives de ce déluge décrit par le plus respectable des historiens, et qu'on retrouve dans les monuments de tant de nations.

Plusieurs montagnes offrent d'énormes bouches à feu qui vomissent la mort avec un fracas épouvantable. O homme! ces terribles volcans ont peut-être excité en toi des murmures contre Celui qui en est l'auteur. Mais un peu d'attention te va faire reconnaître ses vues paternelles. Ces soupiraux sont nécessaires pour prévenir les ravages, plus grands encore, que produiraient les matières propres à fermenter contenues dans le sein de la terre, si elles ne trouvaient point de semblables issues. En outre, de l'explosion des volcans, des tremblements de terre, proviennent ces vastes cavités qui rassemblent les eaux, pour les distribuer sur la terre et pour l'humecter quand celles de la pluie viennent à manquer. Sans elles encore, les animaux seraient sans asile durant l'hiver, et nous serions privés de plusieurs productions, qui ne peuvent se former ou parvenir à leur perfection que dans ces cavités.

Ainsi partout se lit cette grande vérité : qu'il n'est rien d'inutile dans la nature, rien de trop, rien qui n'y soit avantageux à l'univers.

9.ᵐᵉ CONSIDÉRATION.

Élévation des montagnes ; leur température, leur utilité.

Quel spectacle imposant que celui des hautes montagnes qui cachent leur cime dans les nues! Les Cordillières, les montagnes les plus élevées de la terre, ont plus de trois mille toises d'élévation au-dessus de la mer du sud; le Mont-blanc, en Savoie, a plus de deux mille quatre cents toises au-dessus de la Méditerranée. Le voyageur, après avoir gravi sur le sommet, placé pour ainsi dire entre le ciel et la terre, dans un jour pur et serein pour lui, voit sous ses pieds d'affreuses nuées tour-à-tour enflammées et ténébreuses, darder au loin et la grêle et la foudre sur les campagnes inférieures.

La température des montagnes est d'autant moins chaude qu'elles ont moins de hauteur. Sur leur sommet, même dans la zone torride et sous la ligne, règne persévéramment pendant les plus grandes chaleurs de l'été un froid beaucoup plus rigoureux que celui de nos plus rudes hivers.

Mais quel peut être le but de cet immense appareil ? Un instant de réflexion va nous en faire sentir l'utilité.

D'abord, c'est par les montagnes que nous recevons les eaux qui circulent sur toute la terre. Leur surface attire, arrête, absorbe les nuages ; et les espaces qui séparent leurs pointes sont comme des bassins préparés pour recevoir les brouillards épaissis, les nuées précipitées en pluies ou en neiges. Leurs entrailles sont autant de réservoirs d'où s'échappent les eaux pour arroser la terre, et qui donnent naissance aux rivières et aux fleuves.

A cet avantage inestimable, s'en joignent quantité d'autres non moins sensibles. Elles sont la demeure de plusieurs espèces d'animaux dont nous faisons beaucoup d'usage. Sur leurs flancs croissent des arbres et un nombre infini de plantes salutaires, qu'on ne cultive pas avec le même succès dans les plaines, ou qui n'y ont pas les mêmes vertus.

Les montagnes mettent certaines contrées à l'abri des vents froids et piquants ; nous leur devons les vignes les plus exquises, et leur sein renferme les pierres les plus précieuses ; elles garantissent des pays entiers de la fureur des mers et des tempêtes. Posées par la nature comme des espèces de remparts et de fortifications, elles sont les bornes de différents états, et en défendent plusieurs contre les invasions de l'ennemi et l'ambition des conquérants.

Enfin, à n'envisager les montagnes que du côté de l'agrément, ce sont des espèces d'amphithéâtres qui nous procurent les perspectives les plus riantes, et qui donnent aux maisons, et même à des villes entières, la plus intéressante position.

Etre des êtres, j'adore avec la plus profonde vénération les merveilles que tu fais éclater de toutes parts dans la nature. Tu ne cesses de te montrer un bienfaiteur *libéral* et magnifique !

10.ᵐᵉ CONSIDÉRATION.

Beaux points de vue que représentent les Alpes.

LES Alpes présentent tant de points de vues intéressants qu'il nous serait impossible d'en détailler toutes les beautés. Ainsi nous ne ferons que nommer les merveilles du Salève, des hauteurs duquel l'œil aperçoit avec étonnement d'immenses roches saillantes et horizontales, sous lesquelles deux à trois cents personnes pourraient se mettre à l'abri, et où l'on respire au plus fort de l'été un air toujours vif et frais ; puis le Mont-Blanc, ce colosse énorme qui se montre flanqué et à droite et à gauche de sommités qui en paraissent comme les épaules, ou comme d'immenses degrés qui conduisent à sa cime ; plus à gauche, le Mont-Mallet, la haute pyramide d'Argentière, le glacier de Buet, etc.

A droite, au pied des Alpes, l'extrémité du lac d'Annecy ; et à gauche la vallée de Cluse. De cette vallée on voit l'Arve sortir, serpenter autour des bases du Mole ; venir baigner le pied du Salève, et terminer sa course en s'unissant au Rhône.....

Rien de plus favorable pour la perspective que le sommet des Voirons. Comme ce sommet est très-étroit, il permet en divers endroits à la vue de s'étendre de deux côtés. Mais la plus belle situation est celle d'une petite sommité isolée, à l'extrémité la plus occidentale de la montagne.

Les yeux arrivent à ces objets attrayants, et en reviennent par des gradations charmantes. Ici, l'œil descend au lac par une pente douce et cultivée, ornée de beaux villages qui présentent des points de vue rapprochés et champêtres. Là, d'abord attiré par la grandeur et la majesté des Alpes, il vient se reposer de ce magnifique spectacle dans une jolie vallée, sur d'agréables villages qui sont au pied de la montagne, et sur le replis tortueux d'une rivière qui y serpente.

Dans une autre partie, la riante vallée de Chamouni et le magnifique côteau de l'Ermitage présentent chacun un spectacle non moins ravissant, où l'âme demeure comme perdue et anéantie à l'aspect d'énormes montagnes qui sont comme entassées les unes sur les autres

Que votre grandeur a d'éclat, ô mon Dieu ! Quelle gloire, quelle majesté vous environne !.... Qui pourrait vous méconnaître à la vue de tant de merveilles !

11.me CONSIDÉRATION.

La mer, avantages qu'elle procure.

LA profondeur de la mer varie considérablement, selon le plus ou moins grand abaissement du sol qui lui sert de

bassin et de lit au-dessous des rivages qui la captivent :
la plus commune est d'environ cent cinquante toises , et
la plus grande d'environ trois mille. Abstraction faite des
tempêtes et du flux et reflux , la hauteur de la mer n'est
pas constamment la même dans une même contrée.

C'est ce que prouve la situation actuelle de l'ancien
port de Marseille , qui n'a plus aujourd'hui une goutte
d'eau ; d'Aigues-Mortes et Fréjus , en Provence ; de Ra-
venne , en Italie ; de Rosette et de Damiette en Egypte ,
autrefois ports de mer et maintenant plus ou moins enfoncés dans le continent et plus ou moins élevés au-dessus
du niveau de la mer ; tandis que , d'un autre côté , les
mers de Hollande et des Indes paraissent plus élevées
qu'autrefois , sans qu'on ait remarqué aucun affaissement
général dans le sol ; et le pays des Hollandais et quelques
contrées des Indes , si elles n'étaient défendues par de
fortes digues , n'offriraient qu'un lit de mer. Il est donc
évident que les eaux de la mer se déplacent , mais la
masse entière reste toujours la même.

Admirons la juste proportion qui existe entre l'étendue
des eaux et celle de la terre ferme. Si l'Océan se trouvait réduit à moitié de ce qu'il est actuellement, il ne
pourrait fournir que la moitié des vapeurs qui s'en exhalent,
et la terre ne serait plus suffisamment arrosée.

Que deviendraient d'ailleurs les avantages qui résultent
du commerce , si ce grand amas d'eau n'existait pas.

Reconnaissons dans le partage de notre globe en terre
et en eau , une nouvelle preuve de la sagesse et de la bonté
du Créateur , et sachons l'en glorifier.

12.me CONSIDÉRATION.

Des trois règnes de la nature en général.

LES êtres terrestres se divisent en trois classes , savoir :
le *règne animal* , le *règne végétal* , et le *règne minéral*.

On entend par *règne animal* tous les êtres organisés
qui ont un principe de vie et de sentiment ; par *règne
végétal* , toutes les substances qui ont une organisation , un
accroissement , un dépérissement , en un mot , une espèce
de vie , mais sans aucun principe de sentiment proprement dit : le *règne minéral* renferme toutes les substan-

ces qui n'ont aucune organisation, telles que les métaux, les pyrites, les bitumes, les sels, les différentes espèces de terres et de pierres, etc. Tous les êtres terrestres viennent se ranger naturellement sous ces trois classes : les êtres brutes ou inorganisés ; les êtres organisés et inanimés ; enfin les êtres organisés et animés, auxquels toutefois on peut ajouter une quatrième classe, c'est-à-dire l'être organisé, animé et raisonnable, pour l'usage duquel tout ce qui l'environne a été créé.

13.me CONSIDÉRATION.

L'aimant.

CETTE espèce de mine de fer, dure, pesante, de couleur obscure, et ordinairement grise, présente à nos observations cinq propriétés principales, sources d'une multitude de phénomènes tous plus intéressants les uns que les autres.

L'aimant *attire* un autre aimant, il attire et s'attache un morceau de fer. Cette vertu n'est pas également répandue dans toute la substance de cette pierre, elle réside principalement dans deux de ses points qu'on appelle les *pôles*.

Cette attraction, l'aimant la *communique* et la transmet au fer qu'il touche, sans rien perdre de sa propriété attractive. Ainsi un morceau de fer aimanté peut être considéré comme un véritable aimant, et s'appliquer aux mêmes expériences. Ces deux premières propriétés de l'aimant étaient connues de l'antiquité.

Libre et suspendu par un fil, l'aimant affecte constamment de diriger un de ses pôles, et toujours le même, vers le nord, et l'autre vers le sud. Cette direction, qui souffre cependant quelques variations dont nous parlerons bientôt, a fait donner au pôle qui se tourne vers le nord le nom de *pôle boréal* ou *septentrional* ; et à celui qui se tourne vers le sud le nom de *pôle austral* ou *méridional*. Une si précieuse découverte, qui ne date que du treizième ou du quatorzième siècle, amena celle de l'aiguille aimantée ou de la boussole, instrument qui ouvrit le vaste champ des mers aux navigateurs et aux commerçants ; nouvelle preuve que des choses qui paraissent d'abord peu importantes peuvent devenir extrêmement utiles au monde entier, et qu'en général la connaissance et l'étude des œuvres de Dieu sont infiniment avantageuses à l'esprit humain.

Ces vertus de l'aimant excitèrent les physiciens à force de recherches, à l'examiner de plus en plus, tant afin de pénétrer la cause de ses effets surprenants, que pour y découvrir de nouvelles propriétés. Plus heureux à ce dernier égard qu'au premier, ils trouvèrent que les pôles de l'aimant ne se dirigeaient pas constamment vers les points du nord et du midi, et que cette ligne de direction déclinait tantôt vers l'orient et tantôt vers l'occident, sous un plus grand ou plus petit angle. C'est la *déclinaison* de l'aimant.

De plus, en se dirigeant vers le nord et vers le midi, ces pôles de l'aimant ont une *inclinaison* qui fait que sous l'équateur l'aiguille s'établit à peu près dans le plan de l'horizon qui atteint les deux pôles du ciel. Mais à mesure que l'on avance vers l'un ou l'autre de ces points, elle s'abaisse de plus en plus au-dessous de celui dont on s'éloigne, affectant de se tenir toujours à peu près dans le plan de l'horizon.

On a remarqué que la vertu attractive de l'aimant agissait aussi fortement lorsqu'on interposait, entre lui et le fer, quelque corps qui semblait devoir mettre obstacle à cet effet. Tous les métaux, à l'exception du fer, le bois, le verre, le feu, l'eau, et même l'homme et les animaux, donnent passage à l'activité de l'aimant, et ne l'empêchent point d'agir sensiblement sur le fer. On découvrit aussi que dans deux aimants le pôle boréal de l'un attire le pôle austral de l'autre, et repousse son pôle boréal : tandis que le pôle boréal du second est attiré par le pôle austral du premier, qui repousse constamment le pôle austral du second, c'est-à-dire que les deux pôles du même nom se repoussent, et semblent se fuir.

Comme le fer attire l'aimant aussi fortement qu'il en est attiré, il s'ensuit que la vertu attractive réside dans tous les deux. C'est ce que démontre l'expérience. En effet, suspendez un aimant à l'une des extrémités d'un fléau d'une balance, et un poids semblable à celui de l'aimant à l'autre extrémité ; lorsque l'aimant sera en équilibre et en repos, présentez-lui par dessous un morceau de fer, vous le verrez descendre, et faire monter le poids opposé. La même chose arrivera si l'on suspend le fer à la place de l'aimant : en mettant celui-ci sous le fer, le métal sera attiré par l'aimant.

Tous les efforts, toute la sagacité des philosophes, pour découvrir la cause des phénomènes que nous venons d'indiquer, ont été jusqu'ici inutiles : l'aimant est encore un mystère pour l'esprit humain. Et nous serions surpris que, dans la religion, qui est infiniment élevée au-dessus des sens, il se trouve des mystères impénétrables et dont la parfaite connaissance soit réservée à une économie future! Quoi! dans les choses que nous voyons de nos yeux, que nous touchons de nos mains, il se rencontre une multitude d'objets qui obligent les savants les plus distingués à confesser leur ignorance et la faiblesse de leurs lumières, et nous prêterions l'oreille à des hommes qui ont la témérité de révoquer en doute, et même de nier tout ce qu'ils ne peuvent comprendre dans la religion, dont toutefois les preuves sont si frappantes, si bien liées, si fort au-dessus de toutes les objections! S'il suffit de nier ce que nous ne concevons pas, disons donc aussi que l'aimant n'attire point le fer, qu'il ne se dirige point vers le nord, etc., puisque nous ne saurions ni expliquer, ni comprendre ces phénomènes.

Quand il est question des choses naturelles, on peut dire à ces sortes de pyrrhoniens : Venez et voyez. Mais les mystères de la religion ne se voient pas des yeux du corps; l'esprit seul peut y atteindre par la foi : appuyé sur la parole de Dieu, qui ne peut le tromper, il les croit ici-bas sans hésiter : il les croit comme l'ont fait, d'après cette autorité si bien confirmée par une suite admirable de preuves qui se soutiennent toutes les unes les autres, nos vrais philosophes et nos plus grands génies, les Descartes, les Newton, les Leibnitz, les Bacon, les Euler, les Wolf, etc., et il ne se flatte de les comprendre parfaitement qu'au grand jour de l'éternité.

Attends donc, ô chrétien! attends ce vif éclat de lumière; et si tu trouves dans la nature et dans la religion des choses inexplicables, souviens-toi que l'éclat actuel de ton âme et de ton corps te rend incapable de les voir en elles-mêmes, et de les approfondir; la chaîne des vérités qui les lie est trop au-dessus de ta portée. Souviens-toi qu'une partie de la félicité du monde à venir consistera dans une connaissance plus grande et plus complète de tout ce qui pourra contribuer à perfectionner notre bonheur et à manifester les glorieux attributs de l'Être des êtres. Là, au sein de la lumière , tu auras une vue claire et distincte de tout ce qui maintenant est pour toi environné de nuages : là tu ne découvriras qu'une sagesse profonde dans ce qui te semblait ou obscur ou défectueux ici-bas : là enfin , ton âme pénétrée de joie et de reconnaissance saisira tout l'ensemble , tous les rapports , toute la merveilleuse harmonie des œuvres du Seigneur.

14.me CONSIDÉRATION.

Parties extérieures des plantes.

LES plantes composent trois grandes familles : les herbes , les arbrisseaux et les arbres.

Commençons par contempler les parties extérieures des plantes , et arrêtons-nous d'abord aux *racines*. Elles sont construites de manière qu'à l'aide de leurs divers pivots et de leurs ramifications , les plantes sont fixées et affermies dans la terre , d'où elles tirent les sucs nourriciers qu'elle renferme.

De la racine s'élève la *tige* , à laquelle la plante doit en partie sa force et sa beauté.

Les *branches* , comme autant de bras , s'élancent hors du tronc ou de la tige sur laquelle elles sont distribuées avec beaucoup de régularité. Les *bourgeons* ou *boutons* , qui en sortent , sont autant de petites plantes qui , mises en terre y prennent racine , et deviennent en tout semblables à celui dont elles faisaient partie.

Les *feuilles* , disposées de manière que toutes puissent jouir des rayons du soleil , sont arrangées autour de la tige et des branches avec la même symétrie.

Les *fleurs* , dont le brillant émail fait une des grandes beautés de la nature , ne sont pas moins diversifiées que les feuilles. Les unes n'ont qu'une seule feuille ou *pétale ;* les autres en ont plusieurs.

Du centre de la fleur s'élèvent les *pistils* , qu'environnent ordinairement d'autres colonnes plus petites que l'on nomme *étamines*. Celles-ci soutiennent les *sommets* , espèces de capsules remplies d'une poussière très-fine.

Aux fleurs succèdent les *fruits* et les *graines* , précieuses richesses qui réparent les pertes que l'inclémence des saisons , les besoins de l'homme et des animaux, ont fait éprouver aux plantes. Les graines et les fruits renferment , sous une ou plusieurs enveloppes , le germe des plantes futures.

On nomme *pédicule* le prolongement de la tige destiné à soutenir les fleurs et les feuilles , et il acquiert un développement proportionné au volume et à la pesanteur du corps qu'il doit soutenir. Le pédicule des fruits renferme un grand appareil d'organes qui servent à élaborer les sucs de l'arbre, et ne laissent parvenir au fruit que les plus purs et les plus raffinés. Le fruit est le complément de l'ouvrage de la nature , la partie la plus intéressante de la plante , le moyen le plus sûr de sa reproduction ; en un mot , l'objet pour la formation duquel la plante n'a cessé de travailler depuis le moment de son existence.

Tout est admirable dans de pareils procédés ; tout y annonce la grandeur de celui qui en a tracé les lois. Chaque partie des plantes a ses usages propres et sa destination.

Que mon Créateur est grand ! que sa sagesse est admirable ! que sa bonté est infinie !

15.me CONSIDÉRATION.

Parties intérieures des plantes ; leur accroissement.

DANS une branche coupée transversalement , ainsi que dans l'arbre entier , on remarque quatre choses principales : la moelle, le bois , l'aubier, l'écorce. La *moelle* est un amas de petites cellules où se trouve beaucoup de sève. Le *bois* est la partie la plus dure du tronc , divisée en couches concentriques autour de l'axe. Le bois proprement dit s'étend jusqu'à l'*aubier* , composé d'autres couches d'un bois encore plus imparfait; lesquelles s'étendent jusqu'à l'écorce. En prenant chaque année une nouvelle couche entre l'écorce et l'aubier précédent , l'arbre convertit successivement son aubier en bois , et son âge se connaît assez facilement à ces couches concentriques. L'*écorce* est comme l'enveloppe et la peau de l'arbre.

Dans l'écorce on distingue particulièrement le liber , l'épiderme , et l'écorce moyenne. Le *liber* est un amas de pellicules fines , et adhérentes immédiatement à l'aubier , dont chaque année elles deviennent une nouvelle couche , en se dégageant du reste de l'écorce. L'*écorce moyenne* est composée de fibres ligneuses , de vaisseaux propres , d'un tissu cellulaire et de tranchées. La sève qui coule entre elle et le liber produit chaque année une nouvelle couche de pellicules. Enfin l'*épiderme* est l'enveloppe extérieure de toutes les couches corticales.

On donne le nom de *vaisseaux communs* à ceux où coule la *sève*. Les *vaisseaux propres* sont d'autres tubes collés contre ceux dont nous venons de parler, et remplis d'un suc particulier à la plante. La sève est un fluide sans couleur, d'une saveur plus ou moins fade, et destiné à se séparer en différents sucs, pour la nourriture et l'entretien des divers organes. Le *tissu cellulaire* est un assemblage de vésicules posées horizontalement, communiquant entre elles, et placées entre les mailles des fibres séveuses. Enfin, au milieu, autour d'un faisceau de fibres ligneuses, s'observent les *trachées* : elles ne contiennent ordinairement que de l'air, et elles peuvent être regardées comme les poumons de la plante.

Chaque arbre reçoit une partie de sa nourriture des racines, dont les extrémités présentent un amas prodigieux de fibres spongieuses, toujours ouvertes, afin de pouvoir se remplir des sucs que leur fournit la terre. Ces sucs, attirés par la chaleur du soleil, s'élèvent par degrés dans les branches et dans leurs rameaux. Quand le suc s'est répandu partout où il était nécessaire, ce qui en reste reflue par les vaisseaux posés entre l'écorce intérieure et l'écorce extérieure. De là résulte cet accroissement qui se renouvelle chaque année, et qui forme l'épaisseur de l'arbre. En même temps la tige croît de plus en plus en hauteur, tandis que la racine continue de s'étendre en bas, dans la même proportion.

Ah ! que ne puis-je dans mes progrès ressembler à cet arbre que je viens de contempler ! Que ne puis-je croître sans cesse en piété, m'élever à de grandes vertus, et porter au dehors les fruits convenables à la place qui m'est assignée !

16.ᵐᵉ CONSIDÉRATION.

De la dissémination naturelle des graines et de l'extrême petitesse des germes.

LA plupart des graines ne sont point semées par la main des hommes, elles échappent même à leurs regards : c'est la nature qui se charge de ce soin. Quelques-unes sont garnies de volants, d'aigrettes, de panaches, qui leur servent d'ailes, au moyen desquelles les vents les emporlent à des distances prodigieuses. D'autres sont menues, et néanmoins assez pesantes pour tomber perpendiculairement sur la terre, et pour s'y insinuer sans aucun secours étranger. Celles-ci, plus grandes et plus légères, et qui pourraient être dispersées par le vent, ont souvent un ou plusieurs crochets qui les arrêtent, et les empêchent de se répandre trop loin. Il y en a qui sont renfermées dans des capsules élastiques, dont le ressort les lance à des distances convenables, dès qu'on les touche, ou qu'elles acquièrent un certain degré de sécheresse ou d'humidité.

Les graines qui n'ont ni panaches, ni ailes, ni ressorts, et qui par leur pesanteur semblent condamnées à rester au pied du végétal qui les a produites, sont souvent celles qui font les plus longs voyages ; elles volent avec les ailes des oiseaux. C'est par eux que se ressèment une multitude de fruits, soit à pepins, soit à noyaux, dont les semences, renfermées dans des croûtes pierreuses et indigestibles, sont avalées par les habitants de l'air, qui vont les planter sur les corniches des tours, dans les fentes des rochers, sur les troncs des arbres, au delà des fleuves et des mers.

Qui n'admirerait ici les tendres et prévoyantes attentions du Créateur ? Si la dissémination des plantes avait été entièrement abandonnée aux soins des hommes, dans quel état seraient les forêts et les prairies ? Père tendre et bienfaisant ! quel n'est pas votre amour pour vos créatures ! et que votre sagesse est partout ineffable !

Mais ce n'est pas encore là ce que les graines nous offrent de plus merveilleux. Cet arbre qui doit faire un jour l'ornement de nos jardins est dans le germe avec toute sa parure. Dans le gland se trouve déjà la tige, les feuilles, les branches et les racines du chêne immense qui servira d'asile à tant d'oiseaux, et qui couvrira de son ombre une si grande superficie de terrain. Qu'elle est grande la puissance de celui qui sait opérer tant de merveilles.

17.ᵐᵉ CONSIDÉRATION.

De la propagation des plantes par les graines, les fleurs et les fruits.

Dans la plupart des végétaux les fleurs sont destinées à féconder la graine qu'ils produisent, et à développer le germe qui doit les perpétuer.

Presque toutes sont pliées dans un bouton, où elles se

forment en secret , et sont garanties par leurs enveloppes et leurs tuniques. Lorsqu'ensuite la sève survient en abondance , surtout vers le printemps , la fleur grossit , le bouton s'ouvre , et l'un des plus séduisants phénomènes du règne végétal se montre à nos yeux.

La fleur porte dans son sein le germe qui doit reproduire son espèce. Trois parties principales constituent communément sa nature. Le *calice* , pour l'ordinaire de couleur verte , est l'enveloppe extérieure qui soutient et met à couvert toutes ses parties. La *corolle* est destinée à l'embellir par ses feuilles minces et de diverses couleurs. Mais c'est véritablement le *cœur* , ou le centre de la fleur , qui en forme la partie la plus essentielle. On y voit un filet ou petite colonne , appelée *pistil* , laquelle , particulièrement dans les tulipes , monté assez haut. Autour du pistil sont les *étamines* , autres filets surmontés des *sommets* , qui renferment une poussière prolifique et diversement colorée. Les étamines sont proprement les organes mâles , destinées à féconder les germes ; et le pistil , ce tuyau qui reçoit les poussières des étamines par les *stigmates* , et les conduit dans ces cavités où se trouve la graine , est la partie femelle : c'est la matrice qui reçoit la poussière fécondante.

Vous voyez quel concours de causes est nécessaire pour produire les végétaux , pour les conserver et pour les propager. Quoique les germes préexistent tout formés dans leurs graines , quel art ne faut-il pas pour les développer, pour donner l'accroissement à la plante , pour la conserver , et pour en perpétuer l'espace ! Grand Dieu ! Qui pourrait ici vous méconnaître. Oui , c'est vous qui vivifiez les graines , et qui donnez aux végétaux l'existence et l'accroissement !

18.me CONSIDÉRATION.

Sur la fécondation des plantes.

LE nombre des étamines ou des parties mâles des plantes; celui des parties femelles ou des pistils , sur les différentes parties de la fleur , ou leur distribution dans les fleurs , ou sur des individus séparés : tous ces caractères varient dans les différentes espèces de plantes.

Dans les espèces les plus communes , les deux sexes sont réunis sur la même fleur, à laquelle on donne le nom de *fleur hermaphrodite :* dans d'autres espèces, ils sont réunis sur le même individu, mais sur des fleurs différentes, tandis que dans quelques-unes, les fleurs mâles et les fleurs femelles sont sur des plantes séparées. Quelquefois un individu porte des fleurs hermaphrodites et des fleurs femelles. Dans quelques-unes de ces espèces de plantes, il arrive que les étamines et les pistils des fleurs hermaphrodites ne parviennent pas en même temps à l'état de perfection, ou même que leurs pistils n'y parviennent jamais ; et alors le concours des autres fleurs est nécessaire à la fécondation. Dans d'autres espèces, les fleurs hermaphrodites suffiraient seules à la reproduction.

Lorsque les parties mâles et les parties femelles se trouvent dans une même fleur, leur disposition paraît quelquefois s'opposer à la reproduction ; mais si le pistil est plus élevé que le sommet des étamines, alors l'anthère de celles-ci, c'est-à-dire la vésicule qui les termine et qui renferme la poussière fécondante, lance avec force cette poussière qui s'élève jusqu'au pistil ; ou bien le pistil se courbe pour se joindre aux anthères. Si les fleurs sont disposées soit en grappe, soit en épis, les fleurs inférieures sont fécondées par celles qui sont au-dessus : quelquefois les fleurs, penchées vers la terre, et dont alors les étamines se trouvent au-dessous du pistil, se relèvent dans le temps de la fécondation, pour donner à ces organes la disposition nécessaire à la reproduction de la plante. Dans les espèces où ces parties sont placées sur des fleurs différentes, mais sur le même individu, le vent ébranlant les branches des plantes fait tomber des étamines une pluie de poussière qui est reçue par les pistils. Enfin si les individus eux-mêmes sont séparés, les poussières, emportées au loin par les vents, répandues dans tout l'espace, et agitées en tous sens, parviennent jusqu'aux fleurs femelles.

Quels traits frappants de cette sagesse profonde qui a présidé à l'arrangement du globe, et qui partout a si bien approprié les moyens à la fin !

19.ᵐᵉ CONSIDÉRATION.

Propagation des plantes par rejetons et par boutures : la greffe.

La vertu reproductive des végétaux se rencontre aussi dans des ognons qui naissent au sein de la terre. L'ognon

formé de plusieurs écailles posées les unes sur les autres
renferme comme la graine une plante raccourcie. Le caïeu
qui pousse sur les côtes de l'ognon principal est destiné par
la Providence à le remplacer. Certaines plantes jettent autour d'elles des traînées ou de longs filets, dont les nœuds
ou les yeux allongent leurs chevelus en terre, et deviennent autant de nouveaux pieds que l'on peut séparer les
uns des autres. Plus étonnants encore, les arbres se propagent pour ainsi dire par toutes leurs parties. D'un saule,
par exemple, d'une vigne, d'un groseiller, etc., on détache un rameau qu'on met en terre après en avoir coupé
les petites branches : bientôt il en sort des racines, et il
devient un arbre qui donne les mêmes productions que
le tronc qui l'a fourni.

Il est encore une manière de multiplier les végétaux :
elle consiste à planter une ou plusieurs boutures, dans le
tronc ou dans les branches d'un arbre lui-même. C'est la
greffe qui unit une portion de plante à une autre plante,
avec laquelle la première fait corps, et continue de vivre.
La portion qui s'unit se nomme *greffe ;* celle sur laquelle
on l'unit s'appelle *sujet.* On greffe de plusieurs manières :
en fente, en couronne, en flûte, en écusson, etc. ; mais
toutes ces opérations consistent à transporter les sucs du sujet
à la greffe, dans les vaisseaux de laquelle ils prennent des
modifications différentes. Par cet art ingénieux, le jardinier change les fruits aigres et petits en fruits d'une grande
beauté et d'un goût délicieux : il rajeunit les arbres ; il
cueille sur l'amandier la pêche, la poire sur l'épine, et
perfectionne sans cesse la nature dans les plantes qui, par
l'excellence de leurs fruits et de leurs fleurs, méritent le
plus l'attention des hommes.

Ainsi le père de famille cherche à faire germer la vertu
dans de jeunes cœurs, à corriger des naturels opiniâtres,
et à faire tout fleurir autour de lui par le charme et la
persuasion des bons exemples.

20.me CONSIDÉRATION.

Les feuilles des arbres.

LES feuilles ont une destination et des usages bien importants. Chaque feuille a certains vaisseaux qui étant fort
serrés dans le *pédicule*, se séparent à l'extrémité supérieure

en différentes nervures principales, qui se ramifient, se divisent, et se subdivisent presque à l'infini dans l'une et l'autre surfaces. Il n'est pas une feuille qui, outre ces vaisseaux extrêmement déliés, n'ait une multitude étonnante de pores. En plein air les feuilles tournent leur surface supérieure vers le ciel, et l'inférieure vers la terre ou vers l'intérieur de la plante.

Elles présentent à la rosée leur surface inférieure garnie d'une infinité de petits tuyaux toujours prêts à l'absorber; et afin qu'elles ne se nuisissent pas l'une à l'autre dans l'exercice de cette fonction, elles ont été arrangées sur la tige et sur les branches avec un tel art que celles qui précèdent immédiatement ne recouvrent pas celles qui suivent. Par là les plantes dans un temps de sécheresse reçoivent en abondance une rosée vivifiante qui est pompée par la surface inférieure des feuilles. Et que le pyrrhonisme n'objecte pas que c'est gratuitement que nous avançons ce fait. L'expérience nous apprend que parmi des feuilles égales et semblables, prises sur le même arbre, celles qui sont appliquées par leur surface inférieure sur des vases pleins d'eau se conservent très-vertes des semaines et même des mois entiers, tandis que celles qui présentent à l'eau leur surface supérieure périssent en peu de jours.

Les plantes transpirent beaucoup, et la surface inférieure des feuilles paraît être encore le principal organe de cette opération si importante.

Il se fait peu de transpiration par la surface supérieure : d'où l'on peut inférer qu'une de ses principales fonctions est de servir d'abri et de défense à la surface inférieure, et c'est là sans doute l'usage de ce vernis naturel et si lustré qu'on remarque sur la première.

Les feuilles servent encore à introduire dans l'intérieur de la plante l'air dont elle a besoin : elles paraissent aussi contribuer à la conservation du bouton qui doit pousser l'année suivante ; car l'œil du bourgeon se trouve déjà vers l'insertion du pédicule de la feuille. Elles se tournent du côté d'où elles peuvent recevoir le plus de fluide nourricier : de là vient que, dans certaines plantes, elles s'inclinent très-bas.

En un mot tout, jusqu'aux moindres objets dans la nature, a été arrangé avec une sublime intelligence par le Créateur.

21.me CONSIDÉRATION.

Les fleurs, leur multitude et leur diversité.

A peine pourrait-on croire jusqu'où a été portée l'attention du Créateur à réjouir l'homme par la beauté et par la multitude des fleurs. On dirait qu'elles ont reçu l'ordre de naître sous ses pas : nulle partie dans la nature qui ne lui en offre tour-à-tour. Elles croissent au haut des arbres et sur l'herbe qui rampe ; elles embellissent les vallées et les montagnes, les prairies en sont émaillées ; il les cueille au bord des bois, et jusque dans les déserts ; le printemps, l'été et l'automne les font succéder les unes aux autres avec profusion.

Mais la variété qui règne entre les fleurs est peut-être plus surprenante encore, nouvel effet de la bonté divine. S'il existait entre les fleurs une ressemblance parfaite, relativement à leur structure, à leur forme, à leur grandeur, à leurs parures, cette uniformité fatiguerait nos sens et produirait l'ennui ; ou si l'été ne présentait de plantes et de fleurs que celles du printemps, nous nous lasserions de les contempler et de donner nos soins à leur culture.

Cette diversité ne s'étend pas seulement sur des familles entières du royaume des plantes, elle s'étend sur les simples individus. Dans chaque plante, dans chaque arbuste, il n'y a presque aucune fleur où l'on ne remarque quelque diversité, soit dans la structure, soit dans la grandeur, soit dans le mélange des couleurs.

La sagesse divine, qui s'est jouée dans la distribution des couleurs dont les fleurs sont parées, a mis de nouveaux agréments dans l'air et dans la figure qu'elle a donnés à chacune d'elles. Quelle élégance et quelle symétrie dans les pyramides sur lesquelles se montre le lis ! Au pied de cette fleur majestueuse, la modeste pensée semble craindre de se montrer : de loin elle promet peu ; de près elle réjouit par des grâces singulières. Quelques fleurs brillent des plus riches couleurs ; d'autres n'ont que la plus simple parure : celles-ci parfument l'air des plus douces odeurs ; celles-là ne font que réjouir la vue par leur coloris et leurs formes agréables. Il en est qui réunissent tous les charmes. Qu'elle est belle la reine des fleurs, lorsque sortant des fentes d'un rocher humide, elle brille sur sa propre verdure,

lorsque le zéphir la balance sur sa tige hérissée d'épines ;
lorsque l'aurore l'a couverte de pleurs , et que par son
éclat et ses parfums elle invite à la cueillir ! Souvent une
cantharide nichée dans sa corolle en relève le carmin par
son vert d'émeraude. C'est alors que cette fleur semble
nous dire que , symbole du plaisir par ses attraits et son peu
de durée , elle porte comme lui le danger autour d'elle ,
et si l'on n'y prend garde le repentir dans son sein.

22.me CONSIDÉRATION.

Beauté des fleurs ; ordre dans leur succession.

LA terre est un vaste jardin parsemé de fleurs qui répandent un charme singulier sur tout le domaine de l'homme :
lors même qu'il se renferme dans les bornes étroites de sa
demeure , elles semblent vouloir la lui rendre plus aimable ,
en se réunissant dans son parterre , et en s'y plaisant plus
qu'ailleurs. On dirait que les plus belles , séparées du vulgaire pour former une ambassade brillante , viennent rendre hommage à leur seigneur , et saluer par députés le roi
de la nature.

Chaque fleur paraît au moment qui lui a été prescrit.
Vous avez vu d'abord la perce - neige sortir de la terre.
Parut ensuite la fleur de safran : avec elle se montrèrent
l'aimable violette et la brillante primevère. Ces plantes et
quelques autres sur les montagnes faisaient l'avant-garde de
l'armée des fleurs ; et leur arrivée , si agréable par elle-
même , avait encore le mérite de nous annoncer la venue
prochaine d'une multitude de leurs aimables compagnes.

En effet , nous voyons après elle la tulipe développer ses
feuilles et ses fleurs. Bientôt la belle anémone formera un
dôme en s'arrondissant ; la renoncule déploiera toute sa
magnificence et charmera nos yeux par l'heureuse distribution de ses couleurs. Les couronnes impériales , les narcisses à bouquet , le muguet , le lilas , l'iris , la jonquille
s'empressent à décorer les parterres. Dans le lointain , les
arbres fruitiers mélangent les couleurs les plus tendres avec
la verdure naissante , et relèvent de toute part la beauté
des jardins.

J'aperçois en même temps se développer le feuillage des
rosiers : pour tenir le premier rang parmi l'aimable troupe
des fleurs , leur reine va s'épanouir et étaler tous les agré-

ments qui la distinguent. Les lis, les juliennes, les giroflées, les thlaspis, les pavots accourent aux ordres de l'été ; et l'œillet se montre avec toutes les grâces qui lui sont propres.

L'automne présente ensuite les pyramidales, les balsamines, les soleils, les tubéreuses, les amaranthes, l'œillet d'Inde, les colchiques, et cent autres espèces. La fête continue sans interruption : celui qui y préside offre sans cesse de nouvelles beautés, et prévient par d'agréables changements les dégoûts inséparables de l'uniformité. Enfin le triste hiver ramenant les frimas, couvre d'un noir rideau toute la nature, et nous en dérobe le spectacle : mais en nous faisant souhaiter le retour de la verdure et des fleurs, il procure quelque repos à la terre épuisée par tant de productions.

23.me CONSIDÉRATION.

L'odeur des fleurs.

QUEL air parfumé l'on respire dans ces bosquets enchanteurs qui offrent une retraite contre les ardeurs du soleil ! Déjà les grappes de lilas y ont couronné les branches, et leurs petits tubes odoriférants s'éparpillent, et jonchent la verdure qui tapisse les pieds de cet arbuste ; tandis que l'arbre de Judée épanouit près de là ses fleurs, et se distingue par la vivacité de ses nuances. Le long de ses tiges s'attache le chèvre-feuille, dont les bouquets multipliés, dispersés, mêlés avec ceux de l'arbre de Judée laissent deviner à qui ils doivent leur naissance. Les jasmins moins élevés garnissent d'une épaisse verdure les murs et les treillages, et dispersent vaguement leurs fleurs isolées. Des touffes de roses naissent en mille endroits, et versent de toutes parts une rosée de parfums délicieux. Plus bas, de petits buissons de rosiers nains servent comme de bordures à ces riants tableaux. Quelque embaumés que soient ces lieux charmants, il semble que les fleurs s'étudient à conserver ce qu'elles ont de plus odoriférant, pour le soir et pour le matin, c'est-à-dire pour le temps où la promenade est la plus agréable.

Il s'échappe des fleurs une transpiration perpétuelle qui augmente à proportion que le soleil est plus ardent. Les esprits aromatiques se dispersent aisément dans un air raréfié par la chaleur ; et alors ils affectent faiblement l'o-

dorat : au lieu qu'ils ne percent qu'avec peine l'air qui
est resserré par le retour de la nuit. L'action du soleil,
qui les détache, est trop faible le soir et le matin, pour
les écarter à une grande distance ; et par leur réunion ils
font sur nous une impression plus forte.

Les odeurs ne sont pas moins diverses que les fleurs, et
quoiqu'on ne puisse déterminer en quoi consiste proprement la différence de leurs odeurs, on s'en aperçoit cependant lorsqu'on passe d'une fleur à l'autre. Ce parfum
n'est ni assez fort pour porter à la tête et blesser nos organes, ni assez faible pour qu'ils n'en soient pas suffisamment
ébranlés. Les particules subtiles et légères que les fleurs
exhalent, se répandent au loin, et ne sauraient incommoder.

En tout, comme vous voyez, l'homme est traité en roi.
On a parsemé son chemin de fleurs ; on a pris soin d'embaumer l'air qu'il respire, en répandant les plus doux parfums sur son passage : les fleurs semblent même s'acquitter
de ce devoir avec discernement, puisque, comme nous
venons de le voir, elles réservent leurs exhalaisons les plus
gracieuses et les plus sensibles, pour les moments où
l'homme vient au milieu d'elles se délasser de ses travaux.

24.ᵐᵉ CONSIDÉRATION.

Réflexions morales à la vue d'un parterre.

Voyez la violette de nuit, ou julienne à fleur simple, qui
vers le soir embaume nos jardins : toutes les autres odeurs
sont effacées par la sienne ; mais elle n'a aucune beauté, à
peine ressemble-t-elle à une fleur. Petite et d'une couleur
grise tirant sur le vert, on ne peut presque la distinguer de
ses feuilles. Elle nous peint l'homme privé des grâces extérieures, mais que la nature a dédommagé par des dons plus
solides du côté des qualités du cœur. C'est en silence et
dans l'obscurité, que le juste fait le bien : il répand autour
de lui, dans un cercle borné, l'agréable odeur des bonnes
œuvres, et lorsqu'on désire connaître cette âme bienfaisante, il se trouve assez communément que son extérieur,
son rang et son état n'ont rien de distingué.

Entre les fleurs, la tulipe est une de celles dont on admire
le plus la forme et l'élégance. Point d'étoffes qui, par la
variété et l'éclat des couleurs, par le mélange de la lumière
et des ombres, puissent approcher de sa perfection. Et

chaque année il fleurit des millions de tulipes, qui toutes diffèrent les unes des autres, et dont les proportions et les beautés sont variées à l'infini. Serait-il possible qu'un tel chef-d'œuvre de la nature eût été produit par un hasard aveugle, et sans l'intervention d'une cause intelligente?

L'œillet qui s'offre à nos regards réunit la beauté au parfum, et c'est, sans contredit, une des fleurs les plus intéressantes. Aimable fleur, emblême touchant d'une personne qui réunit l'esprit à la beauté, et qui se concilie l'amour et le respect de ses semblables.

Passons maintenant à la rose : couleur, figure, parfum, tout charme dans la reine des jardins; mais elle est la plus passagère, la plus fragile de toutes les fleurs, et bientôt elle perd les attraits qui la distinguent. Une observation même que nous fournit l'histoire des plantes, c'est que plus une fleur est belle, et plus tôt elle se fane. Dans peu il ne restera de cette brillante créature qu'une tige aride et morte. Sa beauté et sa vie n'ont duré qu'un instant, un instant a détruit tous ses charmes : ses feuilles s'affaissent, ses couleurs s'effacent, et cette fleur, naguère semblable à une vierge éblouissante par sa beauté, n'est plus comme celle-ci le sera un jour, qu'un squelette difforme.

Aimable et brillante jeunesse! considère dans les fleurs l'image du destin qui t'est réservé. Beauté humaine, apprends à ne pas te confier dans tes charmes.

Tout est vanité. Il n'est de biens constants, que la sagesse et la vertu : elles ne se fanent point; elles sont l'inépuisable source d'un bonheur qui ne finira jamais.

25.ᵐᵉ CONSIDÉRATION.

Le Verger. Réflexions morales sur les boutons des arbres.

REMARQUONS dans le potager ces buissons qui bordent les carrés, et qui comme autant de vases naturels embellissent les allées : admirons ces espaliers qui en couvrent les murs, et qu'on prendrait pour des tapisseries proprement tendues. C'est ainsi qu'on élève les fruits qui demandent des soins particuliers.

Il est un lieu destiné aux arbres en plein vent : car les fruits sont beaucoup plus fins et d'un meilleur suc, lorsqu'ils viennent naturellement sur une haute tige : ce lieu est le verger. On y plante les espèces de poires dont la chair est fondante, et qui seraient moins bonnes en espalier : on y joint quelques amandiers et des abricotiers, etc., etc.

Le verger nous présente trois périodes bien intéressantes : les bourgeons des arbres, leurs fleurs et les fruits. Bornons-nous en ce moment aux réflexions qu'inspire le premier de ces objets.

De tous côtés je découvre une multitude de fleurs en boutons. Elles sont encore sous l'enveloppe, étroitement renfermées dans leurs retranchements : toutes leurs beautés sont cachées, tous leurs charmes voilés. Avare infortuné ! reconnais-toi dans ce tableau ! tu t'isoles, tu te concentres en toi-même : tes vues basses et intéressées rapportent tout à toi, et tu fais de tes avantages personnels, de tes désirs, le cercle étroit de tes actions.

Mais bientôt les rayons pénétrants du soleil ouvriront les fleurs : ils les délivreront de leurs liens de soie et les mettront en état de s'épanouir avec magnificence. De quelles agréables couleurs elles brilleront alors, quels parfums délicieux n'exhaleront-elles pas ! Ainsi l'avare le plus sordide deviendra bienfaisant dès que la grâce éclairera son âme ; à un cœur de pierre succèdera un cœur sensible et compatissant, un cœur susceptible de douces émotions.

26.me CONSIDÉRATION.

Réflexions sur les fleurs des arbres des vergers.

VIENS, ô homme ! viens contempler l'effet du printemps sur les vergers ; et si tu as un cœur sensible, essaie de les contempler d'un œil sec ! Est-ce à toi qu'est due cette touchante métamorphose ? Est-ce ta sagesse, est-ce ta puissance qui l'ont exécutée ? Est-il en ton pouvoir de faire fleurir un seul arbre, de produire une seule feuille, d'appeler de la terre le moindre brin d'herbe, d'ordonner à une seule rose de paraître dans tout son éclat ?

Approchez, savants artistes, peintres rivaux de la nature : considérez ces fleurs ; examinez ces chefs-d'œuvre avec la plus scrupuleuse attention. Que manque-t-il à leur perfection ? Trouvez-vous quelque défaut dans le mélange des couleurs, dans les formes, ou dans les proportions ? Votre pinceau pourra-t-il exprimer le rouge éblouissant de la fleur du pêcher ? imitera-t-il le pur émail et la simplicité de la parure d'un pommier ou d'un cerisier en fleurs ? Ah ! que

dis-je , imiter ? êtes-vous seulement en état de sentir toute
la magnificence de la nature rajeunie , ou de vous faire
une juste idée de son art inimitable. Quand il n'existerait
sur la terre aucune autre preuve de la puissance et de la
sagesse de mon Dieu , les fleurs du printemps suffiraient
pour nous en convaincre. Le Seigneur se manifeste dans
toutes les parties de la création. Partout et en tout temps sa
puissance se fait voir d'une manière sensible. Chaque arbre
qui fleurit , chaque herbe , chaque fleur , nous prêchent sa
sagesse et sa bonté , qui s'étend sur toute la terre.

27.ᵐᵉ CONSIDÉRATION.

Réflexion sur les fruits des vergers.

C'EST avec une sage économie que la nature mesure et
départit ses dons. Elle ne les prodigue pas tous à la fois et
de manière à nous accabler de leur abondance. Nos plaisirs sont successifs et variés , et elle les assaisonne encore
en leur donnant à tous le mérite de la nouveauté. Il est
vrai qu'à mesure que nous approchons de l'hiver , le nombre
des bons fruits diminue considérablement. Mais lorsque la
terre engourdie par le froid ne produira plus , la serre
donnera bientôt à certaines espèces la maturité qui leur
avait été refusée sur l'arbre , et l'année deviendra ainsi un
cercle perpétuel et de fleurs et de fruits.

Voulez-vous vous former une idée de l'abondance des
fruits , et de la profusion avec laquelle Dieu nous les distribue ? Malgré la guerre que leur font une multitude d'oiseaux et d'insectes , il nous en reste toujours une incroyable
quantité. Calculez , s'il est possible , les fruits que cent
arbres portent dans les années fertiles , vous serez étonné
du résultat , et vous admirerez une multiplication qui s'é-
tend pour ainsi dire à l'infini.

Il y a peu de nourriture plus saine que les fruits ; et c'est
encore une attention de la Providence de nous les avoir
donnés dans une saison où ils sont pour nous non-seulement
si doux , mais si salutaires. C'est dans la saison chaude et
sèche , qu'elle nous offre quantité de fruits pleins d'un jus
rafraîchissant , tels que les cerises, les pêches , les melons :
à l'entrée de l'hiver , elle nous donne ceux qui nous échauffent par leurs huiles , tels que les amandes et les noix.

Les pommes tempèrent l'ardeur du sang , et rafraîchissent l'estomac et les intestins. La douceur acide, le suc onctueux et émollient des prunes, purgent doucement, et corrigent cette âcreté de la bile et des autres humeurs, qui occasionne si souvent des inflammations. S'il y a quelques fruits dont l'usage puisse devenir nuisible, comme on l'assure des pêches, des abricots, et des melons, ce n'est guère que par le trop grand usage qu'on en pourrait faire.

Avec quel soin la nature n'a-t-elle pas préservé de l'attaque des oiseaux certains fruits si utiles à l'homme, tels que la châtaigne, les abricots, les pêches, les coins, etc.

Enfin, quant au goût, rien de plus délicieux que les fruits. Chaque espèce a une saveur qui lui est particulière; s'ils avaient tous la même, ils perdraient beaucoup de leur prix : cette diversité en rend l'usage plus agréable et plus piquant. Leurs riantes couleurs flattent les yeux; leurs doux parfums, l'odorat; et ils semblent formés pour la bouche, par leur forme et leur rondeur.

Ah ! je n'oublierai jamais, en faisant usage des fruits, l'Etre bienfaisant qui me les dispense; et mon devoir le plus cher et le plus doux à remplir sera toujours de le servir et de l'aimer.

28.me CONSIDÉRATION.

Convenance des fruits avec les climats ; les cerises.

A mesure que j'avance vers ces régions dont les habitants voient le soleil passer et repasser sur leur tête, je trouve de toutes parts des fruits, non-seulement fondants comme le melon, mais glacés, acides et pleins d'une eau propre à humecter un sang trop raréfié, tels que les limons, les citrons, les oranges, les ananas. Si de la zone torride je reviens dans notre climat, j'y trouve la vigne, et je m'aperçois qu'elle en occupe les endroits où elle peut mûrir suffisamment pour fournir aux habitants de la zone tempérée, et aux peuples septentrionaux, dont le sang est épaissi par le froid, une liqueur spiritueuse, et propre à résister au poids d'un air trop engourdi.

Nous avons su naturaliser dans nos climats des fruits qui leur étaient étrangers, et les associer aux nôtres. C'est ainsi que nous nous sommes enrichis de l'abricotier, des pruniers précoces et du cerisier, dont le fruit, par la beauté de sa forme, l'éclat de sa couleur, la douceur de son goût, et sa salubrité, peut être regardé comme le plus agréable et le plus beau de tous les dons que renferment nos vergers.

Les cerises, par leur douceur mêlée à une agréable acidité, étanchent notre soif, tempèrent l'agitation du sang dans les ardeurs de l'été, et préviennent la putridité à laquelle nos humeurs ne sont que trop disposées dans cette saison. Leur jus acide contracte les glandes salivaires, rafraîchit la langue altérée, humecte le palais desséché et nous désaltère par là d'une manière bien préférable, pendant les chaleurs, à toutes ces boissons auxquelles on a si fréquemment recours, et qui en augmentant la transpiration, ne font qu'échauffer davantage. La vertu bienfaisante de la cerise calme les esprits animaux : elle en modère l'impétuosité et cette trop grande agitation qui affecte les nerfs. Ainsi le suc d'un seul fruit rafraîchit délicieusement dans les grandes chaleurs, humecte le sang trop raréfié, épaissit les parties fluides du corps, et les empêche de se corrompre.

Avec quelle bonté le Créateur approprie les fruits et à chaque saison et à chaque climat ! Dans les ardeurs brûlantes de l'été, nous avons besoin de potions telles qu'il nous les offre dans les productions aussi salutaires qu'agréables, et il nous les donne en si grande abondance, que les pauvres peuvent en jouir aussi bien que les riches.

29.me CONSIDÉRATION.

Observations sur la végétation du blé.

QUAND le grain a été quelque temps en terre, il pousse une tige qui s'élève perpendiculairement, mais qui ne croît que par degrés, afin de favoriser la maturité du fruit. On voit ensuite paraître l'épi, et la fleur destinée par ses poussières à féconder le fruit auquel peut-être elle fournit sa meilleure nourriture. Cette fleur est un petit tuyau blanc tenu par un fil extrêmement délié, qui sort de la graine, laquelle est elle-même le pistil.

Aux fleurs succèdent des grains qui contiennent le germe, et qui sont formés longtemps avant que la substance farineuse paraisse. Le fruit mûrit dès qu'il atteint sa juste grosseur. On a vu, par des engrais bien ménagés, et une culture bien entendue, un seul grain pousser sept ou huit tiges, dont chacune portait un épi garni de plus de cinquante grains. Le nombre des tiges sur un même pied s'est quelquefois trouvé prodigieux, on en a compté jusqu'à trente-deux ; et Pline rapporte que Néron en avait reçu un sur lequel on voyait trois cent soixante tiges.

C'est par une raison très-sage que la hauteur de la tige est de quatre à cinq pieds. Cependant ce tronc si élevé n'a dans sa plus grande épaisseur que deux lignes de diamètre : économie au moyen de laquelle un petit champ peut contenir une multitude d'épis. La hauteur de la tige contribue à la dépuration des sucs nourriciers que la racine envoie ; et sa forme arrondie favorise cette opération, en permettant à la chaleur d'y pénétrer de tous côtés avec la même force. Si le grain eût été logé plus bas, l'humidité l'eût fait germer avant qu'il eût été recueilli, les oiseaux et d'autres animaux auraient pu y atteindre et le détruire.

Quatre nœuds très-forts affermissent cette tige sans lui ôter de sa souplesse ; et leur structure seule manifeste une grande sagesse. Ils sont remplis de petits pores, où la chaleur du soleil pénètre facilement : elle atténue les sucs qui se rassemblent, et les épure en les faisant tous passer par cette espèce de crible. Le peu d'épaisseur de la tige fait sa sûreté au milieu des tempêtes et des fortes ondées, qui la courbent sans la rompre.

A côté du tuyau principal, on en voit pousser d'autres plus bas, ainsi que des feuilles qui, ramassant des gouttes de rosée et de pluie, fournissent à la plante les sucs qui lui sont nécessaires. Dans ces entrefaites, le grain, pour qui tout cet échafaudage est destiné, se forme peu à peu. C'est pour préserver ces tendres nourrissons des accidents et des dangers qui pourraient les faire mourir à l'instant de leur naissance, que les deux feuilles supérieures de la tige se joignent et se réunissent : elles garantissent l'épi, et lui font en même temps parvenir les sucs dont il a besoin. Mais aussitôt que la tige est assez formée pour que le grain puisse les recevoir d'elle seule, les feuilles se dessèchent peu à peu, afin que rien ne soit ôté au fruit, et que la racine n'ait plus rien d'inutile à nourrir. C'est alors que le petit édifice se montre dans toute sa beauté.

Quelles merveilles de sagesse et de puissance dans la structure d'un seul tuyau de blé ! et parce qu'il est journellement sous nos yeux, nous n'y faisons point attention ; par quelle preuve de la bonté du Créateur serons-nous donc touchés, si celle-ci nous laisse insensibles ?

30.ᵐᵉ CONSIDÉRATION.

De l'utilité du pain.

L'ÉLOGE qu'on fait du pain, dont jamais on ne sent mieux le prix que lorsqu'il vient à nous manquer, prouve assez qu'il est un des grands bienfaits de la nature, et le premier des aliments. Le goût pour le pain est celui que nous perdons le dernier, et son retour est le signe le plus assuré de la convalescence. Il convient en tout temps, à tout âge et à tous les tempéraments : il corrige et fait digérer les autres nourritures, il influe sur nos bonnes ou mauvaises digestions. On peut le manger avec la viande et les autres mets, sans qu'il en change la saveur. Il est tellement analogue à notre constitution, que dès notre enfance nous commençons à montrer pour lui une espèce de prédilection, et nous ne nous en lassons jamais.

Après le froment, le seigle, l'orge et le riz, qui sont, selon les lieux, la base de la nourriture des hommes, il n'est aucune plante plus digne de nos soins que la pomme de terre. Elle prospère dans les deux continents : sa récolte ne manque presque jamais. Elle est un moyen de parer au malheur de la famine ; et en cas de disette de grain, elle peut prendre la forme du pain, et nous nourrir presque aussi commodément. Cette plante précieuse a déjà contribué à rétablir en Europe la population à laquelle la découverte du nouveau monde avait porté de si fortes atteintes ; et la main bienfaisante du Créateur semble y avoir réuni tout ce qu'il est possible de désirer pour faire trouver l'abondance et l'économie au sein même de la cherté et de la stérilité.

Tendre Père, quelle reconnaissance ne mérite pas votre providence qui fait sortir le pain de la terre pour me sustanter et me fortifier ! Ah ! si durant mon enfance, j'ai reçu la nourriture sans pouvoir élever mon âme vers Celui qui daignait me la préparer, maintenant que je connais cette main bienfaisante, je veux l'en bénir sans cesse.

31.ᵐᵉ CONSIDÉRATION.

Réflexions morales à la vue d'un champ de blé.

VENEZ, et voyez combien la vue de ces champs peut vous inspirer encore de salutaires pensées. Ce champ était naguère

exposé à de grands dangers; des vents impétueux souf-
flaient autour de lui, et souvent l'orage menaçait d'abattre
et de briser tous les épis qui le couronnent, cependant la
Providence l'a conservé jusqu'à ce jour. Ainsi la tempête
des afflictions menace souvent de nous renverser; mais cette
tempête même est nécessaire; elle nous purifie, et sert à
déraciner l'ivraie du vice.

Vers le temps de la moisson le blé mûrit très-vite : la
rosée, la chaleur bienfaisante du soleil, des pluies bienfaisantes, se réunissent pour en hâter la maturité. Ah! puissé-je de jour en jour mûrir pour le ciel! puissé-je rapporter à cette fin salutaire tous les évènements de ma vie!

Tous les grains qui doivent être moissonnés ne sont pas
également bons: combien d'ivraie et d'herbes inutiles mê-
lées avec le froment! Tel est l'état du chrétien en ce monde;
il trouve toujours en lui un mélange de bonnes et de mauvaises qualités, et sa corruption naturelle, triste et funeste
ivraie, ne nuit que trop souvent aux progrès de la vertu.

Un champ de blé est non-seulement l'image d'un chrétien,
il l'est de toute l'Eglise. Souvent, par leurs exemples, les
impies et les méchants sèment l'ivraie parmi la bonne semence. Le grand propriétaire du champ permet que cette
ivraie demeure: il use de patience; il attend; et ce ne sera
qu'au temps de la moisson, au jour redoutable des rétri-
butions et des vengeances qu'il laissera un libre cours à sa
justice.

Voyez enfin avec quel empressement l'habitant des campagnes accourt pour recueillir les biens de la terre : la faux
tranche tout devant lui. Ainsi la mort abat tout, les grands
et les petits, les saints et les pécheurs.

Mais quel bruit se fait entendre! Ce sont des cris de
joie et d'allégresse, à la vue d'une abondante moisson.
Ah! que ce soient aussi des cris de louanges et d'actions
de grâces pour les bontés du Dieu de qui procèdent tant
de biens! Quel sera notre ravissement, dans le grand
jour de la moisson! de quels sentiments nos cœurs seront
inondés lorsque nous nous verrons dans la bienheureuse
société des esprits célestes! Alors nous nous rappellerons
nos anciens travaux, les peines, les dangers et les tempêtes que nous aurons essuyés, et nos voix se réuniront
pour bénir le Père bienfaisant qui aura veillé sur nous.

32.ᵐᵉ CONSIDÉRATION.

La vigne.

Il ne faut que considérer les vignes, pour sentir combien sont déraisonnables et mal fondées les plaintes que l'on fait quelquefois sur les inégalités de la terre. Les côteaux les plus arides et ces terrains penchants , où l'on ne peut mettre la charrue , ne laissent pas de se couvrir tous les ans de la plus belle verdure , et de produire un fruit délicieux.

L'arbuste qui nous donne le vin n'a pas plus d'apparence que le terrain qui le nourrit. Qui l'eût cru , qu'un vil bois , le plus informe de tous , le plus fragile , le plus inutile à tout usage , pût produire une liqueur aussi ravissante ?

L'Asie est proprement la patrie de la vigne : de là sa culture s'est étendue en Europe. Les Phéniciens qui parcoururent de bonne heure toutes les côtes de la Méditerranée , l'apportèrent dans la plupart des îles et sur le continent. Elle réussit merveilleusement dans les îles de l'Archipel, et fut dans la suite portée en Italie. Les vignes se multiplièrent sous cet heureux climat , et les Gaulois qui en avaient goûté la liqueur , passèrent les Alpes et allèrent conquérir les deux rives du Pô. Peu à peu les vignes furent cultivées dans toute la France , et enfin sur les bords du Rhin , de la Moselle , du Necker , et dans d'autres provinces de l'Allemagne.

L'aridité des terrains propres à la culture des vignes peut donner lieu à des réflexions importantes. Souvent les pays les plus disgraciés de la nature sont favorables aux sciences. On a vu s'élever dans des provinces , que leur pauvreté faisait mépriser universellement , des génies dont les lumières ont éclairé l'univers.

La vigne avec son bois sec et informe me rappelle aussi ces personnes qui , toutes destituées qu'elles sont de l'éclat de la naissance et des dignités, font compter leurs jours par autant de bienfaits. Ici jetez un moment les yeux sur Jésus-Christ lui-même. A en juger par l'état abject dans lequel il a voulu paraître au milieu de nous , se serait-on attendu à des œuvres si grandes , si admirables , si salutaires au genre humain ! Il les a faites cependant ce divin Jésus qui , comme un cep aride , avait été planté dans un

terroir stérile. Il a porté des fruits qui ont été la bénédiction et le salut de toute la terre, et il nous a montré que
l'on peut être pauvre, méprisé, misérable en ce monde,
et travailler avec succès à la gloire de Dieu et au bien des
hommes.

33.me CONSIDÉRATION.

Le vin.

LE vin est un présent de la céleste bonté, qui doit exciter
en nous l'admiration et la gratitude.

Mais comment les hommes se conduisent-ils à l'égard
du vin? Je ne parle pas de ces législateurs qui en ont interdit l'usage, pour de fausses raisons d'économie, ou
même par fanatisme. Je parle d'abord de la falsification
des vins, dans l'intention de remédier à leur aigreur, pour
en faciliter le débit, surtout de celle qui se fait avec les
chaux de plomb ou d'autres ingrédients nuisibles. C'est ici
que le cœur humain se découvre dans toute sa perversité.
Quoi de plus horrible? Un pauvre, un malade cherche à
se récréer dans sa misère; il emploie une partie d'un gain
chétif à se procurer un peu de vin, pour se restaurer, pour
adoucir ses peines, et une avarice barbare aggrave ses
maux; elle le rend plus misérable encore, en lui présentant
une coupe empoisonnée où, au lieu de la vie et des forces
qu'il cherchait, il ne trouve que la mort!

Un abus bien honteux et bien déplorable encore, c'est
que les hommes s'empoisonnent eux-mêmes, et de leur
plein gré, par les excès qu'ils font dans l'usage du vin.
Cette liqueur est un remède salutaire, elle soutient la vie;
les esprits qu'elle contient réchauffent et animent nos humeurs, rétablissent et renouvellent nos forces. Mais l'usage
du vin devient pernicieux, quand on s'y livre avec excès;
il se change alors en un poison d'autant plus dangereux
qu'il est plus agréable.

Le vin est pour le corps de l'homme ce que les engrais
sont pour les productions de nos jardins; ils hâtent les
fruits, mais trop considérables, ils nuisent à l'arbre qui
les donne. Un sage jardinier n'émonde pas continuellement:
il le fait à propos et ne donne de l'engrais à ses arbres que
proportionnellement à leurs besoins et à leur nature. Voilà
toute la diététique du vin: celui qui ne l'observe pas détruit son corps et perd son âme.

34.me CONSIDÉRATION.

Contemplation d'une prairie.

Que de beautés s'offrent à mes regards, et qu'elles sont diversifiées! Des milliers de végétaux, des millions de créatures vivantes! Celles-ci volent de fleur en fleur, tandis que d'autres rampent et se traînent dans les sombres labyrinthes de l'herbe épaisse. Infiniment variés dans leur forme et dans leur parure, tous ces insectes trouvent ici leur nourriture et leurs plaisirs; tous habitent avec nous cette terre; tous, quelque méprisables qu'ils paraissent, sont parfaits, chacun dans son espèce.

Que ton murmure est doux! source limpide, qui coules entre le cresson, le trèfle et la luzerne, dont les fleurs purpurines ou bleues sont agitées par le mouvement de tes petites vagues! Tes bords sont couverts d'herbe entremêlée de fleurs qui, se courbant vers l'onde, y tracent leur image.

Je me penche, et je regarde à travers cette forêt d'herbes ondoyantes. Quel doux éclat le soleil répand sur ces diverses nuances de vert! Des plantes délicates s'entrelacent avec l'herbe, et y mêlent leur tendre feuillage, ou bien élevant orgueilleusement leurs tiges au-dessus de leurs compagnes, elles étalent des fleurs qui n'ont point de parfum, tandis que l'humble violette croît à l'ombrage, et répand autour d'elle les plus douces exhalaisons. Au milieu de ces touffes vertes, je vois s'élever la tête radiée de la paquerette ou petite marguerite : le blanc et le rose des franges de son diadème relèvent le jaune dont sa tête est colorée. Le trèfle pourpré, cent variétés de renoncules et d'anémones, attirent mes regards, et méritent que je les fixe un instant. Cueillerai-je ce bouquet bleuâtre, où cinq ou six fleurs de même espèce sont réunies et se disputent à l'envi la douceur et la fraîcheur des nuances? Ici la pensée solitaire étale la pourpre et l'or dont elle est embellie; là, se levant pardessus toutes les autres, la grande consoude balance dans les airs un épis de fleurs rougeâtres, et semble régner sur tous ceux qui l'environnent.

Là, sur cette fleur de trèfle, s'est posé un papillon : il agite ses ailes bigarrées; il ajuste les plumes brillantes qui composent son aigrette, et semble fier de ses charmes.

Beau papillon, fais plier la fleur qui te sert de trône ; contemple ta riche parure dans le cristal des eaux, et tu seras l'image de cette jeune beauté s'admirant dans la glace qui réfléchit ses attraits. Ses vêtements sont moins beaux que tes ailes ; mais ses pensées sont aussi légères que toi.

35.me CONSIDÉRATION,
Beauté et utilité des prairies.

QUELLE étonnante quantité d'herbes se trouve dans une prairie ! Supposons-la de mille pas de longueur, sur autant de largeur. Sa surface sera d'un million de pas carrés, dans chacun desquels se rencontre au moins une centaine de brins d'herbes. D'où il résulte qu'en jetant un coup d'œil sur cette prairie, j'aperçois à la fois cent millions de machines artistement composées, et, dans chaque brin, combien de tuyaux, par le moyen desquels il tire sa nourriture de la terre ! combien de milliers de tubes réguliers et parfaits, puisque chaque brin d'herbe n'est qu'un tissu de semblables tuyaux ! Eh ! quelle immense multitude s'en trouve-t-il donc dans toute la surface !

Au reste, cette énorme quantité de plantes qui couvrent une prairie, n'est pas pour le seul spectacle : elles ont chacune une fane, une fleur, et des vertus qui leur sont propres. Il est vrai que la même espèce d'herbe y est prodigieusement multipliée : mais peut-être ne pourrons-nous faire deux pas, sans en fouler de cent espèces différentes. C'est du sein des prairies qu'ont été tirées les plantes que l'on cultive dans nos jardins. La prairie est notre premier potager ; et, avec les plantes d'un usage ordinaire, le botaniste y cueille une multitude de simples, qui fournissent aux hommes des médicaments toujours prêts, d'excellents baumes, des purgatifs agissants ; des vulnéraires efficaces.

Mais le grand bien que nous font les prairies, c'est de fournir, presque sans frais, la subsistance aux animaux dont nous pouvons le moins nous passer. Le bœuf, dont la chair nous nourrit, ou dont le travail nous aide à façonner nos terres, n'a besoin, pour vivre, que de l'herbe des prés. Le cheval, dont les services sont innombrables, ne demande pour toute récompense que le libre usage de ces mêmes lieux, ou une quantité suffisante du foin qu'on y recueille. Il s'y élance, après son travail, avec autant de grâce que de liberté, et nous tient quittes alors de tout autre soin. La vache, dont le lait est un des grands soutiens de notre vie, n'exige que la même faveur. La prairie est le meilleur des héritages, il est même préférable aux champs, puisque ses rapports sont toujours sûrs, et qu'il ne demande ni labours ni semailles, rarement il arrive qu'il soit ravagé par la sécheresse ou les inondations, il n'en coûte que la peine de recueillir ce qu'il donne.

Dès la création du monde, Dieu a pourvu à ce que l'herbe ne manquât jamais. De cette parole toute puissante: « Que » la terre produise de l'herbe verte, qui porte de la graine, » procède la fertillité non interrompue dans nos prairies.

36.me CONSIDÉRATION.

Les bois et les forêts.

AVEC l'agréable fraîcheur qu'on éprouve en entrant dans les bois, on ressent encore je ne sais quelle émotion qui plaît. La lumière du jour, affaiblie par l'épaisseur du feuillage, la beauté et la hauteur des arbres, le silence profond qui règne dans ses sombres retraites : toutes ces choses réunies ont un air de nouveauté et de grandeur qui frappe. Elles nous portent au recueillement, et nous invitent à méditer. Délicieuses forêts, fontaines jaillissantes, sauvages rochers que fréquente la seule colombe, aimable solitude, heureux le cœur qui sait apprécier tous vos charmes !

Ce n'est point l'homme qui a été chargé de planter et d'entretenir les forêts. C'est Dieu qui les plante, qui les conserve ; ils croissent et se multiplient indépendamment de nos soins ; ils réparent continuellement leurs pertes par de nouveaux rejetons, et ils suffisent toujours à nos besoins. Il est très-remarquable que les plantes épineuses sont les premières qui paraissent dans les terres en friche ou dans les forêts abattues. Elles sont très-propres en effet à favoriser des végétations étrangères à ces plantes, parce que leurs feuilles profondément découpées laissent autour d'elles beaucoup d'intervalles, à travers lesquels les autres végétaux peuvent s'élever, et être protégés contre la dent de la plupart des quadrupèdes. Les pépinières des arbres se trouvent au sein de ces plantes. Quand ces arbres ont pris une fois de l'accroissement, ils font périr par leurs ombrages les plantes épineuses, qui ne subsistent plus que sur la lisière des bois, où elles ont un air suffisant pour végéter ; mais dans cette situation ce sont elles encore qui étendent ces bois d'années en années dans les campagnes. Ainsi, les plantes épineuses sont les premiers berceaux des forêts ; et les fléaux de l'agriculture de l'homme sont les boucliers de celle de la nature.

Jetez les yeux sur la semence du tilleul, de l'érable et de l'orme. De ces graines si petites sortent ces vastes corps qui portent leurs cimes dans les nues. Dieu seul les affermit et les maintient, dans la durée des siècles, contre l'effort des vents et des tempêtes. La terre, qui porte les forêts, ne les forme point : ce n'est pas même elle, à proprement parler, qui les nourrit. La verdure, les fleurs et les fruits, dont les arbres se couvrent et se dépouillent alternativement, la sève, dont il se fait une dissipation continuelle, épuiseraient la terre à la longue, si elle fournissait la matière.

Vastes forêts, retraites délicieuses, vous nous offrez des bosquets où la nature étale mille beautés intéressantes et variées ! Là un air embaumé circule sous les touffes majestueuses des arbres élevés : ici, des plantes fleuries mêlent leurs charmes, et confondent presque leurs tiges avec les branches abaissées des buissons. Quel doux murmure se fait entendre ! Comme ce ruisseau serpente parmi ces fleurs, et répand la fraîcheur et la vie ! Comme mon œil repose agréablement sur ces masses de verdure que le zéphir agite mollement ! Comme il suit cette architecture champêtre ! Comme il s'égare à travers les sinuosités de ces berceaux ! Comme il revient ensuite parcourir ce parterre émaillé, ce riche tapis, que l'art tentera toujours vainement d'imiter !

O homme ! élève tes yeux vers le grand Etre qui se plaît à te combler de biens. Les forêts sont les héros de sa bonté, et tu te rendrais coupable d'une extrême ingratitude, si tu méconnaissais un bienfait dont presque chaque partie de ta demeure peut te rappeler le souvenir.

37.me CONSIDÉRATION.

Diversité entre les arbres.

JE réfléchis sur la diversité des arbres, et j'observe entre eux la même variété qui se voit dans toutes les productions du règne végétal. Les uns, comme le chêne, se distinguent par leur force et leur dureté. D'autres sont hauts comme l'orme et le sapin. Il en est qui, semblables à l'épine et au buis, ne sauraient parvenir à une hauteur considérable. Quelques-uns sont raboteux, et leur écorce est inégale ; tandis que d'autres sont unis et lisses, tels que l'érable, le platane et le peuplier. Ceux-ci, destinés aux ouvrages précieux, ornent les appartements des riches et des grands ; ceux-là sont réservés aux usages communs et les plus nécessaires. Faibles et délicats, plusieurs cèdent au moindre vent qui peut les renverser ; d'autres sont immobiles aux coups de la tempête, et résistent à la violence des aquilons. Il en est qui parviennent à une hauteur et à une grosseur extraordinaires ; et, depuis un siècle, chaque année semble avoir ajouté à leur circonférence : tandis qu'à d'autres, un petit nombre d'années suffit pour acquérir toute la grosseur à laquelle ils peuvent prétendre.

Le célèbre naturaliste romain, Pline, admirait de son temps ces grands arbres, de l'écorce desquels on pouvait construire des barques capables de contenir trente personnes. Qu'aurait-il dit de ces arbres du Congo, qui peuvent en porter deux cents, ou de ceux qui, selon les relations des voyageurs, ont onze pieds de largeur, et sur lesquels on peut transporter quatre à cinq cents quintaux ? Il en est une espèce dans le Malabar, que l'on prétend avoir cinquante pieds de circonférence. Tels sont encore les cocotiers, espèces de palmiers, parmi lesquels il s'en trouve dont les feuilles peuvent couvrir vingt personnes. Le *Tallipot*, arbre du Ceylan, et qui par sa hauteur ressemble à un mât de vaisseau, est aussi célèbre par ses feuilles ; une seule, dit-on, suffit pour mettre quinze à vingt hommes à couvert de la pluie. Elles conservent tant de souplesse en séchant qu'elles se plient à volonté comme des éventails : elles sont alors extrêmement légères, et ne paraissent pas plus grosses que le bras.

La grande diversité qui se remarque entre les arbres me fait penser à celle qu'on observe entre les hommes, relativement aux postes qu'ils occupent, à leur façon de penser, à leurs talents, à leurs qualités personnelles. Dans les forêts, pas un arbre bien constitué qui ne puisse être de quelque avantage pour le propriétaire : dans la société, personne qui ne puisse être utile à ses semblables. L'un pareil au chêne se fait admirer par une fermeté, par une constance inébranlable : rien ne saurait l'abattre. Un autre n'est pas doué de la même force ; mais une aimable complaisance le fait tout à tous : il est flexible comme le saule aquatique, et il plie aisément. Vertueux, il ne sera complaisant que dans les choses innocentes et légitimes ; mais s'il n'a que de l'indifférence pour Dieu, pour ses devoirs, pour la religion, qu'il tremble, il embrassera toujours le parti du plus fort.

38.ᵐᵉ CONSIDÉRATION.

Usages et utilité du bois.

A voir la profusion continuelle que nous faisons du bois, on dirait que Dieu chaque jour en crée de nouvelles provisions. Il est vrai que l'homme fait de cette matière les usages les plus variés. Le bois se prête à tous les services qu'il nous plaît d'en exiger. Assez tendre pour revêtir toutes les formes, et assez dur pour conserver celles qu'on lui a données, il se laisse aisément scier, courber, polir, et nous nous procurons par ce moyen beaucoup de choses utiles, commodes et agréables.

Le chêne dont les accroissements sont fort lents, et qui ne se couvre de feuilles que quand les autres arbres en sont déjà ornés, fournit le bois le plus dur de nos climats ; et l'art sait l'employer à une multitude d'ouvrages de charpente, de menuiserie et de sculpture, qui semblent braver le pouvoir du temps. Le bois plus léger sert à d'autres usages ; et comme il est plus abondant, et qu'il croît plus vite, il est aussi d'une utilité plus générale. C'est aux productions des forêts que nous devons nos maisons, nos vaisseaux, et tant d'instruments et de meubles dont nous nous passerions si difficilement. En un mot, l'industrie des hommes polit le bois, l'arrondit, le taille, le tourne, le sculpte, et en fait une multitude d'ouvrages aussi élégants que solides.

Le bois contient encore le principal aliment du feu, sans lequel l'homme ne pourrait ni apprêter la nourriture la plus commune, ni fabriquer la plupart des objets de première nécessité, ni même conserver ses jours. Le soleil est l'âme de la nature ; mais il ne nous est pas libre de dérober une partie de ses rayons, pour donner à nos aliments les préparations qu'ils exigent, ou pour fondre communément les métaux. Le bois enflammé supplée, en certain cas, l'astre du jour lui-même, et le degré plus ou moins fort de chaleur dépend de notre choix. Sans cette chaleur bienfaisante que le bois nous procure, les longues nuits d'hiver, les froids brouillards, et les vents rigoureux glaceraient notre sang. Combien de fins pleines de sagesse ne s'est donc pas proposées le Créateur du monde, en couvrant de forêts une partie de notre globe !

39.me CONSIDÉRATION.

Utilité des forêts.

C'est sans doute pendant la rigueur des hivers que nous éprouvons bien sensiblement la grande utilité des forêts : elles nous fournissent dans cette dure saison une ample provision de bois, sans laquelle nous ne pourrions nous dérober aux atteintes du froid. Mais gardons-nous de penser que ce soit là leur unique, ou même leur principal usage.

Le plaisir que nous cause la vue des bois ne serait-il pas une des fins pour lesquelles ils ont été créés ? Ils sont une des grandes beautés de la nature, et c'est toujours un défaut dans un pays d'en être dépourvu.

Les forêts dont les productions nous sont si utiles en hiver, ne nous offrent pas des avantages moins sensibles dans les ardeurs brûlantes de l'été, en procurant à l'homme et aux animaux une fraîcheur aussi salutaire que délicieuse.

Mais en réfléchissant sur l'utilité des bois, pourrions-nous oublier les fruits que nous donnent les nombreuses familles des arbres ? Il est vrai qu'il s'en trouve dont les fruits paraissent n'être pour nous d'aucun usage, au moins direct ; mais c'est que nous négligeons d'étendre notre vue. Les fruits de ces arbres qu'on appelle stériles, nourrissent une infinité d'insectes, qui servent de pâture à des oiseaux destinés eux-mêmes à nous fournir des mets exquis: les baies d'une multitude d'arbres et de buissons plaisent à la plupart des petits oiseaux : ces faînes du hêtre, desquelles nous avons su extraire une huile dont on commence à sentir le prix ; le gland des chênes, et bien d'autres graines, sont l'aliment favori des porcs et des sangliers. Ces fruits d'ailleurs sont destinés à conserver les graines qui perpétuent les forêts.

A combien d'animaux les bois n'ont-ils pas été assignés pour demeure ! ils périraient si les forêts n'existaient pas. C'est là que Dieu leur a préparé une retraite sûre ; c'est là qu'il les pourvoit d'une nourriture abondante. Les forêts déterminent les eaux des pluies qu'elles attirent : leur feuillage s'acquitte d'un fonction bien importante encore, en contribuant à la salubrité de l'atmosphère.

Ces arbres que nous appelons stériles sont peut-être plus utiles pour nous, par leur taille avantageuse, que les arbres fruitiers eux-mêmes. Et c'est ce qui doit d'autant plus alarmer sur l'abus qu'on en fait, et qui en accélèrent la destruction. Mais ou peut excéder dans les meilleures choses, et peut-être sommes-nous arrivés au temps où, faisant le contraire de ce qu'on faisait autrefois, il faudrait mettre en bois les terres inutiles.

Puissent un jour nos forêts revivifiées, et nos campagnes de mieux en mieux cultivées, changer la France en un vaste jardin, dont les habitants, au sein du bonheur, jouissent des biens que la Providence leur a si libéralement départis !

40.me CONSIDÉRATION.

Plaisirs que procure à l'agronome la culture des champs et des jardins.

La plupart des travaux obligent l'homme à se renfermer. Mais celui qui se consacre à la culture des champs se trouve en plein air, et respire librement sur le magnifique théâtre de la nature. Le ciel azuré est son dais, la terre tapissée de fleurs est son plancher, l'air qui circule autour de lui n'est point corrompu par les exhalaisons empoisonnées des villes : une foule d'objets agréables s'offrent à ses yeux ; et s'il a quelque goût pour les beautés de la nature, les plaisirs réels et purs ne sauraient lui manquer.

Au matin , dès que la lumière du jour ouvre le brillant spectacle de la création , il se hâte d'en aller jouir dans les jardins ou dans les champs. L'aurore lui annonce la prochaine arrivée du soleil : l'herbe fraîche se redresse , et ses pointes sont toutes brillantes de gouttes de rosée , qui paraissent autant de diamants , d'émeraudes ou de saphirs. Les parfums délicieux qu'exhalent les plantes et les fleurs viennent de toutes parts l'embaumer et le récréer : autour de lui se fait entendre le ramage des oiseaux qui expriment leur joie et leur félicité; ils publient à leur manière la gloire du Créateur , dont ils éprouvent aussi les bienfaits.

Et quelles nuits délicieuses succèdent à ces beaux jours ! Voyez l'astre qui y préside au milieu du firmament , et entouré d'un rideau de nuages que ses rayons dissipent par degrés. Sa lumière se répand insensiblement sur les montagnes , qui brillent d'un vert argenté. Les vents ont retenu leur haleine : on entend dans les bois , au fond des vallées , de petits cris , de doux murmures d'oiseaux qui s'agitent dans leurs nids , réjouis par une faible clarté et par le calme qui règne dans toute la nature. Les étoiles étincellent , et se réfléchissent du sein des ondes qui répètent leurs images tremblantes.

Riches et tristes habitants des villes , que d'heures agréables s'écoulent en vain pour vous ! Si dans les jours du printemps , où tout respire la gaiété , vous alliez visiter les champs et les jardins , quelles joies pures et innocentes inonderaient vos cœurs ! N'abandonnerez-vous jamais vos demeures chagrines , et les affaires qui vous y tiennent emprisonnés , pour aller contempler la magnificence des campagnes , pour vous livrer aux plus doux sentiments de gratitude , pour élever votre âme vers le Dieu de l'univers ?

41.me CONSIDÉRATION.

Sur les avantages de la solitude.

Un secret penchant nous conduit dans les campagnes , et pour peu qu'on aime à converser avec soi-même , on cherche ces lieux où la méditation devient si facile et si douce. Paisibles retraites , séjour de l'innocence , où loin des vanités et des plaisirs séducteurs du monde , je peux exister seul avec Dieu , au milieu du spectacle enchanteur que m'offre la nature , que de charmes vous faites éprouver à mon esprit à mon cœur !

Le silence de la solitude nous donne une conscience plus intime de notre existence , de nos forces , de notre dignité. Là notre âme rentre en elle-même ; là nous nous réveillons de notre songe ; nous sentons mieux que nous sommes des êtres intelligents , des êtres destinés à l'immortalité.

Abandonnés à nos pensées , à nos affections , les illusions de l'amour-propre se dissipent ; nous attachons davantage notre attention sur nous-mêmes ; on pénètre plus avant dans les replis de son cœur ; on se juge d'après des principes plus vrais. C'est dans cet état de tranquillité qu'on peut se demander avec plus de franchise : Suis-je bien en effet ce qu'on me croit ? Suis-je cet homme sage , intègre , bienfaisant , droit , tel que mes amis le disent ? Ai-je fait autant de bien , ai-je rendu à la société autant de services qu'on l'imagine ?.... Ah ! qu'alors , si je suis sincère avec moi-même , je me reconnaîtrai bien différent de ce que je parais ! Que de faiblesses je remarquerai dans mon cœur ! Que de faussetés dans mes vertus prétendues ! que d'imperfections dans mes pensées , dans mes actions ! que de défauts enfin dont je ne m'aperçois pas au milieu d'une vie dissipée , ou dont je ne voyais tout au plus que l'ombre.

Solitude aimable et tranquille , solitude consacrée à la sagesse , à la jouissance de soi-même , à des plaisirs célestes , sois bénie à jamais ! fais sentir à mon cœur , avec une nouvelle énergie , tes divins effets ! Reçois-moi dans ton sein , quand le bruit des occupations tumultueuses m'étourdit et réveille en moi le sentiment des besoins spirituels ! Protège-moi contre le triste aspect des folies et des crimes , dont le spectacle reparaît si fréquemment sur la scène du monde ! Offre-moi une retraite sûre contre les attaques funestes du doute et de l'incrédulité ; fais-moi jouir de la présence intime de mon Créateur , de mon Père ; fais-moi goûter les joies ravissantes d'une sainte extase ; ouvre-moi les portes du Ciel.

42.ᵐᵉ CONSIDÉRATION.

Des plantes d'hiver, et des végétaux qui conservent alors leur verdure.

L'HIVER, loin d'être préjudiciable à la fertilité de la terre, la favorise et l'augmente, et c'est un préjugé de croire qu'il soit en général nuisible aux plantes. Les pays les plus froids ont, nonobstant leurs neiges et leurs glaces, des plantes qui réussissent très-bien ; et çà et là pendant l'hiver on voit sous nos climats des végétaux qui semblent braver ses rigueurs. En effet, sans cette continuelle activité, comment les forêts pourraient-elles nous fournir une si grande abondance et de bois et de fruits ? Les sapins, les pins, les genévriers, les cèdres, les mélèzes, croissent en cette saison comme dans les autres ; l'épine blanche sauvage montre ses baies purpurines ; et le laurier-thym déploie ses fleurs disposées en ombelles, et couronnées d'un feuillage qui ne se flétrit point : l'if s'élève toujours en pyramide, et ses feuilles ont conservé leur verdure ; le faible lierre serpente encore autour des murailles, et demeure inébranlable aux coups de la tempête : les verts rameaux du laurier n'ont rien perdu de la parure des beaux jours, et l'humble buis montre au milieu de la neige ses branches toujours vertes. La joubarbe, le poivre des murailles, la sauge, la marjolaine, le thym, la lavande, etc. conservent aussi leur verdure. Certaines fleurs croissent même sous la neige. La simple anémone, l'ellébore hâtif, la primevère, les hyacinthes et les narcisses d'hiver, les perce-neige, et toutes sortes de mousses verdissent pendant l'hiver.

Beaux arbres, qui conservez tout l'éclat de votre parure dans la saison des frimas, puisse l'hiver de ma vie comme vous n'être point sans charmes ! Puissé-je, après avoir perdu l'éclat de la jeunesse et la vigueur de l'âge mûr, être encore plein de sagesse et de vertus et inspirer à la génération qui doit me suivre la vénération et l'amour !

43.ᵐᵉ CONSIDÉRATION.

Plantes étrangères naturalisées dans nos climats.

TOUS nos blés, un grand nombre de nos légumes, la plus grande partie des plantes médicinales, plusieurs fruits délicieux, et nos plus belles fleurs sont venues des pays éloignés prendre domicile dans le nôtre. Ainsi ont été naturalisés dans nos climats, le froment, le seigle, l'avoine, l'orge, le riz et le blé sarrasin ; la bourrache, le cresson alénois que l'on cultive dans les jardins, le chou-fleur, l'asperge, (quoique l'asperge sauvage croisse naturellement dans certains terrains sablonneux), le cerfeuil, l'anet, le fenouil, l'anis, le persil, l'ail, l'échalotte, le raifort, les fascoles, les citrouilles, les pommes de terre, les lentilles, le tabac, le citronnier, l'abricotier, le pêcher, le cerisier, les prunes de Damas, de Sainte-Catherine et plusieurs sortes de raisins ; le jasmin, l'anémone, la tulipe, le narcisse, l'œillet, le lis, la tubéreuse, l'aster, etc.

Considérons avec reconnaissance ces divers présents du ciel, et la bonté avec laquelle Dieu pourvoit à notre bonheur, en nous rendant tributaires les pays même les plus lointains.

44.ᵐᵉ CONSIDÉRATION.

De quelques-unes des principales plantes exotiques.

Occupons-nous de quelques-unes des productions exotiques, devenues pour nous des besoins, et dont la privation nous serait si pénible.

Le *sucre* est proprement un sel, qui se trouve dans la moelle d'un roseau que l'on cultive principalement au Brésil et dans les îles voisines, mais qui croît aussi en abondance aux Indes orientales et dans quelques îles de l'Afrique.

Le *thé* n'est autre chose que la feuille d'un arbrisseau qui croît au Japon, à la Chine et dans d'autres provinces asiatiques. Pendant le printemps on cueille deux ou trois fois ces feuilles.

Le *café* est le noyau d'un fruit semblable à la cerise : l'arbre qui le porte est originaire de l'Arabie, et on l'a transporté dans plusieurs pays chauds. Celui où on le cultive le mieux, après la terre qui l'a vu naître, est l'île de la Martinique.

Les *clous de girofle* sont les boutons, ou plutôt les embryons des fleurs desséchées d'un arbre qui croissait autrefois dans les îles Moluques, mais que les Hollandais ont transporté à Amboine. Cet arbre est de la forme et de la grandeur du laurier : le tronc est revêtu d'une écorce semblable à celle de l'olivier.

La *cannelle* est la seconde écorce d'une espèce de laurier qui ne croît guère que dans l'île de Ceylan. La racine du cannelier se divise en plusieurs branches : elle est couverte d'une écorce grisâtre en dehors , mais rouge au-dedans. La feuille ressemblerait assez à celle du laurier, si elle était plus courte et moins pointue.

C'est d'un même arbre , qui croît dans les Moluques , que viennent et la *noix muscade* , et la *fleur de muscade*.

Une des plantes les plus utiles que nous présente la nature , dans la plupart des contrées de l'Asie , de l'Afrique et de l'Amérique , est le *cotonnier*. Le fruit de cet arbuste est une sorte de gousse qui à l'époque de sa maturité s'entrouvre et laisse voir une bourre ou duvet à flocons , d'une blancheur extrême , qu'on appelle *coton*. Quand cette bourre se gonfle par la chaleur , elle devient grosse comme une pomme. Avec un moulinet on fait tomber la graine d'un côté , et le coton de l'autre , puis on le file , et l'industrie humaine l'emploie à une multitude d'ouvrages.

Le *poivre* est le fruit d'un arbrisseau dont la tige a besoin d'un échalas pour se soutenir. Son bois est noueux comme celui de la vigne , à laquelle il ressemble beaucoup.

Le suc exprimé de l'olive offre cette liqueur grasse au toucher , que tout le monde connaît sous le nom d'*huile d'olive*. L'arbre qui produit ce fruit est très-abondant en Provence , en Italie , en Espagne et en Portugal.

Ainsi tous les pays nous paient en tribut de quoi subvenir aux nécessités de la vie , et nous en procurer les agréments. Mais , hélas ! pourquoi faut-il que l'homme , abusant des bienfaits de son Créateur , ne se procure le plus souvent une partie de ses dons qu'en imposant une domination injuste et tyrannique à ses semblables , et en les accablant des traitements les plus durs , joints aux travaux le plus pénibles ?

45.ᵐᵉ CONSIDÉRATION.

Rapport des plantes avec les besoins de l'homme , et particulièrement avec sa nourriture.

On ne trouve pas sur la terre une seule plante qui n'ait quelques rapports avec les besoins de l'homme , et qui ne serve quelque part à son vêtement , à son toit , à son foyer, à ses remèdes , à ses plaisirs. Mais ces rapports généraux étant innombrables, tenons-nous-en à quelques observations particulières sur les plantes qui servent au premier des besoins de l'homme, je veux dire à sa nourriture.

Le blé, qui sert à la subsistance générale du genre humain, est produit par de simples graminées. Si nos moissons étaient portées par les forêts, lorsque celles-ci sont détruites par la guerre, incendiées par notre imprudence, renversées par les vents, ou ravagées par les inondations, il faudrait des siècles pour les voir renaître. Les semences des graminées portent leurs fleurs en épi, surmontées souvent de petites barbes, qui ne défendent pas seulement leurs semences des oiseaux, mais qui sont comme autant de petits toits qui les mettent à l'abri des eaux du ciel. De plus, par la souplesse de leurs tiges fortifiées de nœuds de distance en distance, et par la forme étroite de leurs feuilles, ces graminées échappent à la violence des vents. Elles sont ressemées et multipliées par les mêmes tempêtes qui dévastent les forêts. Elles survivent aux sécheresses, par la longueur de leurs racines qui vont au loin chercher l'humidité sous la terre : elles résistent même aux incendies qui font périr tant d'arbres dans les forêts. Ajoutez aux avantages généraux des graminées une variété étonnante de caractères dans leurs floraisons et leurs attitudes, qui les rend plus propres que les végétaux de toute autre classe à croître dans toutes sortes de sites.

Le blé suffit à tous les besoins de l'homme. Avec sa paille il peut se loger, se couvrir, se chauffer, nourrir ses brebis, sa vache et son cheval : avec son grain, il prépare des aliments et des boissons de toutes sortes de saveurs.

Telle plante qui remédie à un mal dans un pays, l'augmente quelquefois dans un autre. Le quinquina guérit les fièvres de l'Amérique, d'une espèce particulière aux lieux humides et chauds, et souvent il échoue contre celles de l'Europe. Chaque remède est modifié dans chaque lieu, comme chaque mal qui lui est propre : observation qui montre combien il serait important de mieux étudier les plantes du pays, et de ne pas leur préférer, comme font la plupart des médecins, celles des pays étrangers, qu'ils sont obligés de modifier eux-mêmes de mille manières, pour leur donner des convenances avec les maladies locales.

O homme ! quel Père tu as au ciel ! est-il sur la terre une feuille, un brin d'herbe qui ne te révèle et sa sagesse et sa bonté?

46.me CONSIDÉRATION.
De la fécondité des plantes.

L'ÉTONNANTE diversité que l'on observe dans le règne végétal donne la plus grande idée de la puissance de Dieu ; mais peut-être la magnificence de la création terrestre ne se rend nulle part plus sensible que dans la prodigieuse fécondité des plantes. Une seule en produit des milliers et même des millions d'autres.

Il est certain qu'en général les plantes sont plus fécondes que les animaux. Pour s'assurer de cette vérité, il suffirait de les comparer avec ceux que nous voyons le plus se multiplier. La tanche dépose environ dix mille œufs ; la carpe vingt mille , la morue un million. Rapprochez à présent cette fécondité , toute énorme qu'elle est , de la rose sauvage , de la moutarde , de la fougère , vous trouverez que ces plantes et plusieurs autres multiplient bien plus que les poissons et les insectes. N'oublions pas d'ailleurs que presque tous les végétaux se propagent de plusieurs manières , au lieu que la plupart des animaux sont restreints à une seule. Tel arbre peut produire autant d'arbres nouveaux qu'il a de branches , de rameaux , et même de feuilles.

Si la multiplication des végétaux était moins considérable , un grand nombre d'animaux périraient : les champs , les prairies , les jardins seraient de vastes déserts , où quelques plantes se montreraient de loin en loin. D'un autre côté , si le Créateur avait permis que les animaux qui font leur nourriture des productions de la terre se multipliassent plus que les plantes , le règne végétal n'eût plus suffi à leurs besoins , et plusieurs espèces d'êtres vivants n'eussent pas tardé à disparaître. Mais , d'après les rapports établis entre les deux règnes , les sujets de l'un et de l'autre se multiplient proportionnellement , et sans qu'aucune espèce périsse.

Ainsi l'abondance et les plaisirs environnent l'homme de toutes parts.

47.me CONSIDÉRATION.
Activité continuelle de la nature dans le règne végétal.

DURANT tout le cours de l'année la nature est dans une continuelle activité. Jamais elle ne demeure oisive ; et au lieu de nous présenter ses dons tous ensemble, elle les fait pour ainsi dire succéder les uns aux autres sans interruption. De cette activité, et de cet enchaînement de bienfaits qui en est la suite, résultent des avantages sans nombre, bien dignes que nous nous arrêtions à en considérer quelques-uns.

Le règne végétal est destiné aux hommes et aux animaux : aux premiers, pour leur agrément et leur nourriture ; aux seconds, pour leur nourriture seulement. Le Créateur veut nous procurer des aliments et des plaisirs : voilà pourquoi il ordonne à la nature de ne point produire toutes les plantes à la fois, mais successivement. En effet, comment les hommes parviendraient-ils à faire leurs récoltes et leurs moissons, si la maturité de tous les fruits avait la même époque ? On ne pourrait non plus les conserver tous, puisque la durée de plusieurs est très-courte, et qu'ils perdent bientôt et leur saveur et leurs vertus. Et que deviendraient alors ces sensations agréables qu'ils excitent dans nos organes ? Quel goût auraient les cerises et les autres fruits de l'été, si la nature nous les présentait au milieu de l'hiver environnés de neiges et de glaces ? Quel serait le sort de tant de millions d'animaux, à la conservation desquels le Père commun des créatures veille aussi bien qu'à celle des hommes ? Comment pourraient-ils vivre, si toutes les productions de la terre parvenaient en même temps à leur maturité ? Cette multitude d'insectes qui ne vivent que des fleurs, ne pourraient subsister si elles ne duraient qu'un mois. Il est vrai que la plupart de ces animaux ne trouvent point d'aliments pendant l'hiver ; mais ils sont constitués de manière qu'au moment où la pâture vient à leur manquer, ils tombent dans un profond sommeil qui la leur rend inutile : ce qui ne pourrait avoir lieu pendant l'été, où la chaleur les ranime. Il est certain qu'un ordre différent dans la succession des plantes entraînerait pour les êtres animés les plus terribles inconvénients, peut-être même leur destruction totale. Leur entretien est donc une des principales fins que s'est proposée l'Auteur de l'univers, en établissant une activité si constante dans le règne végétal.

48.ᵐᵉ CONSIDÉRATION.

Singularité du règne végétal.

Il y a des plantes qui ne vivent que dans la terre, il en est qui ne croissent que dans l'eau ; d'autres se plaisent dans l'un et l'autre élément ; il s'en trouve même qui ne subsistent que de l'humidité répandue dans l'air. La truffe, cette plante extraordinaire, sans racines, sans tiges, sans feuilles, sans fleurs, tire sa nourriture par les pores de son écorce. Et le mécanisme de sa production est encore un problème.

Le *nostoc*, corps irrégulier, un peu transparent, d'un vert pâle, qui tremble quand on le touche, et se rompt aisément, ne peut se voir que quand il a plu. Il se forme presque dans un instant. L'été, quand on se promène dans une allée de jardins, on n'en aperçoit pas la moindre trace. Survient-il un orage, au bout d'une heure il se trouve au même endroit et en si grande quantité que l'allée en paraît toute couverte. Le nostoc n'est qu'une feuille à laquelle on ne découvre aucune racine, qui attire beaucoup d'eau, s'en imbibe, et est alors dans son état naturel. Un vent un peu fort et la chaleur font évaporer l'eau en peu d'heures. La feuille se contracte, se rapetisse, perd sa transparence, sa couleur, et pour ainsi dire son existence : une nouvelle ondée la ranime et la fait reparaître.

L'atmosphère est toute remplie de graines invisibles. Des semences même plus grosses sont dispersées par les vents sur tout le globe ; et dès qu'elles trouvent des endroits convenables, elles s'y développent, et souvent avec si peu de terre qu'on a peine à comprendre d'où elles peuvent tirer ce qui est nécessaire à leur accroissement. Des plantes assez grandes, et jusqu'à des arbres, prennent racine et croissent dans les fentes des rochers, sans la moindre terre qui paraisse propre à leur végétation.

Nous ne finirions point si nous voulions pousser ces considérations aussi loin qu'elles peuvent s'étendre. Tout ici est rempli de prodiges : tout nous ramène vers un Etre infini, dont la puissance est jointe à une sagesse et à une bonté sans bornes, pour nous combler de biens, et nous fournir sans cesse de nouveaux sujets d'admiration.

49.ᵐᵉ CONSIDÉRATION.

Divers procédés remarquables dans les plantes.

IMAGINONS un homme qui , frappé des beautés de la nature, se détermine enfin à étudier les productions de notre
terre , en commençant par la contemplation des végétaux.

Supposons que quelques graines ont été semées à contre-
sens : la radicule tournée vers le haut , la plantule ou petite
tige tournée vers le bas.

Au bout de quelques jours il remarquera que la radicule
se sera élevée à la surface de la terre, tandis que la plantule se sera enfoncée dans l'intérieur ; mais bientôt il verra
la radicule se replier sur elle-même pour gagner l'intérieur
de la terre, et la plantule se recourber pour l'élever dans
l'air.

Les plantes dont notre physicien vient d'observer la ger-
mination avaient pris naissance dans le voisinage d'un abri.
Favorisées de cette exposition , et cultivées avec soin , en
peu de temps elles ont fait de grands progrès. Le terrein
qui les environne à quelque distance est de deux qualités
très-opposées. Notre observateur s'aperçoit que les racines,
après avoir commencé à s'étendre assez également de tous
côtés , ont changé de route , et se sont toutes dirigées vers
la partie du terrein qui est grasse et humide.

Il découvre une de ces racines; mais sans l'exposer à la
chaleur, il lui présente une éponge imbibée d'eau ; la racine
se porte bientôt vers cette éponge. Plusieurs fois il fait
changer de place à celle-ci ; la racine la suit , et se conforme à toutes ces positions.

Pendant que notre philosophe médite sur ces faits, d'autres faits aussi remarquables s'offrent à lui presque en même
temps. Il observe que toutes ces plantes ont quitté l'abri , et
se sont inclinées en avant, comme pour présenter toutes
leurs parties aux regards bienfaisants du soleil. Il observe
encore que les feuilles sont toutes dirigées de manière que
leur surface supérieure regarde cet astre ou le plein air , et
que la surface inférieure regarde l'abri ou le terrein.

Les feuilles de quelques espèces semblent suivre les mouvements du soleil , en sorte que le matin elles sont tournées
vers le levant , et le soir vers le couchant. Telles ne s'ouvrent qu'à certaines heures du jour , d'autres qu'à certaines

heures de la nuit; cela est assez constant dans chaque espèce. De là cette ingénieuse *horloge botanique* qui consiste dans un assemblage de plantes dont les fleurs s'ouvrent et se ferment à des heures à peu près réglées.

Considérant ensuite que, quelle que soit la position des plantes relativement à l'horizon, la direction des feuilles est toujours à peu près telle qu'il l'a d'abord observée, il lui vient en pensée de changer cette direction, et de mettre les feuilles dans une situation précisément contraire à celle qui leur est naturelle.

Mais bientôt toutes ces feuilles se mettent en mouvement; elles tournent sur leur pédicule comme sur un pivot, et au bout de quelques heures elles reprennent leur première situation. La tige et les rameaux se redressent aussi, et se disposent perpendiculairement à l'horizon.

Mais ce qui fixe le plus son attention, ce sont les mouvements si remarquables que l'on observe dans certaines parties des plantes au temps de la fécondation. Il ne se lasse point d'admirer la manière dont le stigmate du pistil s'ouvre pour recevoir la poussière des étamines, et dont il se referme après l'avoir reçue; l'art avec lequel les sommets s'ouvrent et répandent la poussière sur le stigmate.

Tous ces procédés et tant d'autres que nous offre le règne des plantes ne pourront qu'intéresser infiniment notre contemplateur, et l'exciter à étudier, dans les autres règnes de la nature, celui qui en est l'auteur, et qui ne l'a enrichie de tant de merveilles et de biens, que pour adresser à la fois, à l'esprit et au cœur de l'homme, un langage qu'il lui soit impossible de ne pas entendre.

50.ᵐᵉ CONSIDÉRATION.

Prétendue sensibilité dans les plantes.

Il y a des végétaux qui retirent et contractent leurs fleurs et leurs feuilles lorsqu'on les touche; celles qui vivent toujours sous l'eau élèvent leurs fleurs au-dessus de sa surface, dans le temps de la fécondation, et s'y enfoncent immédiatement après.

Les tulipes s'épanouissent lorsqu'il fait beau; elles se referment quand le soleil se couche, ou en temps de pluie. L'avoine sauvage, quand on la met sur une table, se remue souvent d'elle-même, surtout si on l'a échauffée dans la main, et l'on voit l'héliotrope et diverses autres plantes se tourner toujours vers le soleil. Les plantes se dirigent vers la lumière : celles que l'on place l'hiver dans des caveaux pour les conserver se portent constamment vers les soupiraux. Les mouvements d'une plante marécageuse que l'on a découverte depuis peu dans la Caroline, et que l'on nomme *attrape-mouches*, sont encore plus singuliers. A peine une mouche s'est-elle posée sur la surface supérieure de la feuille, que cette feuille se replie, se contracte, saisit le malheureux insecte, le serre de plus en plus, le perce de ses épines, et demeure exactement fermée pendant qu'il est captif. Si l'on voulait la forcer à s'ouvrir pour rendre sa proie, elle romprait plutôt que de céder; mais si l'on parvient à la lui enlever sans lui faire trop de violence, les deux lobes qui composent la feuille s'écartent aussitôt l'un de l'autre, et reprennent leur première situation.

De ces faits incontestables on a voulu conclure que l'on ne saurait refuser entièrement la sensibilité aux plantes; mais l'anatomie la plus exacte ne nous découvre dans le végétal aucun organe qui ait le moindre rapport à ceux qui sont le siége de la sensibilité animale.

Au reste laissons la philosophie disserter tant qu'elle le voudra pour découvrir les causes des diverses phénomènes dont nous venons de nous occuper. Quant à nous, appliquons-nous à faire un salutaire usage des connaissances qu'il nous a été donné d'avoir, sans nous perdre dans des spéculations vaines, et sans aspirer à une intelligence qui ne nous est réservée que pour le séjour de la lumière et du bonheur.

51.me CONSIDÉRATION.

Les animaux.

L'*animal* est un être organisé, doué d'un principe de vie, de sensations et de mouvement, qui, par l'attrait du plaisir et le sentiment du besoin, est sollicité à se procurer ce qui convient à sa conservation et à sa propagation.

L'animal et le végétal diffèrent du minéral non-seulement par l'organisation, ils en diffèrent encore par leur formation. Ceux-là prennent leur accroissement par *intussusception*, c'est-à-dire par le moyen de certaines substances qui se filtrent et se modifient dans l'intérieur de leurs organes. Le minéral au contraire ne prend son accroissement que par *juxta-position*, c'est-à-dire par l'accession de certaines substances, qui, voiturées par les fluides et sollicitées par leur affinité, se crystallisent ou se disposent et s'arrangent par couches les unes sur les autres, sans s'insinuer ni se transformer dans l'intérieur du tout qu'elles composent.

La principale division du règne animal est celle qui le classe en deux espèces essentiellement distinctes; l'une raisonnable, l'autre irraisonnable. La première a en partage et le sentiment qui l'affecte et la raison qui l'éclaire sur le bien et le mal moral : la seconde n'a reçu qu'une faible portion d'intelligence avec le sentiment du plaisir ou du besoin, du bien et du mal physique.

Tout dans la nature visible est peuplé d'êtres vivants et animés. Quelle innombrable foule d'espèces, quelle étonnante multiplicité d'individus nous présentent les airs, les champs, les prairies, les forêts, les rivières, les mers, les entrailles mêmes de la terre ! Que d'espèces d'animaux qui contiennent encore une quantité prodigieuse d'espèces subalternes! Depuis l'invention des microscopes, un nouveau mode d'êtres vivants et animés est venu frapper nos regards ; une seule goutte d'eau, à peine sensible à l'œil, en offre un nombre considérable qu'à l'aide d'une forte lentille on distingue les uns des autres.

Venez donc admirer le Dieu du monde animé, et vous pénétrer de plus en plus de sa puissance, de sa sagesse et de sa bonté.

52.me CONSIDÉRATION.

Les zoophytes ou animaux-plantes.

DANS cette classe de substances singulières, figure principalement le polype d'eau douce.

Tout le polype, depuis la bouche jusqu'à l'extrémité opposée du corps, n'est qu'un sac creux dans lequel on n'observe aucune membrane, aucun viscère.

Les polypes s'attachent fortement par la queue et avec leur glu contre les parois des substances sur lesquelles ils s'arrêtent. On ne leur découvre point d'yeux : on observe cependant qu'ils aiment la lumière, et qu'ils la recherchent. Ils ne courent point après leur proie ; mais les

petits insectes viennent tomber au milieu de leurs bras,
qui sont comme des filets continuellement tendus.

La génération des polypes à bras est infiniment curieuse.
On remarque à l'extérieur une légère excroissance qui
prend la forme d'un bouton, c'est la tête du polype. Autour de la bouche commencent à croître les bras. On voit
quelquefois sortir d'un seul de ces animaux jusqu'à dix-huit
petits. Mais pendant que le polype mère pousse un reje-
ton, celui-ci en pousse de plus petits; ces derniers d'autres
encore, etc. Tous tiennent à la mère comme à leur tronc
principal, et les uns aux autres comme branches ou comme
rameaux; et dans cet arbre en miniature, bientôt la nourriture que prend un rameau passe également à tout ce
qui compose cet assemblage singulier.

Si l'on coupe le polype dans toute sa longueur, la partie droite reprendra en croissant la partie gauche qui lui
manque; la partie gauche reprendra la partie droite, et
ce seront deux polypes. Si on le coupe par le milieu du
corps, le côté de la tête reprendra celui de la queue;
le côté de la queue reprendra celui de la tête, et ce seront encore deux polypes. On peut retourner le polype
comme un gant; et dans cette situation où il semble que
toute l'économie animale doit être renversée, il ne lui
faut que quatre ou cinq jours pour se faire un estomac
nouveau; on peut même le retourner plusieurs fois de suite.
Il est une famille nombreuse de très-petits polypes qui
forment de jolis bouquets dont les fleurs sont en cloche,
et qui se propagent en se partageant d'eux-mêmes.

Ces cloches se séparent d'elles-mêmes du bouquet, et
chacune de celles-ci va en nageant se fixer ailleurs, et y
produire à son tour les mêmes résultats.

Tous les polypes sont très-voraces, et les mouvements
qu'ils se donnent pour saisir et engloutir leur proie ne peuvent convenir qu'à de véritables animaux.

On croit communément que la différence entre les plantes
et les animaux consiste en ce que les premières n'ont ni
la sensibilité ni le mouvement accordé aux seconds, tel
est le caractère distinctif des deux règnes. Mais que la
nuance est faible! que la ligne qui les sépare est imperceptible! Comme partout la nature laisse entrevoir l'infini, comme le caractère propre de son auteur.

53.me CONSIDÉRATION.

Les animaux microscopiques ou animalcules des infusions.

DEPUIS l'invention des microscopes un nouveau monde s'est dévoilé à nos regards. Une seule goutte d'eau où l'on a fait infuser des parties de plantes, de bois ou d'animaux, paraît au microscope un petit lac peuplé d'une multitude d'êtres vivants inconnus aux anciens, et très-diversifiés.

En général ces animaux sont très-petits ; il en est même d'une si prodigieuse petitesse que les plus fortes lentilles suffisent à peine pour les découvrir. M. de Malésieu a vu au microscope des animaux vingt-sept millions de fois plus petits qu'une mite. On aurait cru presque impossible de classer des êtres dont les différences spécifiques vont se perdre dans l'abîme de l'infiniment petit, cependant on est parvenu à en caractériser des centaines d'espèces.

On se rappelle les polypes qui multiplient par des divisions et des subdivisions naturelles. Cette manière de propager est très-commune chez les animalcules des infusions, et elle y présente bien des variétés remarquables. Ils multiplient aussi comme les animaux que nous jugeons les plus parfaits, par des œufs ou des petits vivants. Il y a plus, on s'est convaincu que parmi les mêmes espèces qui se multiplient à la manière des polypes, il en est qui pondent des œufs, telle est entre autres celle à bec crochu.

L'hermaphrodisme règne surtout chez les animalcules des infusions. Diverses espèces de ces animalcules savent, comme les polypes microscopiques, exciter dans l'eau un petit tourbillon qui précipite vers leurs bouches les corpuscules dont ils se nourrissent ; il en est qui se gorgent d'animalcules vivants, qu'on voit s'agiter quelque temps dans l'intérieur de l'animal vorace, quelquefois même le petit captif parvient à s'échapper de sa prison.

Une des espèces les plus curieuses des animalcules que nous offrent les infusions, et qui se rencontre dans la plupart d'entre elles, c'est l'*entonnoir*. Chacun de ces animalcules est comme à l'ancre sur les bords d'une petite île formée par une sorte de mousse ou moisissure, souvent aussi imperceptible à l'œil nu qu'il l'est lui-même. Il y tient par un fil très-délié, qui est pour lui comme un câble. Dès qu'il aperçoit sa proie, il file en quelque sorte sur ce câble, qui s'allonge jusqu'à ce que l'animalcule ait atteint l'objet de sa poursuite. Alors il s'ouvre en entonnoir, avale cette proie presque immobile pour l'observateur, et se referme en boule. Ainsi rétabli dans sa première forme, il retourne sur son fil à sa petite île, où il reste pour ainsi dire amarré.

Une autre espèce est celle du rotifère. Sa partie antérieure offre une sorte de cornet avec deux tronçons qui portent chacun à leur extrémité l'apparence d'une roue très-singulière, d'où l'animal tire son nom. Les rotifères ont la faculté de cacher à leur gré les deux tronçons et leurs roues, ou seulement l'une d'elles. Avec ces roues composées de fils presque imperceptibles, ils forment deux tourbillons rapides : elles leur servent à s'élever, à descendre dans l'eau, à y nager, peut-être même à l'aide des tourbillons qu'ils excitent, à amener vers eux leur proie.

Il en est, dit-on, qui ressuscitent seize fois de la même manière ; et quelques-uns demeurés à sec, et comme ensevelis pendant quatre ans dans cet état, qui est pour eux une espèce de mort, ressuscitent encore très-promptement. Le petit animal anguilliforme du blé rachitique, ainsi appelé d'une sorte de maladie que les blés contractent avant qu'ils ne fleurissent et qui les fait avorter, ressuscitent après vingt-un ans.

Le *byssus*, cette plante aquatique qui se reproduit par la séparation naturelle de ses filets ou articulations, et qu'on peut multiplier par art de la même manière, offre des phénomènes presque aussi étranges.

Combien d'autres merveilles de ce genre qu'il serait trop long de décrire, et quel abîme où l'imagination se perd ! Que de mystères faits pour confondre l'orgueil et l'esprit humain !...

54.ᵐᵉ CONSIDÉRATION.

Les insectes, structure de leurs membres,

LE caractère essentiel qui distingue les insectes de tous les animaux, c'est qu'à proprement parler ils n'ont point d'os ; ce qui démontre déjà une grande sagesse dans cette partie de leur conformation. Les mouvements qui sont propres à tous les insectes, la manière dont ils sont obligés de chercher leur nourriture, et surtout les diverses métamorphoses qu'ils subissent ne pourraient pas s'exécuter avec tant de facilité, si leur corps était lié et affermi par des os.

Tout insecte, soit qu'il vole ou qu'il rampe, est composé ou de plusieurs anneaux qui s'éloignent et se rapprochent les uns des autres, ou de plusieurs lames qui glissent l'une sur l'autre, ou enfin de deux ou trois parties principales qui ne tiennent que par un filet ou petit canal qu'on appelle *étranglement*.

De la première espèce sont tous les vers. De la seconde espèce sont les mouches, les hannetons, etc., dont le corps est un assemblage de petites lames, qui s'allongent en se déployant ou se raccourcissant, en rentrant les unes sous les autres. Enfin les fourmis, les araignées, etc., partagées en deux ou trois portions qui semblent à peine tenir l'une à l'autre, forment la troisième classe.

Les insectes ont deux sortes d'yeux : ceux qui sont lisses et brillants sont d'ordinaire en petit nombre : les yeux à réseau, qui ressemblent à du chagrin, et dont la cornée est taillée à facettes, sont communément au nombre de plusieurs mille, et réunis sur les côtés de la tête, sous la forme de deux masses hémisphériques. Ni les uns ni les autres ne sont mobiles ; leur multitude et leur position suppléent au défaut de mobilité. Les antennes, espèces de cornes dont la plupart des insectes sont pourvus, en devançant le corps dans sa marche, et en sondant le terrein, avertissent l'animal des dangers qui le menacent ; elles lui font aussi discerner les aliments qui lui sont propres.

Les jambes des insectes sont ou écailleuses ou membraneuses : les premières jouent à l'aide de plusieurs articulations, les autres qui sont plus molles se ploient en tous les sens. Souvent le même animal réunit ces deux sortes de jambes. Quelques insectes ont plusieurs centaines de pieds, non pour les faire marcher plus vite que ceux qui n'en ont que six, mais pour quelque fin particulière relative au plus grand bien de leur espèce.

Outre ces secours et bien d'autres, qui se diversifient selon les espèces, la plupart des insectes ont encore la faculté de voler. Quelques-uns ont deux ailes : ceux-ci, comme les demoiselles, en ont quatre : d'autres tels que les escarbots et les hannetons, dont les ailes sont d'une finesse si grande que le moindre frottement pourrait les déchirer, ont pour leur servir d'étui, deux fortes écailles qu'ils élèvent ou abaissent à volonté. De ces ailes, les unes sont transparentes comme une gaze fine, d'autres sont écailleuses et farineuses.

La diversité qu'on observe dans la structure et la conformation des insectes est prodigieuse, et la vie de plusieurs hommes ne suffirait point à observer et à décrire leurs différentes figures. Quelle variété dans les formes de ceux qui marchent, qui volent, qui sautent, qui rampent! et cependant, quelle harmonie, quelles proportions! Ce serait le comble de l'extravagance de ne pas découvrir ici l'infinie sagesse du Créateur.

55.me CONSIDÉRATION.

Origine des insectes et leurs transformations.

Tout insecte provient d'un germe qui le contenait en petit. Ce germe est d'abord renfermé sous une enveloppe qui s'ouvre quand l'animal est devenu assez fort pour la percer. S'il la rompt en naissant, et qu'il vienne au monde tout formé, on dit de sa mère qu'elle est *vivipare*. De cette espèce sont les cloportes et les pucerons de bien des plantes. Si la mère met bas ses petits renfermés dans cette enveloppe dure qu'on appelle un *œuf*, où ils doivent demeurer encore quelque temps, elle est *ovipare*.

Au sortir des œufs, il y a des petits qui se trouvent sous leur forme parfaite, et qu'ils ne doivent point quitter durant toute leur vie. Les limaçons sortent de l'œuf avec leur maison sur le dos; ils conservent toujours la même figure et le même logement, si ce n'est que devenus plus gros ils ajoutent de nouveaux cercles à leur coquille. Les araignées sont entièrement formées au sortir de l'œuf, et ne changent plus que de peau et de volume. Mais la plupart des autres insectes éprouvent de singulières révolutions, et prennent successivement des figures qui n'ont en elles aucune ressemblance. Il y a une infinité de ces petits êtres qui sont composés de deux ou trois corps organisés tout différemment, dont le second se développe après le premier, et le troisième naît du second.

Le vermisseau, après un temps, cesse de manger, et s'enferme dans une sorte de petit sépulcre qui varie selon les espèces. C'est là que sous une enveloppe qui préserve de toute insulte son extrême délicatesse, il se prépare à une nouvelle naissance. On lui donne alors le nom de *nymphe*, qui signifie *jeune mariée*, parce que c'est dans cet état que l'insecte prend ses plus beaux atours, et la dernière forme sous laquelle il doit paraître pour multiplier sa postérité. On l'appelle aussi *chrysalide* ou *aurélie*, parce que la pélicule plus ou moins dure dont il est alors revêtu prend, dans certaines espèces, une couleur aussi brillante que celle de l'or.

Enfin le quatrième état de cette espèce d'insectes, la grande et dernière métamorphose, est lorsqu'ils sortent de leur tombeau, et que devenus des êtres volants ils percent les enveloppes qui les retiennent, font sortir les panaches dont leur tête est ornée, déploient leurs ailes et toutes les merveilles de leur résurrection.

56.ᵐᵉ CONSIDÉRATION.

Les chenilles.

Les espèces connues de chenille montent à plus de trois cents, et tous les jours on en découvre de nouvelles. Leur taille, leur couleur, leur forme, leurs inclinations et leur manière de vivre, tout varie d'une espèce à l'autre. Mais elles ont toutes cela de commun qu'elles sont composées de plusieurs anneaux qui, en s'éloignant et en se rapprochant les unes des autres, portent le corps partout où le besoin l'exige. Elles ont reçu de la nature deux sortes de pieds qui tous ont leur utilité particulière. Les six pieds de devant sont des espèces de crochets dont elles se servent pour saisir les objets et s'y cramponner ; la plante des pieds postérieurs est large et armée d'ongles aigus. Les pieds de derrière leur sont donnés pour se tenir fermes, et pour empoigner tout ce qui leur sert d'appui.

Presque toutes les chenilles ont un fil dont la matière est une substance résineuse inconnue. Se sentent-elles en danger d'être emportées par un oiseau, ou froissées sous les branches qui sont en mouvement, elles attachent à l'arbre cette gomme, et tombent en la laissant filer par plusieurs petites ouvertures, d'où se forment autant de fils qu'elles rapprochent l'un de l'autre avec leurs pattes pour n'en faire qu'un seul, capable de soutenir leur corps.

Ce n'est pas là l'unique préservatif que l'auteur de la nature ait accordé aux chenilles. Elles sont pour l'ordinaire revêtues d'un poil qui soutient et arrête l'eau dont elles seraient inondées, pénétrées et glacées. Le même poil plié avertit l'animal de se glisser en bas avant qu'il ne soit écrasé sous la branche que le vent agite ; et quand son fil dérangé ou rompu l'abandonne, ce poil dont il est hérissé empêche qu'il ne se brise dans sa chute.

La couleur des chenilles est un des meilleurs préservatifs qui aient été donnés à plusieurs d'entre elles pour se garantir des oiseaux, qui n'ont point de nourriture plus délicate et plus propre pour leurs petits. Certaines espèces ont un fond de couleur principale, qui est la même que celle des feuillages dont elles se nourrissent, ou des petites branches sur lesquelles ces insectes s'arrêtent quand ils muent. Quand le temps de la mue est arrivé, elles ont grand soin de quitter les feuilles, et de se retirer le long des branches, où confondues avec elles par les nuances de leur couleur, elles sont moins aperçues, et échappent pendant leur long sommeil aux oiseaux qui les cherchent.

Remarquons ici que les chenilles sont bornées non-seulement à la verdure, mais à une certaine sorte de verdure. Quels remercîments nous devons à la Providence, pour ce sage arrangement ! Si nos pommiers, qui n'ont à présent pour ennemis que quelques espèces de chenilles, en avaient deux ou trois cents comme le chêne, combien nos substances en souffriraient !

57.me CONSIDÉRATION.

Métamorphoses des chenilles.

Vers la fin de l'été, souvent plus tôt, après s'être rassasiées de verdure, et avoir changé plusieurs fois de peau, les chenilles cessent de manger, et se mettent à bâtir une demeure pour y quitter leur ancienne forme, en prendre une nouvelle, et ensuite celle de papillon. La chenille devenue *chrysalide* est de figure ovale, et a, vers la pointe, des anneaux qui vont toujours en diminuant. C'est dans la chrysalide qu'est renfermé l'embryon du nouvel animal, avec les liqueurs propres à le nourrir et à le perfectionner. La chenille reste dans cet état une, deux ou trois semaines, quelquefois même six à dix mois, jusqu'à ce que l'insecte aérien soit entièrement formé, et qu'une douce chaleur l'invite à sortir de sa retraite. Alors il s'ouvre un passage par l'extrémité la plus large, en même temps la plus mince de la chrysalide. Sa tête, qui a toujours été tournée vers ce bout, se dégage ; les antennes s'allongent ; les pattes et les ailes s'étendent ; le papillon prend l'essor et s'envole. Ce nouvel être ne conserve rien de son ancien état. La chenille qui s'est changée en chrysalide, et le papillon qui sort de cette dernière, sont deux animaux totalement différents. Le premier n'avait rien que de terrestre et rampait pesamment ; le second est l'agilité même, il ne tient plus à la terre, il dédaigne en quelque sorte de s'y poser. Celui-là était hérissé et souvent d'un aspect hideux ; celui-ci est paré des plus riches couleurs. L'un se bornait à une nourriture grossière ; l'autre voltige de fleur en fleur, jouit en liberté de toute la nature, et l'embellit lui-même.

La mort des justes et leur résurrection ne sauraient être mieux comparées qu'à la métamorphose des chenilles en papillons. Pour le chrétien la mort, quant au corps, n'est qu'un sommeil, un doux repos après les peines d'ici-bas, un intervalle plus ou moins long, pendant lequel ce corps n'est sans mouvement et sans vie qu'afin de reparaître un jour plus glorieux. Qu'est une chenille ? Un vermisseau aveugle et méprisé, qui pendant qu'il rampe sur le feuillage est exposé à une infinité d'accidents et de persécutions. Hélas ! l'homme a-t-il un sort meilleur dans le monde ?

<hr>

58.ᵐᵉ CONSIDÉRATION.

Beauté et diversité des papillons.

LA beauté du papillon, la vivacité, la surprenante variété de ses couleurs, l'élégance de sa forme, le charme des yeux, sa légèreté, son air animé, sa course vagabonde et volage, tout plaît en lui. Une collection de ces jolies créatures présente un coup d'œil enchanteur : elles semblent se disputer à l'envi les agréments et la parure. Les papillons de la Chine, ceux de l'Amérique surtout, et en particulier ceux de la rivière des Amazones, se font remarquer par leur grandeur, par la richesse et le vif éclat de leurs couleurs : c'est un spectacle à voir, mais impossible à bien décrire. Et ce qu'il y a de plus étonnant dans ce brillant volatile, c'est qu'il provient d'un ver dont l'aspect pour l'ordinaire n'a rien que de vil et d'abject. Quelle surprenante métamorphose ! Voyez comme le papillon déploie au soleil ses ailes éclatantes ; comme il se joue dans les rayons de cet astre ; comme il se réjouit d'exister et de respirer un air pur ; comme il voltige sur la prairie de fleur en fleur ! ses charmantes couleurs nous offrent la magnificence de l'arc-en-ciel. Qu'il est beau maintenant ! combien n'a-t-il pas changé depuis le temps où , sous la forme d'un reptile méprisable , il s'agitait dans la poussière , toujours près d'être écrasé ! Qui l'a élevé au-dessus de la terre ? Qui lui donne la faculté d'habiter les plaines de l'air ? Qui l'a pourvu de ces ailes si habilement nuancées ? C'est Dieu : c'est son auteur et le mien. Il m'a tracé dans cet insecte l'image de la transformation qui m'attend.

59.ᵐᵉ CONSIDÉRATION.

Instinct du papillon relativement à la propagation de son espèce.

LE papillon en enduisant ses œufs d'une matière gluante qu'il tire de son corps, leur fait braver l'inclémence des saisons et le ravage des éléments. Mais il y a bien de la diversité dans les mesures que les différentes familles de papillons prennent pour la conservation de leur race. Les uns déposent sur la terre , sans aucune précaution , des œufs semblables à des graines de millet , et qui éclosent vers le milieu de septembre. D'autres entourent de seize à dix-sept rangées de leurs œufs une petite branche d'arbre , comme une bague entoure le doigt , avec l'attention de placer toujours en dehors le bout par lequel la chenille doit sortir. Quelques-uns de ces insectes pondent au commencement de l'automne , et meurent peu après couchés et collés sur leur chère famille. Le soleil qui a encore de la force échauffe les œufs ; il en sort , même avant l'hiver , quantité de petites chenilles , qui se mettent d'abord à l'ouvrage , et de leurs fils se font des lits et un logement spacieux , où elles passent la saison rigoureuse sans manger et presque sans mouvement. Quand on ouvre leur retraite, on voit que ce qu'elles ont filé leur sert de tente , de rideau et de matelas. Une chose bien remarquable encore , c'est que le papillon , de même que d'autres insectes , ne dépose ses œufs que sur les plantes choisies , et où ses petits pourront trouver une nourriture convenable. Ainsi , dès l'instant de leur naissance , ils se voient environnés des aliments qui leur sont propres , sans être obligés de se déplacer, dans un temps où ils sont encore trop faibles pour entreprendre de longs voyages.

Être doué de raison, viens à l'école de ces petites créatures apprendre à être homme, à entretenir dans ton cœur l'amour de ta postérité, et a t'intéresser à ceux qui doivent te survivre dans les entreprises que tu formes.

60.ᵐᵉ CONSIDÉRATION.

Le ver à soie.

LE ver à soie, de la famille des chenilles, est composé comme elles de plusieurs anneaux mobiles, et pourvu de pieds et de crochets pour s'arrêter et s'accrocher où le besoin l'exige. Sa bouche est garnie de deux rangées de dents, qui ne travaillent point de haut en bas, mais de droite à gauche, et qui lui servent à serrer, à tailler, et à échancrer les feuilles. Dans toute la longueur du ver on aperçoit à travers la peau un vaisseau qui s'enfle de temps en temps, et qui fait les fonctions du cœur. Sur chaque côté neuf ouvertures qui répondent à autant de stigmates ou de poumons, et par lesquelles l'air s'y insinue, favorisent la circulation du chyle ou suc nourricier. Sous la bouche est une espèce de filière, par deux ouvertures de laquelle l'animal fait sortir deux gouttes de la liqueur dont l'un de ces viscères est rempli. Ce sont là comme les deux quenouilles qui fournissent continuellement la matière dont il fait son fil. Cette gomme en passant par les ouvertures en prend la forme, et s'allonge en un double fil, qui perd tout d'un coup sa fluidité et acquiert la consistance nécessaire pour soutenir le ver, ou pour l'envelopper quand il en sera temps. Il assemble les deux fils en un, en les collant l'un sur l'autre avec ses pattes de devant. Ce double fil quoique très-délié est très-fort et d'une longueur étonnante. il en entre neuf cent trente pieds environ dans chaque cocon; ce qui donne près de deux mille pieds en longueur de fil simple, dont toutefois le poids ne se monte qu'à environ deux grains et demi.

L'air inégal de nos climats force d'élever le ver à soie dans des appartements, et avec beaucoup de précautions. Mais à la Chine, au Tunquin, et dans d'autres pays chauds, il croît et erre en liberté sur l'arbre même dont il tire sa nourriture.

Le ver à soie, une fois sorti de sa coque, passe par trois états différents, après quoi il se prépare une retraite, en se construisant lui-même une petite cellule, d'une structure d'une beauté ravissante.

On jette ensuite les cocons dans l'eau chaude; on les agite avec quelque brin de balai, pour tirer les têtes ou les commencements des fils; et l'on dévide la soie sur un instrument destiné à cet usage.

Ainsi, c'est à un ver que nous devons le luxe de nos habillements; c'est la liqueur d'une chenille qui nous fournit nos ameublements les plus précieux. Et tu pourrais, ô homme vain, t'enorgueillir de la soie qui te couvre!..... et tu te croirais presque d'une autre nature que ton semblable qui n'en est point revêtu!..... Pense donc à qui tu en es redevable, et combien peu tu contribues toi-même à ces parures qui te rendent si arrogant et si fier.

61.me CONSIDÉRATION.

Les sociétés d'insectes qui ont pour fin principale l'éducation des petits : les fourmis.

LES fourmis sont un petit peuple réuni en un corps de société, qui a pour ainsi dire son gouvernement, ses lois et sa police. Elles habitent une espèce de ville qu'elles construisent elles-mêmes. Leur diligence à se procurer les matériaux dont elles ont besoin pour leur fourmilière, et leur industrie à les mettre en œuvre sont admirables. Elles se réunissent pour creuser la terre et la charrier ensuite hors de l'habitation : elles y transportent une grande quantité de brins d'herbe, de paille, de bois, etc., dont elles forment un tas qui au premier coup d'œil paraît fort irrégulier ; mais ce désordre apparent cache un art et un dessin qu'on démêle dès qu'on cherche à le voir. Sous ces dômes ou petites collines qui couvrent les fourmis, et dont la forme facilite l'écoulement des eaux, on trouve des galeries qui communiquent les unes avec les autres, et qu'on peut regarder comme les rues de la petite ville.

Les fourmis appartiennent à la classe des insectes qui passent par l'état de nymphe. Après la dernière transformation, les mâles et les femelles sortent de la fourmilière, voltigent dans l'air, s'assortissent, et ces dernières rentrent dans leur habitation pour y faire leur ponte. Les vers qui proviennent de ces œufs, dépourvus de jambes, ne changent presque point de place, et sont alimentés par les tendres soins des ouvrières.

Parmi les fourmis, les individus distingués de sexe ont quatre ailes ; les neutres en sont toujours dépourvus. Mais une chose très-singulière, c'est que vers l'arrière-saison il paraît que les fourmis pourvues d'ailes perdent cette partie d'elles-mêmes.

La prévoyance des fourmis a été fort célébrée : on a cru qu'elles amassaient des provisions pour l'hiver, et qu'elles savaient se construire des magasins où elles renfermaient les grains qu'elles avaient recueillis pendant la belle saison. Mais ces magasins leur seraient très-inutiles, elles dorment pendant tout l'hiver ; un degré de froid assez médiocre suffit pour les engourdir. Si elles font quelques amas, ce n'est donc pas pour ce temps-là. Aussi n'est-il pas dit dans les livres saints, comme on le suppose quelquefois assez gratuitement, qu'elles fassent des *magasins*, ni qu'elles approvisionnent *pour l'hiver*.

La structure des membres des fourmis, leur industrie, leur diligence infatigable, la police de leur république, les tendres soins qu'elles ont de leurs petits, nous annoncent la sagesse de ce grand Être, leur auteur et le nôtre. Les arbres n'ont pas une feuille, les prairies un brin d'herbe, les fleurs une étamine qui soit inutile; et le ciron même n'a pas été fait en vain. Fourmis si méprisées, vous m'enseignez aussi cette vérité ; et si je sais profiter de vos leçons, je ne quitterai jamais vos demeures sans avoir fait un nouveau pas dans le chemin de la sagesse.

62.ᵐᵉ CONSIDÉRATION.

Le fourmi-lion.

La figure du fourmi-lion, qui tient un peu de celle du cloporte, n'annonce rien de remarquable : son corps pourvu de six jambes, et composé de plusieurs anneaux membraneux, se termine en pointe ; sa tête plate et carrée est armée de deux cornes mobiles en forme de pinces très-fines, dont la structure singulière montre combien l'auteur de la nature est admirable jusque dans ses moindres productions.

Aucun insecte n'est plus renommé pour son adresse que le fourmi-lion, et les dispositions qu'il fait pour attraper sa proie sont des plus ingénieuses. D'abord il trace sur un sable sec ou sur une terre fort pulvérisée un sillon circulaire, dont l'enceinte réglera l'ouverture de l'entonnoir, et dont le diamètre se trouve toujours avoir une certaine proportion avec la profondeur qu'il veut donner à la fosse. Quand il a déterminé cette ouverture ou tracé le premier sillon, il en trace un second concentrique à l'autre; et son travail consiste à enlever tout le sable renfermé dans l'enceinte du premier. Imaginez donc un cône de sable qui ait le diamètre et toute la profondeur que doit avoir l'entonnoir; c'est ce cône qu'il s'agit d'enlever.

Toutes les opérations nécessaires à ce travail, le fourmilion les exécute avec sa tête, dont la forme assez semblable à celle d'une pelle la rend très-propre à cet office. Il se sert d'une de ses premières jambes pour la charger de sable; et quand elle en est remplie, il le lance brusquement hors de l'enceinte. Quelquefois il rencontre en bêchant des grains de sable un peu gros, ou de petits morceaux de terre sèche, qui s'ils restaient dans l'entonnoir serviraient d'échelons aux insectes pour s'échapper. Il en charge sa tête, et par un mouvement subit et bien calculé il les lance dehors. Trouve-t-il des corps plus gros? Il vient à bout de les charger sur son dos, les porte hors de son trou, et il est si opiniâtre à ce travail, qu'il le répète jusqu'à six ou sept fois, si ses premiers efforts ont été sans succès.

Ses piéges tendus, il se met aux aguets : immobile et caché au bas de sa fosse, il y attend la proie qu'il ne saurait poursuivre. Si quelque fourmi vient à passer auprès du précipice, dont les bords escarpés s'écroulent facilement, elle tombe presque toujours au fond. Le fourmi-lion saisit promptement avec ses cornes l'imprudent animal; il le secoue pour l'étourdir, et le tire sous le sable. Si la proie est agile, si elle remonte vite, et surtout si elle a des ailes, une pluie de sable l'accable et la précipite de nouveau au fond de l'entonnoir. L'insecte s'en saisit, en fait son repas, et quand il ne reste plus que le cadavre sans suc et sans humeur, il le jette hors de la fosse, la répare si elle est endommagée, et se remet à l'affût.

Ce petit animal, à qui la nature semble avoir assigné en partage une vie triste et pénible, devient après la métamorphose qu'il subit une grande et belle demoiselle, dont le corps, de quinze à seize lignes de long, est orné de quatre ailes plus longues encore, il jouit alors d'une liberté qu'il n'avait pas connue dans l'obscurité de sa vie précédente. En changeant de nature, il s'est dépouillé de sa pesanteur, de sa barbarie, de ses inclinations sanguinaires : tout est nouveau en lui ; on n'y aperçoit plus que gaieté, agilité, noblesse et dignité.

Toutes ces merveilles de ce petit animal, dont l'extérieur est si chétif, nous avertissent que chaque insecte, quoique méprisable qu'il paraisse, doit élever nos pensées vers le Dieu qui a créé le fourmi-lion et l'éléphant, et qui étend ses soins sur le vermisseau, aussi bien que sur l'homme.

63.me CONSIDÉRATION.

Les abeilles, structure de leurs gâteaux.

DE toutes les sociétés formées par des insectes, il n'en est point de plus intéressantes que celle des abeilles.

Leur gouvernement tient plus du monarchique que du républicain. Une seule mouche y dirige tout ; et cette mouche est non-seulement la reine de son peuple, elle en est encore la mère, dans le sens le plus précis. Des trente à quarante mille mouches, dont souvent une ruche est l'habitation, la reine est la seule qui engendre. C'est sans doute à cette prérogative qu'elle doit l'extrême affection de ses sujets. On la voit presque toujours environnée d'un cercle d'abeilles, uniquement occupées à lui être utiles : les unes lui présentent du miel, les autres passent légèrement leur trompe sur son corps, afin d'en détacher tout ce qui pourrait le salir ; et lorsqu'elle se met en marche, tout ce qui se trouve sur son passage se range pour lui faire place.

Chaque essaim d'abeilles n'a qu'une reine. Les mâles, nommés *faux-bourdons*, sont assez souvent au nombre de quatre à cinq cents ; celui des *neutres* va quelquefois à quarante mille et plus. Ces derniers, qu'on peut regarder comme les ilotes de la petite Sparte, sont chargés de tous les travaux : la reine et les faux-bourdons ne s'occupent que du soin de donner des citoyens à l'état. Des observations ont donné lieu de penser que les œufs des abeilles étaient fécondés dans les alvéoles, à la manière de ceux des poissons à écailles et de divers amphibies, par une liqueur vivifiante dont ils étaient arrosés par les mâles après avoir été pondus.

L'architecture des abeilles est on ne peut plus admirable dans l'ordonnance des gâteaux. Les cellules ou alvéoles qui les composent et qui en occupent les deux faces sont appuyées les unes contre les autres par leurs fonds, qui sont formés de trois petites pièces en losanges égaux et semblables. Par leur figure pyramidale, les fonds des cellules des deux faces opposées du gâteau s'ajustent de manière à ne laisser aucun vide entre eux. La forme exagone des cellules leur permet également de s'appliquer immédiatement les uns contre les autres, sans laisser entre elles aucun intervalle : l'axe des cellules est parallèle à l'horizon, et le gâteau lui est perpendiculaire, position déterminée par des circonstances particulières, et dont dépend la conservation des petits. Dans la disposition, la forme et les proportions de ces alvéoles se trouvent résolues par un mécanisme naturel, un des plus beaux et des plus difficiles problèmes de la géométrie : *Faire tenir, dans le plus petit espace, le plus grand nombre de cellules et les plus grandes avec le moins de matière possible.* Une observation très-curieuse et que les abeilles varient selon le besoin, l'inclinaison et la courbure de leurs rayons.

On peut distinguer deux sortes d'abeilles : les sauvages et les domestiques. Celles-ci construisent leurs rayons dans une espèce de panier qu'on nomme *ruche*, où les hommes les ont rassemblées. Les premières habitent le creux des arbres et d'autres cavités que le hasard leur fournit.

Qu'y a-t-il de plus propre à inspirer de sublimes pensées, que la vue de ce petit peuple ? Celui qui aime à s'occuper de son Créateur, le retrouve ici de la manière la plus marquée.

64.me CONSIDÉRATION.

Travaux et instruments des abeilles.

Les abeilles ont la tête ornée de deux antennes qui garantissent leurs yeux, les avertissent des dangers, et les précautionnent contre ce qui pourrait leur nuire. Sur les côtés de la tête sont placés deux yeux à réseau ; et sur sa portion la plus élevée, trois petits yeux lisses sont disposés en triangle. Les abeilles ont deux dents, ou plutôt deux petites écailles tranchantes, qui jouent en s'ouvrant et se ferment de gauche à droite. Ces mêmes dents ou serres leur servent pour recueillir la cire, la pétrir, bâtir leurs

alvéoles , et jeter hors de la ruche ce qui les incommode. Au
dessous de ces dents on aperçoit une trompe , machine
étonnante et composée de plus de vingt parties. L'abeille la
déplie et l'allonge à son gré , et c'est en léchant les fleurs
avec cet instrument qu'elle fait passer le miel dans un de
ses estomacs : car elle en a deux , qui sont comme deux
réservoirs , l'un pour le miel et l'autre pour la cire. A l'œil
simple cette trompe paraît enveloppée de quatre espèces
d'écailles qui lui servent d'étui et qui forment ensemble un
canal par lequel le miel est conduit. La trompe qui est
dans ce canal est un corps musculeux qui , par ses mouvements vermiculaires , fait monter le miel dans le gosier.
Lorsqu'on a séparé les dents , on observe à l'orifice de la
trompe une ouverture qui est la bouche , et l'on remarque
de plus un mamelon charnu qui est la langue.

Le corselet tient à la tête par un cou très-court : il porte
quatre ailes au-dessus et au-dessous , six jambes dont
les deux dernières sont plus longues que les autres , et
ont extérieurement dans leur milieu un enfoncement en
forme de cuillère , bordé de poils un peu raides : c'est dans
ces espèces de corbeilles que les mouches ramassent peu à
peu les particules de cette cire brute qu'elles recueillent sur
les fleurs. Les extrémités des six pattes se terminent en
deux manières de crocs , avec lesquels les mouches s'attachent aux parois de la ruche et les uns aux autres. Du milieu de ces deux crocs s'élèvent à leurs quatre jambes
postérieures quatre brosses , dont l'usage est de ramasser
la poussière des étamines attachées aux poils de leur corps ;
ces brosses font pour cela l'effet des mains.

Le corps proprement dit ou le ventre est uni au corselet
par une espèce de filet , et il est composé de six anneaux
écailleux. On peut observer sur le corselet et sur les anneaux de petites ouvertures par où l'insecte respire , ce
sont ses poumons qu'on nomme *stygmates* , et quelquefois
trachées dans les autres insectes. Cette partie qui est
d'une structure merveilleuse leur est commune avec tous
les insectes en général.

Après avoir puisé le miel dans les petites glandes situées
au fond du calice des fleurs , et qui renferment ce doux
nectar , les abeilles vont le dégorger dans les cellules où
elles le mettent en dépôt , avec la précaution de les bou-
cher d'un couvercle de cire : mais il en est qui restent

ouvertes pour les besoins journaliers de la petite société.

C'est aussi sur les fleurs que les ouvrières vont recueillir les poussières des étamines, ou la cire brute. On voit l'industrieuse abeille se plonger dans l'intérieur de celles qui abondent le plus en poussière. Les petits poils dont son corps est garni s'en chargent : elle les en détache ensuite, à l'aide des brosses dont ses jambes sont pourvues ; elle les rassemble et en forme deux petites pelotes que les jambes de la seconde paire vont placer dans la cavité qui se trouve à chaque jambe de la troisième. Enfin chargée de ce précieux butin, elle retourne à la ruche et va le déposer dans le magasin qui demeure ouvert. Mais l'abeille ne se contente pas de se décharger de son fardeau, elle étend les deux pelotes, les pétrit et y distille un peu de liqueur sucrée. Si la peine qu'elle a prise à faire la récolte l'a trop fatigué, une autre abeille s'acquitte de cette fonction.

L'activité de ces petites créatures est admirable sans doute, elle peut exciter notre émulation et nous servir de modèle. Doués d'une âme d'un prix inestimable et d'une durée sans fin, avec quelle application devons-nous travailler à la rendre heureuse, et à éviter tout ce qui pourrait la conduire à sa perte ! Le fruit de nos travaux ne s'étend pas à un petit nombre de jours ou d'années, une éternité tout entière doit être notre récompense.

65.me CONSIDÉRATION.

De l'harmonie et du patriotisme qui règnent parmi les abeilles.

Un ardent patriotisme anime les citoyens de la petite république des abeilles. Tous les ouvrages sont partagés entre les membres. Tandis que quelques mouches recueillent la matière de la cire, la préparent, et en remplissent les magasins, d'autres sont occupées de travaux différents. Les unes mettent cette cire en œuvre, et en construisent des cellules ; d'autres polissent l'ouvrage et le perfectionnent : celles-ci recueillent le miel sur les fleurs, et le déposent dans les alvéoles pour la subsistance journalière et les besoins futurs, celles-là ferment soigneusement les dépôts où se conservent les provisions de l'hiver. Il y en a qui portent la nourriture aux petits, et ferment avec de la cire les loges des vermisseaux qui sont près

de leur métamorphose, afin qu'elle puisse s'opérer plus
sûrement ; ailleurs, il en est qui bouchent avec une espèce de poix les moindres ouvertures de la ruche, par
lesquelles l'air ou de petits insectes pourraient s'introduire : quelques-uns traînent dehors les cadavres qui causeraient de l'infection ; ou s'ils sont trop lourds pour être
transportés, elles les recouvrent de cire ou d'une glu sous
laquelle ils ne peuvent plus nuire. Enfin d'autres abeilles,
sans être directement employées au travail, s'occupent
à rendre de bons offices aux ouvrières, et leur apportent
à manger, afin que l'ouvrage se poursuive sans aucune
interruption.

Toutes les expériences qu'on a tentées sur les abeilles,
pour tâcher de découvrir le principe fondamental de leur
gouvernement, concourent à établir que c'est l'amour
qu'elles portent à leur reine, ou, si on l'aime mieux,
l'amour de leur postérité qui détermine tous leurs travaux.

Si l'on introduisait plusieurs reines dans une ruche, il
n'y en aura jamais qu'une seule qui conservera l'empire ;
il demeure à la légitime souveraine ; toutes les autres sont
mises à mort par les abeilles ouvrières.

Les neutres n'engendrent point, mais ils savent que la
reine possède cette faculté. C'est pour recevoir les œufs
qu'elle est prête à déposer, qu'ils construisent des cellules.
La providence les a autant intéressées pour les petits, qui
en doivent éclore, qu'elle a intéressé les mères des autres
animaux pour les leurs propres.

Les mâles sont nourris et soignés jusque vers le mois
d'août. A cette époque, où ils ne sont plus d'aucun service,
et ne feraient plus qu'affamer la cité, les neutres s'en
débarrassent, ou en les exterminant, ou en les chassant peu
à peu de dessus les gâteaux, et en les réduisant à se retirer dans un coin de la ruche, où ils meurent de faim.

L'union et le patriotisme sont les fondements du bonheur qu'on peut attribuer aux abeilles ; du moins est-il
certain que leur république serait bientôt détruite, si elles
ne vivaient entre elles dans une sorte d'harmonie. La richesse de tout l'état est la richesse de chaque citoyen, et
cette nombreuse société ne forme qu'une famille.

Viens donc, ô homme ! apprendre d'un insecte les vertus
dont dépendent et le repos et le bonheur. Si tu peux contribuer au bien général, que jamais la crainte de n'être

pas récompensé ne l'arrête un instant : le témoignage d'une conscience pure et les biens de l'éternité ne sont-ils pas une assez belle récompense ?

66.me CONSIDÉRATION.

Les insectes parasites.

La première des mouches parasites est celle qui dépose ses œufs sous la peau des bœufs et des vaches. Cette mouche si faible, ose affronter les plus forts animaux ; et sans s'embarrasser de leurs mouvements, de leurs agitations, ni des coups de leur queue, elle se pose indifféremment sur leur cou, sur leur dos, quelquefois sur leurs flancs : là, sans perdre de temps, elle se glisse sous le poil, avec un instrument qu'elle porte à la partie postérieure de son corps ; elle fait dans la peau de l'animal une ouverture suffisante pour lui permettre d'introduire ses œufs ou ses vers, car on ignore si ces mouches sont ovipares ou vivipares.

La mouche qui porte ses œufs dans les intestins des chevaux habite les forêts, comme celle des tumeurs dont nous venons de parler. Elle attend les chevaux au pâturage ; elle épie le moment où elle pourra s'introduire sous la queue de ces animaux, pour déposer promptement dans ses intestins des œufs, ou peut-être des vers munis de crochets, dont ils se servent pour s'y cramponner, afin de n'être pas entraînés par les excréments du cheval.

C'est par un endroit diamétralement opposé à celui par lequel le cheval est insulté, que la mouche des bêtes à laine attaque le mouton et la chèvre. Lorsqu'elle est parvenue à se glisser dans le nez d'un de ces animaux, elle a bientôt gagné le sinus frontal ; et dès qu'elle a déposé son trésor en ce lieu, elle effectue son retour, qui lui est facilité par les éternuements du mouton et par l'écoulement du mucilage. C'est aux vers qu'appartient le soin d'achever l'ouvrage de leur mère, de vivre et de croître dans cette retraite, où rien ne les gêne ni ne leur manque.

Dans le gosier des cerfs, et près de la racine de la langue, se trouvent deux bourses affectées à une autre mouche pour le dépôt de ses œufs. Entrée par le nez, au haut duquel se trouvent deux routes, dont l'une conduit aux sinus frontaux, et l'autre aux bourses dont nous venons de parler , elle ne se méprend point , et se rend au lieu qui lui est destiné. Là elle dépose des centaines d'œufs , d'où proviennent des vers qui y vivent de la mucosité que les chairs fournissent continuellement. Lorsqu'ils ont achevé le temps qui leur est prescrit dans cette paisible retraite , ils en sortent par la même route qu'avait tenue leur mère pour les y introduire.

Il n'y a guère d'animaux qui ne soient sucés par quelque insecte , qui n'aient pour ainsi dire leur parasite. Nous-mêmes , indépendamment des mouches importunes qui s'établissent un domicile dans nos demeures , n'avons-nous pas plusieurs sortes d'ennemis avides de notre sang ? Et combien d'hommes insolents et vains , en même temps qu'ils traitent leurs semblables avec hauteur et mépris , sont intérieurement et extérieurement rongés par les plus vils , par les plus chétifs insectes , qui n'attendent pas qu'ils soient tombés en pourriture pour en faire leur proie !

67.me CONSIDÉRATION.

Les mouches éphémères.

Une sorte de mouches très-jolies , que la brièveté de leur vie a fait nommer *éphémères* , méritent de terminer nos considérations particulières sur les insectes. Ceux dont il est ici question sortent sous la forme de petits vers des œufs qu'une éphémère a pondus , et qu'elle a confiés à l'eau , où la chaleur du soleil les fait éclore. Ces vers, ceux du moins de l'espèce la plus commune d'éphémère , passent sous l'eau deux années ; il en est d'autres qui y demeurent jusqu'à trois. Quant aux premiers , ce n'est au plus tôt que dans les deux ou trois derniers mois de leur seconde année qu'ils quittent l'état de vers pour prendre celui de nymphe.

Tant que l'insecte qui doit devenir mouche éphémère reste dans l'eau , il y paraît sous une même forme à qui ne le considère pas avec attention : lorsqu'il a passé à l'état de nymphe , on lui trouve seulement sur le corselet des fourreaux d'ailes , qu'inutilement lui eût-on cherchés dans le même lieu lorsqu'il était ver. Dans l'un et dans l'autre état , l'insecte qui par la suite sera une éphémère a des jambes écailleuses attachées au corselet. Sa tête est triangulaire , les deux yeux sont au devant. Assez près de la base de chaque œil, et du côté intérieur, par une antenne à filet grainé. La bouche est munie de dents, qui, comme celles de la chenille, sont en dehors, et dont les unes sont placées à la partie antérieure, les autres au-dessous, de manière qu'elles correspondent l'une à l'autre.

Le corps est composé de dix anneaux. Du dernier qui est le plus menu et le plus court partent trois filets presque aussi longs que le corps même dans plusieurs espèces de ces insectes : ils forment au petit animal qui les tient écartés les uns des autres une queue remarquable et charmante, surtout dans quelques espèces, par ses cercles, par les petits points qui y sont semés, par son travail lorsqu'on la considère au microscope.

Dans leur premier et dans leur second état, les insectes-poissons qui se font les logements dont nous avons parlé, sont formés exactement comme ils avaient besoin de l'être pour fouiller une terre compacte.

Après avoir passé successivement par les deux états, si peu différents de ver et de nymphe, et être restés sous cette seconde forme depuis les beaux jours du printemps, nos insectes touchent enfin au moment de leur dernière transformation. Alors l'éphémère sort de son enveloppe de nymphe, dès qu'une fente s'est faite au corselet, et à cette dépouille restent attachées les dents, les lèvres, les cornes propres à percer la terre, les ouïes et tant de parties essentielles à l'insecte tant qu'il était habitant de l'eau, mais qui lui deviennent inutiles lorsqu'il ne doit plus vivre que dans l'air.

Faisons ici une réflexion morale bien digne de fixer notre attention.

Combien l'insecte aquatique a-t-il à perdre de ses parties pour parvenir à être insecte ailé ! et combien, qui lui étaient d'abord inutiles sous l'eau, se développent et lui sont essentielles quand il devient en état de parcourir les airs ! Alors, il paraît à nos yeux sous une forme très-différente des premières, beaucoup plus agréable, et sous laquelle il a réellement acquis son dernier degré de perfection. Cet état est cependant pour lui le terme fatal ; malgré le grand appareil employé pour l'y amener, il doit périr presque dans l'instant où il y arrive. Image de ces hommes qui s'étant tourmentés sans relâche, plusieurs années consécutives , de projets inspirés par l'amour de la gloire ou celui des richesses , ne les voient pas plus tôt remplis qu'ils se trouvent arrivés à un terme où tout leur devient inutile , où tout ce qui les environne est pour eux un pur néant !

68.ᵐᵉ CONSIDÉRATION.
Réflexions sur les insectes.

DES insectes naissent avec une peau tendre et délicate que l'air dessècherait trop , et qui ne résisterait pas au frottement continuel qu'elle serait exposée à essuyer : la nature leur enseigne à se façonner de véritables habits. Les uns les font de laine , les autres de soie ; ceux-ci de feuilles d'arbres , ceux-là d'autres matières. Il en est qui savent les allonger et les élargir au besoin ; d'autres , quand ils leur sont devenus trop courts et trop étroits , ont l'art de s'en faire de nouveaux.

Par une sage attention de la Providence , et pour que les espèces ne se multiplient pas avec excès , il règne parmi les insectes , comme chez les autres animaux , des antipathies , des inimitiés ; ils ont entre eux leurs ruses et leurs combats. Les plus gros font la guerre aux petits ; les plus faibles deviennent la pâture des plus forts. Tous se mangent réciproquement , ou se détruisent d'une autre manière. Armés de pied en cap , ils sont en état d'attaquer et de se défendre : des dents en scie , un dard ou aiguillon , pinces , cuirasse , ailes , cornes , ressort dans les pattes ; chacun sait où trouver son salut. Mais malheur à celui qui perd ses ailes et son aiguillon dans une bataille ! car ces membres ne reviennent point , et l'insecte s'affaiblissant continuellement meurt bientôt.

On ne se lasse point d'admirer les manéges divers de ces petits animaux. L'un , pour en imposer à ses ennemis a l'art , quand on le touche ou qu'on le poursuit , de jeter par l'anus , avec un bruit presque semblable à celui d'une arme à feu , une fumée qui paraît d'un bleu fort clair , et il peut tirer ainsi jusqu'à vingt coups de suite. Un autre , lorsqu'on veut le prendre , rend par l'anus et par la bouche une sorte de liqueur d'une odeur puante et fétide , et pince fortement les doigts qui veulent le saisir. Le *boussier* s'enfonce dans les fientes d'animaux , et sait former de ces matières une espèce de boule qui le dérobe à la recherche de ses ennemis. Ceux-ci, quand on les touche, replient leurs pieds et leurs antennes, les cachent et restent comme immobiles jusqu'à ce qu'ils se croient hors de danger. En vain on les pique, on les déchire; une chaleur un peu forte les oblige seule de reprendre leur mouvement pour s'enfuir. Ceux-là choisissent nos maisons pour domiciles, et se nichent dans les trous des murs, au voisinage des fours et des cheminées.

Deux sentiments très-vifs se font remarquer dans les animaux, et surtout dans ceux qui nous occupent : l'un qui tend à propager leur espèce, et l'autre à la conserver. L'amour maternel se fait sentir lorsque l'insecte n'a encore que l'espoir d'être mère ; le seul sentiment d'une maternité prochaine l'agite, l'inquiète, lui fait prendre des mesures pour la conservation du précieux dépôt qui lui est confié. Quelle sagacité dans le discernement du genre de nourriture convenable aux petits, et pour la démêler à travers un million d'objets différents !

Qu'elle est admirable l'intelligence qui a créé ces petits animaux ! et qu'elle est digne d'être étudiée dans la variété de leurs caractères, de leurs mœurs, de tant de procédés industrieux !

69.me CONSIDÉRATION.

Les crustacées : l'écrevisse, le bernard-l'hermite.

On range parmi les crustacées, le homard, l'écrevisse, les crevettes ou squilles, toutes les sortes de crabes, dont les écailles leur font tenir le milieu entre les testacées et les animaux mous.

Les crustacées n'ont ni sang, ni os : on distingue chez eux une tête, un estomac, un ventre et des intestins. Ils habitent les étangs marins, l'embouchure des rivières, les lieux limoneux et les fentes des rochers. Leurs aliments sont la bourbe, l'ordure et la chair, et tous les ans ils changent de vêtement. Mais pour donner une idée des crustacées, arrêtons-nous à l'écrevisse. Quand elle ne nous servirait pas de nourriture, elle ne laisserait pas, à d'autres titres, de mériter notre attention.

Depuis le mois de mai jusqu'en septembre, ces animaux subissent la grande révolution dont nous venons de parler.

Hors le temps de la mue, les écrevisses se tiennent au fond de l'eau, à peu de distance du rivage. Pour qu'elles puissent saisir plus facilement leur proie, l'auteur de la nature leur a donné plusieurs bras ou plusieurs jambes, dont les unes sont quelquefois aussi grosses que la tête et le tronc pris ensemble. Mais ce qu'il y a de plus singulier, c'est la faculté qu'elles ont de les reproduire, ainsi que leurs cornes, lorsqu'elles ont été cassées : les écrevisses peuvent même se défaire, à volonté, de ces membres, quand elles en sont incommodées.

Le *bernard-l'hermite*, petit animal du genre de l'écrevisse, vient au jour dépourvu d'écailles, à l'exception de la partie antérieure ; mais il sait se loger dans la première coquille vide qu'il rencontre, et qu'il abandonne, quand elle devient trop étroite, pour en choisir une autre. Quelquefois, dit-on, il y a des combats entre les ermites pour une coquille, et elle demeure à celui qui a la plus forte pince.

Quelle étonnante variété nous offrent les divers habitants des eaux ! Quelle singularité nous présente surtout l'écrevisse, l'un des êtres les plus extraordinaires qui existent ! Un animal dont la peau est une pierre qu'il rejette tous les ans pour revêtir une nouvelle cuirasse ; un animal dont la chair est dans la queue et dans les pieds, et dont le poil se trouve dans l'intérieur de la poitrine ; qui a son estomac dans la tête, et qui chaque année en reçoit un nouveau, dont la première fonction est de digérer l'ancien ; un animal qui porte ses œufs dans l'intérieur du corps, lorsqu'ils ne sont pas fécondés, mais qui après leur fécondation les porte extérieurement sous la queue ; qui quelquefois a deux pierres dans l'estomac, où elles sont affermies et prennent des accroissements ; un animal qui se défait de ses jambes lorsqu'elles l'incommodent, et qui les remplace par d'autres ; un animal enfin dont les yeux sont placés sur de longues cornes mobiles ! Un être aussi singulier restera longtemps encore un mystère pour l'esprit humain ; il nous fournit au moins de nouveaux sujets de reconnaître et d'adorer la puissance et la sagesse du Créateur.

70.ᵐᵉ CONSIDÉRATION.

Les poissons, leur structure.

LA plupart des poissons ont un corps effilé, mince, aplati sur les côtés, et toujours aiguisé par la tête, afin qu'il puisse fendre les eaux et nager plus facilement. Couvert d'écailles, il ne peut être aisément endommagé par la pression de l'eau. Plusieurs, et particulièrement ceux qui sont destitués d'écailles, ou qui n'en ont que de fort molles, sont enveloppés d'un enduit gras et huileux, qui les préserve de la pourriture, et les garantit contre le froid : au lieu d'os, ils ont des arêtes, afin que leur corps soit plus flexible et plus léger. Tous ont les yeux enfoncés dans la tête, afin qu'ils soient moins exposés à les perdre, et que la lumière puisse s'y concentrer.

Un des organes dont les poissons aient le plus grand besoin pour nager, c'est la vessie d'air qui est dans l'intérieur. Dès que cette vessie s'étend et qu'elle s'enfle, devenus plus légers, ils s'élèvent et peuvent nager vers la surface de l'eau. S'ils la resserrent, et que par conséquent ils compriment l'air qu'elle renferme, le corps devient plus pesant que le volume d'eau qu'il occupe, et s'y enfonce. Les poissons rampants qui ne quittent point le fond de l'eau, tels que le turbot, la sole, la raie, etc., sont privés de cet organe qui en effet ne leur serait d'aucune utilité.

Chez les poissons, comme chez les reptiles, la tête tient immédiatement au corps. La bouche, ordinairement garnie d'un ou de plusieurs rangs de dents, est quelquefois placée sur le dos. Les yeux, dans plusieurs espèces, ressemblent, par leur structure, quoique généralement plus enfoncés, aux yeux de l'homme et des quadrupèdes ; dans d'autres, elle se rapproche plus de celle des oiseaux, mais aucun n'a de paupières.

Jusqu'à nos jours on avait regardé les poissons comme un peuple de sourds. On sait aujourd'hui qu'une sorte de bourse élastique renferme un ou deux osselets, qui communiquent leur ébranlement au nerf auditif, dont les ramifications tapissent l'intérieur de cette bourse.

L'organisation prend donc de grands accroissements chez les poissons. On y voit presque tous les autres viscères que l'on rencontre dans les animaux les plus parfaits : un diaphragme, un estomac, des intestins, un foie, une vésicule du fiel, une rate, des reins, etc., mais avec des particularités qui ne se présentent pas chez les animaux plus élevés dans l'échelle de l'organisation.

Tout dans les poissons doit exciter l'observateur attentif des œuvres de Dieu à glorifier son nom. Quelle grandeur en effet et quelle intelligence brillent dans ce nombre infini d'animaux qui peuplent les mers! quelles preuves multipliées de cette active bienfaisance dont nous sommes sans cesse l'objet! De combien d'aliments ne serions-nous pas privés si ces vastes plaines, où il ne croît pour notre usage ni arbres ni fruits, n'étaient peuplées de créatures aussi fécondes, qui satisfont si abondamment à nos besoins.

<hr>

71.me CONSIDÉRATION.

Nombre des poissons ; leurs procédés.

On trouve parmi les poissons les plus grands et presque les plus petits des animaux. Séduit par une apparence trompeuse, le marinier débarque sur le dos de l'énorme baleine, et s'y promène comme dans une île; tandis que la petitesse d'autres poissons permet à peine de les apercevoir. Quelques-uns sont longs et effilés, d'autres larges et raccourcis : on en voit de plats, de cylindriques, de triangulaires, de ronds, etc.

De tous les animaux, ils sont ceux qui ont la vie la plus étendue : on présume que les baleines pourraient vivre dix siècles, si la carrière de la plupart n'était fort abrégée par les armes des pêcheurs, ou par les monstres marins qui leur font une guerre opiniâtre. Leurs passages sont bien aussi singuliers que ceux des oiseaux. Ils peuvent avoir besoin d'une sorte de génie pour faire leur chasse avec plus de succès, et pour se soustraire à la poursuite de leurs ennemis. La sèche répand à propos une liqueur noire, qui trouble l'eau, et la dérobe aux regards du poisson qui en veut à sa vie. Armée d'une forte épée dentelée des deux côtés, l'espadon fait une guerre éternelle à la baleine et la poursuit avec acharnement.

La *Torpille*, qui engourdit si subitement la main qui la touche, pourvoit par ce moyen bien singulier à sa conservation. Ce poisson est une vraie machine qui prépare et rassemble le fluide électrique, le transmet en un instant à d'assez grandes distances, et, à la force près, fait éprouver des commotions pareilles à celles de la bouteille de Leyde.

Poursuivi par une multitude d'ennemis voraces qui lui font une guerre continuelle, le *poisson-volant* s'élance d'un vol rapide, et se soutient quelque temps dans l'air à l'aide des grandes nageoires dont il est pourvu.

Les vrais poissons se perpétuent d'une manière qui leur est propre. Les femelles au temps du frais, laissent tomber leurs œufs, et les mâles les fécondent en les arrosant de la liqueur contenue dans leur laite. Ces œufs ainsi fécondés s'enflent, grossissent, et laissent bientôt échapper les petits qu'ils renferment. Si la femelle cesse de jeter des œufs, le mâle suit avec ardeur ceux que le courant emporte, ou que la mer, agitée par le vent, disperse çà et là; on le voit repasser cent fois dans tous les endroits où il s'en rencontre.

Quelle beauté, Seigneur, dans vos ouvrages! ils annoncent toutes les différentes vues de votre sagesse, et la terre n'est riche que de vos libéralités. La vaste mer en a reçu qui lui sont propres : elle recèle dans son sein une foule de créatures vivantes. Comment pourra-t-on compter les coquillages qui y rampent, les poissons de toute grandeur qui y nagent, les insectes qui y fourmillent?

72.ᵐᵉ CONSIDÉRATION.

Avantages que les hommes tirent des poissons; poissons de passage : les morues, les harengs.

RECONNAISSONS avec attendrissement les soins de notre Père commun. La mer non-seulement nous comble de biens, elle nous fournit encore, par le sel qu'on tire de ses eaux, les moyens de conserver ces présents que Dieu nous fait, et d'en assurer le transport. Déjà vers la haute mer paraissent les vaisseaux qui nous rapportent ces grands poissons qu'on pêche, qu'on prépare de tant de manières, et qui alimentent tant de peuples divers. Les morues prennent naissance dans les mers du nord de l'Europe, et se répandent dans toutes celles qui ceignent les grands continents. En général, celles d'Amérique abandonnent au printemps les profondeurs de l'océan où elles s'étaient retirées pendant l'hiver, pour s'approcher des bancs et des côtes, où les attirent les harengs et d'autres petits poissons dont elles sont friandes. Des légions innombrables accourent en été vers le grand banc de Terre-Neuve, et procurent à des milliers de pêcheurs de toutes les nations les pêches les plus abondantes. Une seule morue peut donner environ dix millions d'œufs.

La même prodigalité se remarque dans les harengs, dont la pêche sert à la nourriture des pauvres, plus encore qu'à celle des riches. Une multitude de ces poissons vivent dans la mer Glaciale, près du pôle arctique ; mais à un temps déterminé ils quittent ce séjour, et viennent en foule jusque près des côtes d'Angleterre et de France.

On ignore quelle peut être précisément la cause de l'émigration des harengs. Peut-être un attrait particulier les porte-t-il vers les lieux les plus favorables à l'entretien de leur espèce. On a remarqué qu'il naît en été le long de la Manche une multitude innombrable de certains vers et de petits poissons dont les harengs se nourrissent ; c'est une manne qu'ils viennent recueillir exactement.

Les poissons se trouvent aussi attirés sur nos rivages d'abord par les insectes dont ils recueillent les dépouilles ; en second lieu par les plantes mêmes. Denis, gouverneur du Canada, rapporte que les morues, qui fréquentaient en foule les côtes de l'île de Miscou, disparurent en 1669, parce que l'année précédente les forêts en avaient été consumées par un incendie.

Une seule femelle de hareng dépose au moins dix mille œufs près de nos côtes. La pêche qui se débarque dans le seul port de Dieppe forme, en moins de trois mois, un produit de deux à trois millions.

Et nous n'élèverions pas nos cœurs vers l'Etre bienfaisant qui, par une direction pleine de sagesse, fait tomber ces poissons dans les filets de nos pêcheurs ! Par combien de moyens il a su pourvoir à l'entretien de notre vie ! Toutes les mers, tous les lacs, tous les fleuves, sont tributaires des hommes.

73.me CONSIDÉRATION.

Les amphibies et les reptiles.

LES *amphibies* font leur séjour et dans l'air et dans l'eau. Ils ont tous le sang presque froid, quelque chose de triste

et de rebutant dans les traits et dans toute la figure, des
couleurs sombres et désagréables, une odeur dégoûtante,
et la voix rauque; plusieurs même sont très-venimeux. Des
cartilages leur tiennent lieu d'os; ou leur peau est unie,
ou elle est couverte d'écailles. Quelques-uns sont vivipares:
d'autres sont ovipares. Ceux-ci ne couvent pas leurs œufs;
ils les abandonnent à la chaleur de l'air, à celle de l'eau,
ou bien ils les déposent dans le fumier. Ils peuvent d'ordinaire soutenir longtemps la faim, et en général ils ont la vie
très-dure. Les uns marchent, les autres rampent; ce qui les
divise en deux classes.

Dans la première se trouvent les amphibies qui ont des
pieds. Les tortues qui appartiennent à cette classe sont couvertes d'une forte écaille assez semblable à un bouclier. Des
voyageurs assurent en avoir vu dans l'Océan indien, sur
l'écaille desquelles quatorze hommes pouvaient monter.

On connaît diverses sortes de lézards: les uns ont la peau
unie, d'autres sont couverts d'écailles; il y en a d'ailés,
qu'on appelle *dragons*; d'autres ne le sont point. Parmi
ces derniers, on compte le crocodile; le caméléon qui peut
vivre six mois sans prendre aucune nourriture; la sala-
mandre, qui a la propriété d'être quelque temps dans le
feu sans s'y consumer, parce que la viscosité froide et glai-
reuse qu'elle déjette de toutes parts, éteint les charbons.
De tous ces animaux, le crocodile est le plus redoutable;
cet amphibie, sorti d'un œuf qui n'est pas plus gros que
ceux de l'oie, parvient à une grandeur si monstrueuse, que
quand sa crue est faite il a au delà de vingt pieds de longueur. Il est vorace, cruel, et très-rusé.

Les serpents forment la seconde classe des amphibies.
Ils n'ont point de pieds, mais ils rampent par un mouvement sinueux et vermiculaire, au moyen des écailles et
des anneaux dont leur corps est couvert; leurs vertèbres
ont une structure particulière qui favorise ce mouvement.
Plusieurs de ces serpents ont la propriété d'attirer les
oiseaux ou les petits animaux dont ils veulent faire leur
proie; saisis de frayeur à la vue du reptile, étourdis peut-
être par ses exhalaisons venimeuses et par sa puanteur,
ces oiseaux n'ont pas la force de fuir, et ils tombent dans
la gueule béante de leur ennemi.

Les serpents qui sont pourvus comme la vipère de certaines dents, au moyen desquels ils insinuent dans les plaies

qu'ils font une humeur venimeuse, ne font que la dixième partie de l'espèce entière. Les autres ne sont point venimeux, quoiqu'ils s'élancent sur les hommes et les animaux avec autant de fureur que s'ils pouvaient leur nuire.

Le serpent à sonnettes, le plus dangereux de tous les serpents, a d'ordinaire trois à quatre pieds de longueur; il est de la grosseur de la cuisse d'un homme fait. Son odeur, forte et désagréable, semble lui avoir été donnée par la nature, ainsi que les sonnettes, afin que les hommes, avertis de son approche, pussent l'éviter. La sonnette placée à l'extrémité de sa queue est un assemblage d'anneaux creux, sonores, emboîtés l'un dans l'autre, et attachés à un muscle de la dernière vertèbre.

A la peinture de ces affreux animaux, dont un si grand nombre semble n'exister que pour le tourment et la destruction des hommes, on se sent glacé d'effroi, et l'on se demande comment ils ont pu entrer dans le plan de la création? comment tant d'êtres nuisibles existent sur la terre.

Ces questions méritent sans doute d'être examinées, et nous y reviendrons quand d'autres êtres, qui peuvent encore y donner lieu, auront passé sous nos yeux.

74.me CONSIDÉRATION.

Les oiseaux; leur structure extérieure.

Nous nommons *oiseaux aquatiques*, ces oiseaux plongeurs, qui, comme la macreuse, la grèbe et le plongeon, ne quittent guère l'eau, et dont les pieds semblent plus faits pour nager que pour marcher; et par le nom d'*oiseaux amphibies*, nous désignons ceux qui, comme le cygne, l'oie, le canard, se tiennent également et sous l'eau, et dans l'air.

Les muscles pectoraux de l'oiseau sont beaucoup plus forts que ceux de tout autre animal; le volume des ailes est considérable, et leur masse légère, proportionnellement au volume et au poids de l'animal. Le corps renferme deux grandes cavités pleines d'air, qui diminuent sa pesanteur spécifique, et les os qui en composent la charpente, sont minces, creux, et pour l'ordinaire peu revêtus de chair.

Les oiseaux ont deux ailes, composées de onze os. Dans la peau qui les recouvre, sont implantées les plumes destinées au vol. Ces plumes, renversées en arrière, forment une espéce de voûte fortifiée encore par deux rangs de plumes plus petites, qui recouvrent la racine des premières. Les ailes agissent perpendiculairement contre l'air inférieur, ce qui facilite extrêmement le vol de l'oiseau. Elles sont un peu creuses, afin de pouvoir saisir plus d'air, et cependant elles sont si serrées, que cet élément ne peut les pénétrer.

Entre les ailes, le corps est suspendu dans un équilibre parfait, et de la manière la plus commode pour exécuter ses divers mouvements. La tête est plus petite, afin que par sa pesanteur elle ne retarde pas la vibration des ailes, et qu'elle puisse être propre à fendre l'air, et à se faire un chemin à travers cet élément. Le principal usage de la queue est de maintenir l'équilibre du vol et d'aider l'oiseau à monter ou à descendre dans l'air.

La structure de chaque oiseau est appropriée à son genre de vie et à ses besoins divers. Chaque espèce est parfaite en son genre, aucun membre n'est superflu, inutile ou difforme; tous au contraire concourent à l'ornement et à la beauté; car on ne peut nier que les oiseaux ne doivent être mis au nombre des plus belles créatures. Quelle étonnante diversité de proportions, de couleurs et de chant, depuis le corbeau jusqu'à l'hirondelle, depuis la perdrix jusqu'au vautour, depuis le roitelet jusqu'à l'autruche, depuis le hibou jusqu'au paon, depuis la corneille enfin jusqu'au rossignol! Tous ces oiseaux sont beaux et réguliers dans leurs espèces; mais chacun a sa beauté, sa régularité propre et particulière.

C'est ainsi que la vue des oiseaux devient utile et même édifiante pour l'homme qui s'habitue à remonter vers le Dieu qui les a créés. Heureux si nous faisions un pareil usage de ces aimables créatures! Quelle agréable occupation! quels plaisirs purs et célestes ne nous procurerait pas alors leur vive et brillante république!

75.me CONSIDÉRATION.

Sur le vol des oiseaux.

LES os des oiseaux qui s'élèvent le plus dans les airs sont minces, creux, et dépourvus de moelle; des cavités particulières communiquent avec les poumons, et par leur moyen les os reçoivent un air plus ou moins chaud, qui accroit leur légèreté. Les oiseaux qui volent peu n'ont que les os des ailes perforés, ceux qui volent beaucoup et long-temps ont de plus les os des cuisses creux et percés.

Les os des ailes sont garnis de muscles forts, vigoureux, et qui surpassent tous les autres muscles pris ensemble. Le tout est enveloppé d'une peau forte et membraneuse, dans laquelle sont implantées les plumes. Par la manière dont ces plumes sont formées, aucune ne perd rien de la force ou de l'impression qu'elle fait sur l'air; et soit que l'aile s'étende ou qu'elle se resserre, elle est toujours façonnée et taillée aussi exactement que si elle avait été coupée avec des ciseaux. Quant à la tissure de la barbe des plumes, elle est composée de filets si artistement travaillés, entre-lacés d'une manière si curieuse, que la vue de cette com-binaison ne peut qu'exciter l'étonnement, surtout lorsqu'on les regarde avec le microscope.

La queue ne sert point à l'oiseau de gouvernail pour tourner à droite ou à gauche; il l'emploie pour s'élever ou descendre. Élève-t-il la queue en volant toujours horizon-talement, alors le corps tournant sur son centre de gravité, la tête monte tandis que la queue descend, et ce mouve-ment joint au coup d'ailes fait élever l'oiseau. Le contraire aura lieu s'il baisse la queue. Très-souvent on voit les oiseaux, surtout les oiseaux de proie, parcourir un grand espace sans mouvoir aucunement les ailes. Ce mouvement rapide et uniforme est produit par un violent coup d'ailes; il n'est que la suite et l'effet d'une première impulsion, comme dans un bateau qui se meut longtemps après un coup de rame.

On ne peut assez réfléchir sur tout cet appareil indus-trieux par lequel des êtres d'un poids quelquefois énorme peuvent se rendre presque aussi légers qu'un pareil volume d'air; s'élever dans l'atmosphère, se perdre dans les nues, se précipiter, remonter avec une vitesse prodigieuse, tourner sur eux-mêmes, tantôt décrire une ligne droite, tantôt former des cercles de différents diamètres; puis, malgré leur impétuosité, venir se reposer tranquillement sur une faible branche, que leur poids fait courber. Quel art! quelle sagesse! que de beautés, que de richesses dans l'ouvrage! que de grandeur et de puissance dans l'ou-vrier!

76.ᵐᵉ CONSIDÉRATION.

Structure intérieure des oiseaux.

L'ÉCONOMIE animale des oiseaux les rapproche beaucoup plus de l'homme que celle de tous les êtres, dont nous avons jusqu'ici parcouru les espèces. Ils possèdent presque tous les organes des sens dont l'homme lui-même est doué ; mais chez eux la vue paraît être le sens le plus subtil. L'oiseau de proie voit, dit-on, vingt fois plus loin que l'homme ou le quadrupède. Le milan, qui s'élève à plus de deux mille toises, découvre du haut des airs le lézard ou le mulot qui rampent sur la terre, et dont il ne dédaigne pas de faire sa pâture.

Après la vue, l'ouïe est le sens le plus parfait chez les oiseaux. Ils forment un peuple de musiciens, et leur voix, si étonnamment diversifiée dans les diverses espèces, et si agréablement dans un grand nombre, indique assez que l'organe de l'ouïe y est très-perfectionné. On peut l'inférer aussi de la facilité et de la précision avec lesquelles certains oiseaux apprennent et répètent différents airs, ou même s'élèvent jusqu'à imiter la parole.

L'odorat n'est qu'en sous-ordre dans la plupart des oiseaux ; il en est même qui n'ont point de narines, et qui ne reçoivent l'impression des odeurs que par l'intérieur de la bouche.

Le goût paraît encore plus dégradé que l'odorat dans un grand nombre d'oiseaux, surtout chez ceux qui se nourrissent de grains ; leur langue presque cartilagineuse semble douée de peu de sensibilité.

Le toucher est peut-être moins grossier dans l'oiseau que les deux derniers sens : car il fait un assez grand usage de ses doigts, et la peau qui les recouvre n'est pas partout calleuse.

On s'est assuré par de belles expériences que les estomacs des oiseaux granivores émoussent, cassent et brisent les aiguilles d'acier, et les lancettes profondément enfoncées par la tête dans de petites boules de plomb que l'on y fait descendre. Les boules elles-mêmes en reçoivent des empreintes plus ou moins profondes. Le grenat, cette pierre si dure, n'est pas à l'abri de l'action mécanique du gésier qui à la longue en émousse les angles ; et ce qu'on aura peine à croire, tout cela est opéré par cet organe, sans que les tuniques en reçoivent la moindre excoriation.

D'autres expériences ont appris que la digestion dépend principalement des sucs dissolvants que fournit l'estomac. Ainsi cette énorme puissance dont sont doués ces estomacs, et qui équivaut au moins à un poids de quatre cent trente-sept livres et demie, n'est point le véritable agent de la digestion.

Qu'il est admirable ce pouvoir, qui avec des moyens si faibles en apparence produit de tels effets! Quel autre que celui qui créa la matière, peut avec un seul muscle opérer ce qui demande à l'homme de si grandes forces; et avec un simple suc transformer les aliments dont se nourrit l'oiseau en sa propre substance?

77.me CONSIDÉRATION.

Nids des oiseaux.

LORSQU'ON examine le nid d'un oiseau, à la mollesse des fourrures qui le tapissent, à sa situation qui l'abrite du froid, de la pluie et du vent, et à une multitude d'autres précautions, il est aisé de reconnaître que ceux qui l'ont construit ont réuni pour leurs nourrissons toute l'intelligence et toute la bienveillance dont ils étaient capables, ou du moins tout ce qui peut y suppléer, par l'instinct que l'Auteur de la nature leur a donné. Considérez le nid d'un chardonneret ou d'un pinson, rien de plus merveilleux. Le dedans est tapissé de coton, de bourre, de fils déliés et soyeux; le dehors est tissu d'une mousse épaisse; et afin que le nid soit moins remarquable, moins exposé aux yeux, la couleur de cette mousse ressemble à celle de l'arbre sur lequel il est posé. Il y a des nids d'oiseaux dont les poils, les crins et les joncs sont adroitement croisés et entre-lacés; il en est dont toutes les pièces sont proprement attachées et liées par un fil que l'oiseau se fait avec de la bourre, du chanvre, du crin, et plus ordinairement avec des toiles d'araignée. Certains oiseaux, comme le merle et la huppe, enduisent le dedans de leur nid d'une légère couche de mortier qui colle et en maintient toutes les parties, et qui, à l'aide d'un peu de bourre ou de mousse qu'ils y attachent, quand il est encore frais, le rend tout-à-fait propre à entretenir la chaleur. Les nids des hiron-

delles sont d'une structure toute différente. Il ne leur faut
ni bois, ni foin, ni lien ; elles savent gâcher une espèce de
plâtre, ou plutôt de ciment, avec lequel ces oiseaux se
font et à toute leur famille un logement également propre,
sûr et commode. Pour humecter la poussière dont elles
forment ce petit édifice, elles passent et repassent sur la
superficie de l'eau, se mouillent l'estomac, et de l'asper-
sion qu'elles font de cette eau sur la poussière, elles la
détrempent, et maçonnent ensuite avec leur bec.

Mais les nids qui méritent le plus notre admiration sont
ceux que certains oiseaux des Indes suspendent artistement
aux branches des arbres, pour se garantir de leurs ennemis. En général chaque espèce a sa méthode particulière
de se loger. Les uns se placent dans les maisons, les autres
dans les arbres ; ceux-ci sous l'herbe, ceux-là dans la
terre ; mais toujours de la manière la plus convenable à
leur sûreté, à l'éducation de leurs petits, à la conservation
de leur espèce.

Oh ! qu'elle est admirable cette Providence qui a donné
aux oiseaux un si merveilleux instinct pour la construction
et la disposition de leurs nids. Pourrions-nous à ces traits
méconnaître l'intelligence suprême !

78.ᵐᵉ CONSIDÉRATION.

Soins des oiseaux pour leurs petits.

QUE de soins ne se donnent pas les pères et les mères
chez les oiseaux, pour pourvoir leurs tendres enfants des
nourritures qui leur conviennent ! Les pigeons ramollissent
le grain dans leur gésier avant de le dégorger dans le bec
de leurs petits. Une multitude d'oiseaux vont à la chasse
des vers et des moucherons ; ils en remplissent leur bec,
et reviennent distribuer cette manne à leurs nourrissons.
Quelle vigilance sur tout ce qui pourrait leur nuire ! Quel
courage à les défendre ! Aussi a-t-on dit agréablement
qu'une poule, à la tête de ses poussins, est une espèce
d'héroïne qui affronte les plus grands dangers. Le loriot
défend ses petits contre l'homme même, avec une intrépidité qu'on ne supposerait pas dans un si faible oiseau.
Plus d'une fois on a vu le père et la mère s'élancer sur ceux
qui voulaient enlever leurs petits ; on a vu la mère enlevée
avec le nid, continuer, dans la captivité, à échauffer ses

œufs, et mourir sur sa couvée. Avec quelle activité les cigognes ne vont-elles pas chercher la pâture assignée à leurs chers nourrissons! Jamais les deux époux ne s'éloignent ensemble de l'habitation de leur famille, et tandis que l'un est à la quête, l'autre se tient aux environs du nid et ne le perd pas de vue. Quand les petits commencent à s'essayer dans les airs, ses tendres parents les portent sur leurs ailes; ils les exercent peu à peu et par degrés à voler; ils les défendent contre leurs ennemis; et s'ils ne peuvent les sauver, ils ne refusent pas de périr avec eux plutôt que de les abandonner. Ils leur continuent longtemps les soins de la paternité, et ne les laissent à eux-mêmes que quand leur éducation est entièrement achevée. L'aigle au contraire n'attend pas ce moment pour chasser les siens; tous les tyrans de l'air en usent ainsi; et ce procédé, qui semble opposé au vœu de la nature, cesse de le paraître dès qu'on réfléchit sur le genre de vie des oiseaux voraces. Appelés à vivre de rapine et de carnage, ils s'affameraient mutuellement si plusieurs demeuraient rassemblés dans la même enceinte.

Créateur adorable de tous les êtres! qui n'admirerait ici votre profonde intelligence? Qui pourrait méconnaître cette bonté sans cesse attentive à la conservation et à la propagation du règne animal, afin de le faire servir à nos besoins, et même à nos plaisirs? Ouvrez mes yeux, ô Dieu auteur de tant de merveilles! pour que je reconnaisse de plus en plus la sagesse qui brille dans tous vos ouvrages.

79.me CONSIDÉRATION.

Les oiseaux de proie et les oiseaux de nuit.

L'AIGLE, qui domine sur les oiseaux comme le lion sur les quadrupèdes, soutient avec ce noble animal des rapports physiques et moraux qu'on se plaît à contempler. Tous deux règnent en monarques, l'un sur les hautes montagnes et dans les régions les plus élevées de l'atmosphère; l'autre dans les déserts brûlants ou dans l'épaisseur des forêts. Tous deux se plaisent dans ces lieux solitaires et inaccessibles, où l'antique et vénérable nature ne se montre que par ses faces les plus agrestes. Appelés à vivre de proie et de carnage, ils ne souffrent point qu'aucun autre animal de leur espèce ose s'introduire dans leur domaine.

et l'amour seul force le mâle et la femelle à se réunir. Fiers et magnanimes autant qu'intrépides et courageux, ils dédaignent de faibles ennemis et répugnent à s'en venger. Tous deux enfin ne veulent que du butin qu'ils ont eux-mêmes conquis, de proie que celle qu'ils ont immolée à leur appétit toujours renaissant; ils ne la dévorent pas même en entier, ils en abandonnent le reste aux autres animaux, et ne touchent jamais aux cadavres.

Comme l'aigle, le faucon se perd dans la nue, et son vol est si rapide que son apparition est toujours subite et imprévue. Son courage franc et mâle lui interdit la ruse et les détours; il fond à plomb sur sa proie, et en se relevant dans la même direction, il l'emporte dans les airs. Il fait la guerre au milan, mais parce que celui-ci se défend en lâche, le faucon généreux le traite avec mépris, et ne daigne pas le tuer.

Le cruel vautour, par la férocité de ses mœurs, est bien digne d'habiter la Barbarie où la nature semble avoir réuni tous les monstres. Aussi lâche que l'aigle royal est noble et fier, le vautour, quoique bien armé et très-vigoureux, n'ose attaquer les autres oiseaux qu'autant qu'ils lui sont inférieurs en force.

Une autre espèce d'oiseaux qui évitent la lumière comme leur ennemie, attendent le retour de la nuit pour sortir de leurs antres. Ils témoignent alors leur joie par des cris qui ne sont capables que d'inspirer et la crainte et l'effroi. Leur figure a quelque chose de sauvage, de hideux, de taciturne, de sombre; et l'on croit voir, dans leur physionomie, la haine, peinte contre l'homme et contre les animaux. Presque tous ont un bec crochu et des serres tranchantes, dont la proie ne peut s'échapper. Ils se servent du temps du sommeil pour surprendre les petits oiseaux endormis, les rats, les mulots, etc., qu'ils avalent tout entiers, et dont ils rejettent ensuite les parties osseuses ou cornées, ainsi que la peau. Quelques-uns néanmoins plument adroitement les oiseaux avant de les avaler. Il en est qui, malgré leur grosseur, chassent avec légèreté et avec adresse, et c'est ce qu'on remarque en particulier dans le gros oiseau de nuit appelé le *grand-duc*, assez courageux et assez puissant pour attaquer les oiseaux de rapine et leur enlever leur proie.

Après n'avoir veillé que pour le malheur public, ils se

retirent enfin avant le lever du soleil dans leurs cavernes inaccessibles à la clarté du jour.

J'entends une voix lugubre, des cris plaintifs troublent le silence d'une paisible nuit. C'est l'orfraie sinistre qui vole dans les bois épais, et fuit la société des autres oiseaux. La face riante du jour la consterne, les scènes agréables de la nature la jettent dans le trouble et l'inquiétude. Telles seraient les agitations de l'impie dans les demeures chastes et pures des âmes vertueuses; leur présence tourmenterait sa vue et le rendrait misérable. Dans la société des hommes religieux, dans celle des esprits célestes, il souffrirait, ainsi que le fait cet oiseau mélancolique, lorsque chassé de son obscure retraite, il se trouve comme emprisonné sous les rayons du jour.

80.me CONSIDÉRATION.

Les oiseaux aquatiques.

Le corps de l'oiseau aquatique est bombé comme la carène d'un vaisseau; le cou qui s'élève, sur une poitrine éminente, en représente assez la proue; sa queue courte et rassemblée en pinceau semble être un gouvernail; ses pieds palmés sont de vraies rames; enfin le duvet fin, épais et vernis d'huile qui revêt tout le corps, est une sorte de goudron naturel qui le défend contre l'impression de l'eau.

La vie de l'oiseau aquatique est plus paisible et moins pénible que celle de la plupart des autres oiseaux; l'élément qu'il habite lui offre à chaque instant sa subsistance; il la rencontre plus qu'il ne la cherche, et cette vie moins agitée lui donne en même temps des mœurs plus innocentes, et des habitudes plus pacifiques.

Parmi les oiseaux qui vivent de pêche, il en est de plongeurs qui savent surprendre leur proie sous l'eau; d'autres la saisissent lestement à la surface, ou lorsqu'elle bondit en l'air. Souvent même ils n'ont qu'à la recevoir dans leur bec, parce que le flot complaisant la leur apporte. Quelquefois néanmoins la pêche est funeste à l'oiseau pêcheur, et il est avalé lui-même par le poisson; car il faut bien que les animaux qui détruisent soient détruits à leur tour.

D'autres oiseaux au corps élancé, au long cou, montés en quelque sorte sur des échasses, et dont les pieds sont entièrement dépourvus de membranes, ne sont pas faits pour nager dans les eaux ; mais cette structure est admirable pour marcher dans les marais et dans les eaux basses. Comme ils avalent le poisson sans le mâcher, s'il se présentait à contre-sens à l'ouverture du gosier, les ailerons et les nageoires s'opposeraient à la déglutition ; quand donc l'oiseau en a saisi un par la queue ou par le ventre, il le jette en l'air, lui fait faire un demi-tour qui le ramène la tête la première dans son bec, et presque jamais il ne manque son coup. Ce tour d'adresse se fait surtout admirer dans le cormoran. Cet oiseau est susceptible d'une sorte d'éducation, et on le dresse à la pêche comme le faucon au vol. Un anneau de fer placé au bas de son cou, empêche que le poisson qu'il a saisi sous l'eau ne descende dans l'estomac, et le conserve pour la table du maître.

Le martin-pêcheur ou l'alcyon suit le cours des ruisseaux, se perche sur une branche qui s'incline sur l'eau, attend le moment du passage d'un petit poisson, fond sur sa proie en se laissant tomber dans l'eau, en ressort en la tenant à son bec et la porte sur le terrain voisin, contre lequel il la bat avant que de l'avaler. S'il ne trouve pas de branche pour se percher, posé sur quelque pierre du rivage, au moment qu'il découvre un petit poisson, il bondit à douze ou quinze pieds de hauteur et se laisse retomber sur sa proie. Ainsi la divine Providence a pourvu chaque espèce d'êtres, des facultés et des instruments proportionnés à la nature de leur travail et à leur manière de vivre.

<hr>

81.me CONSIDÉRATION.

Les oiseaux des champs : l'oiseau-mouche, le colibri.

Il est des animaux qui, toujours environnés de subsistances, jouissent sans fatigue et sans trouble des biens que le ciel leur prodigue ; d'autres au contraire ne se procurent la leur qu'à force de recherches et de peines. Tel est le pivert, dont l'air rude et à demi farouche répond au genre de vie grossier qui lui est échu en partage. Il vit solitaire, ordinairement cramponné à l'écorce des arbres, qu'il travaille sans relâche à percer pour saisir les petits insectes qu'elle recèle. Quelquefois abandonnant l'écorce des arbres, il va patiemment attendre les fourmis ; il couche sa langue fort prolongée dans un des sentiers qui se rendent à la fourmilière, et quand il la sent chargée de ces insectes, il la retire et les avale.

Le moineau intéresse par sa finesse, ses ruses et son industrie. Quoique grossièrement pétulant, il ne donne point en étourdi dans les piéges qu'on lui a tendus ; il sait les éviter, et lasse souvent la patience de l'oiseleur. Son nid, que d'ordinaire il établit au sommet des arbres, est garanti de la pluie par une calotte, au-dessous de laquelle il pratique une entrée. Mais ce qui fait le plus d'honneur à l'instinct du moineau, c'est que, lorsqu'il bâtit sous les tuiles ou sous les entablements des édifices, il se dispense des frais du dôme, qui effectivement alors serait très-superflu.

L'oiseau-mouche, cette charmante miniature, ce petit être tout aérien, aussi élégant par sa forme que brillant par ses couleurs, est le bijou de la nature. L'émeraude, la topaze, le rubis éclatent sur son plumage demi-transparent, et il n'est point de mouche ni de papillon plus richement vêtus. Voltigeant sans cesse de fleur en fleur, il se pose rarement, et sa vie n'est en quelque sorte qu'un mouvement perpétuel. Chez lui le courage ne le cède point à la vivacité ; il ose attaquer des oiseaux qui sont à son égard de vrais colosses ; il les poursuit avec autant d'acharnement que de fureur, se cramponne à leur corps, se laisse emporter à leur vol, ne cesse de les becqueter, et ne lâche prise qu'après avoir assouvi sa petite rage.

Le nid de ce charmant volatile répond à sa petitesse ; il n'est pas plus gros que la moitié d'un abricot, et est taillé de même en demi-coupe. Ce nid, qui même avec l'oiseau ne pèse que vingt-quatre grains, est d'ordinaire attaché à un brin d'oranger ou de citronnier, quelquefois à un fétu qui pend du toit de quelque hutte. Le *colibri* ne diffère de l'oiseau-mouche que par des caractères peu saillants. En général il est un peu moins petit, et a la taille plus allongée.

82.me CONSIDÉRATION,

Les oiseaux doués du chant : le rossignol.

DE tous les oiseaux, il n'en est point qui tiennent meilleure compagnie à l'homme que ceux qui ont reçu le don du chant et de la parole. L'auteur de la nature a jugé la mélodie si nécessaire à l'habitant privilégié de la terre, qu'il n'est point de site qui n'ait son oiseau chanteur. Le chardonneret se plaît dans les dunes sablonneuses ; l'alouette dans les champs ; le rossignol dans les bocages, le long des ruisseaux ; le bouvreuil, dont le chant est si doux, dans l'épine blanche ; la grive, la fauvette, le verdier, tous les oiseaux qui chantent, ont leur poste favori, et il est très-remarquable que partout ils ont l'instinct de se rapprocher de l'habitation de l'homme. S'il y a une cabane dans une forêt, tous les oiseaux chantants du voisinage viennent s'établir aux environs ; on n'en trouve même qu'auprès des lieux habités. Mais le rossignol solitaire se fait entendre à une très-grande distance ; il se méfie du voisinage de l'homme, et cependant il se place toujours à la vue de son habitation, et veut être entendu. Il choisit pour cet effet les lieux les plus retentissants, afin que leurs échos donnent plus d'action à sa voix. Rien ne l'excite tant que le silence de la nature. Prêtez l'oreille à ses longues inflexions cadencées : quelle richesse, quelle variété, quelle douceur, quel éclat ! D'abord il semble étudier et composer ses mélodieux accents, il prélude doucement, puis les sons se pressent et se succèdent avec la rapidité d'un torrent. Il va du sérieux au badin, d'un chant simple au gazouillement le plus bizarre, des tremblements et des roulements les plus légers à des soupirs languissants, qu'il abandonne ensuite pour revenir à sa gaieté naturelle.

On est souvent tenté de connaître l'aimable musicien qui nous amuse si obligeamment le matin et le soir. Aux sons éclatants de sa voix, on est tenté de lui accorder une grande taille ; cependant c'est le gosier d'un très-petit oiseau qui sans étude et sans maître opère ces merveilles. C'est un oiseau de chétive apparence, dont la couleur, la forme et tout l'extérieur n'ont rien d'attrayant, rien de majestueux, en un mot rien qui le distingue. Ainsi chez l'homme la laideur du corps peut être associée à des qualités très-estimables. Elle n'exclut point la beauté de l'âme, et c'est une injustice de ne s'attacher qu'aux traits du visage et aux qualités purement extérieures.

83.me CONSIDÉRATION.

Les oiseaux de passage : leurs migrations.

Les oiseaux de passage les plus connus sont les cailles, les canards sauvages, les pluviers, les bécasses, les hirondelles et les grues, avec quelques autres oiseaux qui se nourrissent de vers.

Mais de tous les oiseaux voyageurs, ceux qui exécutent les courses les plus longues et les plus hardies ce sont les grues. Originaires des contrées septentrionales, les grues parcourent les régions tempérées, et s'enfoncent dans celles du midi. Elles s'élèvent à une grande hauteur dans les airs, et s'y disposent en ordre de bataille. Leur phalange forme une espèce de triangle, propre à diminuer la résistance que l'élément léger apporte à la rapidité de leur vol. Mais si le vent devient impétueux, et qu'il menace de les rompre, elles se disposent en cercle, en se resserrant de plus en plus; elles en usent de même à la rencontre des grands oiseaux de proie, dont elles ont à repousser les attaques. C'est pour l'ordinaire dans les ombres de la nuit qu'elles fendent les airs, et leur voix éclatante annonce au loin leur passage. On dirait qu'elles ont un chef qui dirige la marche, et qui les avertit fréquemment par un cri, de la route qu'il tient; la troupe répète ce cri, comme pour faire entendre qu'elle suit et garde la direction qui lui est marquée. Pressentent-elles l'orage ? elles abaissent leur vol, et se rapprochent de la terre. Quand elles s'y rassemblent pendant les ténèbres, elles ont soin d'établir une garde qui veille, tandis que la troupe dort, et qui l'avertit par un cri du danger qui la menace. Ces grands oiseaux émigrent dès les premiers froids de l'automne; on les voit alors passer du fond de l'Allemagne en Italie, et poursuivre leur marche vers le midi. Ils nichent dans les marais du nord. A peine l'éducation de la famille est-elle achevée, que le temps du départ arrive; les petits se mettent en route avec ceux dont ils tiennent le jour, et que déjà ils peuvent accompagner dans leurs longues traversées.

On estime que les oiseaux voyageurs peuvent facilement faire deux cents milles, en ne volant que six heures par jour, dans la supposition qu'ils se reposent par intervalles et pendant la nuit. Selon ce calcul, ils pourraient se rendre de nos climats jusque sous la ligne en sept ou huit jours;

et cette conjecture s'est vérifiée, jusque sur les côtes du
Sénégal on a vu des hirondelles dès le 9 d'octobre, c'est-à-
dire huit ou neuf jours après leur départ de l'Europe.

84.me CONSIDÉRATION.

Les quadrupèdes : soins qu'ils prennent de leurs petits.

L'union que forment entre eux la plupart des quadrupèdes n'offre point ce tableau touchant et presque moral,
qui nous intéresse si fort chez les oiseaux.

Mais si en général il n'est point d'union conjugale chez
les quadrupèdes, c'est un spectacle touchant de voir combien parmi ceux mêmes qui sont les plus féroces, les soins
qu'inspire aux mères l'amour de leurs petits changent leur
caractère. Sur le point de mettre bas, la louve cherche
dans les bois le lieu le plus fourré ; elle y aplanit un certain espace, en coupant et en arrachant les épines avec ses
dents. Elle le couvre d'un lit épais de mousse ou de menues
herbes, pour que ses louveteaux soient couchés mollement.
Elle les allaite pendant plusieurs semaines, et leur apprend
ensuite à manger de la chair qu'elle a soin de leur préparer en la mâchant. Bientôt elle leur apporte des proies
vivantes, des mulots, des levreaux, des perdrix, ou d'autres volailles. Ils jouent avec ces animaux et finissent par
les étrangler. La louve ensuite les plume et les écorche ;
et après les avoir dépecés, elle en fait la distribution à sa
famille. Devenus plus forts, les petits commencent à suivre
leur mère, qui les mène boire à quelque mare voisine, et
les ramène au gîte. Elles les défend avec une intrépidité
admirable, s'oublie elle-même, ne songe qu'à eux, et
s'expose à tout pour les sauver.

Moins hardie et moins courageuse que le lion, la femelle
de ce noble animal le surpasse en intrépidité lorsqu'elle a
des petits. L'amour maternel devient chez elle une passion
furieuse ; nul danger qu'elle ne brave quand il s'agit de
pourvoir à leur nourriture, ou de les défendre. Avant de
mettre bas, elle s'est retirée dans les lieux écartés et presque inaccessibles ; et pour n'être point découverte, elle
dérobe ses traces en retournant plusieurs fois sur elles, ou
en les effaçant avec sa queue. Si ses craintes augmentent,
elle transporte ailleurs ses nourrissons ; et si l'on tente de
les lui enlever, elle les défend jusqu'à la dernière extrémité.

Voyez ces souterrains si merveilleusement fabriqués par la taupe, cet industrieux habitant de la campagne, qu'on a cru faussement sans yeux, parce qu'il en a de très-petits, difficiles à reconnaître sous le poil qui les cache. C'est dans cette retraite, qu'à l'abri des insultes des animaux carnassiers, loin du trouble et du bruit, la taupe élève sa nombreuse famille dans une tranquille obscurité, qui assure son bonheur, comme elle l'assure presque toujours parmi nous. Si l'on entreprend de pénétrer dans le souterrain, attentive au moindre bruit, elle songe aussitôt à mettre ses petits en sûreté, et s'efforce de les transporter ailleurs.

Aussi vif, aussi léger, aussi industrieux que l'oiseau, le gentil écureuil sait, comme lui, construire un nid sur les arbres. Une seule ouverture étroite, ménagée vers le haut, donne entrée dans ce petit logement, dont la capacité et la solidité lui procurent une existence facile et sûre, au sein de sa famille. Un petit toit construit au-dessus de la porte, en forme de chapiteau conique, met l'intérieur à couvert de la pluie, et facilite l'écoulement de l'eau.

Créateur adorable de tout ce qui respire, comment n'être pas touché de la bonté avec laquelle vous veillez à la conservation et à la propagation de tant d'êtres destinés pour la plupart aux besoins de l'homme, à son instruction et à ses plaisirs ? Ouvrez mes yeux, Seigneur, pour que je reconnaisse de plus en plus la sagesse infinie qui brille dans tous vos ouvrages.

85.me CONSIDÉRATION.

Les animaux domestiques; les troupeaux.

LA plupart des animaux domestiques dépensent peu et travaillent beaucoup. La maison de l'homme leur est plus chère que leur propre liberté. Ils sont pleins de force, et ne s'en servent que pour lui. Le premier ordre qu'il leur donne est suivi de la plus prompte obéissance.

La docilité n'est pas la seule qualité sociale dont soient doués les animaux domestiques; ils nous aiment naturellement, jamais ils ne s'éloignent de nous, et ils viennent d'eux-mêmes nous offrir leurs différents services.

Reconnaissons une Providence attentive dans les inclinations bienfaisantes des animaux domestiques. On ne peut se dissimuler que la vache, la chèvre et la brebis n'ont été mises auprès de nous que pour nous enrichir. Un peu d'herbe ou la liberté d'aller dans la campagne ramasser ce qui nous est le plus inutile, voilà toute la faveur qu'elles attendent de nous; et tous les soirs elles reviennent payer ce léger service par des ruisseaux de lait. La nuit n'est pas encore finie qu'elles gagnent par un nouveau bienfait la nourriture du jour qui suit. La vache seule fournit ce qui suffit au pauvre après le pain, et elle met sur la table du riche la diversité la plus délicieuse. Le lait est l'aliment de l'enfance; le beurre l'assaisonnement de la plupart de nos mets; le fromage la nourriture la plus ordinaire des habitants de la campagne. La chèvre se laisse teter aisément; elle est docile à la voix de l'homme; sensible à ses caresses, elle le paie d'un attachement particulier, et dépose son caractère d'inconstance pour reconnaître ses bienfaits. On a vu des chèvres venir d'une lieue et plus pour allaiter les enfants de leur maître; se placer adroitement, et diriger avec une prudence et une intelligence admirables le bout de leur mamelle dans la bouche de ces tendres nourrissons.

86.me CONSIDÉRATION.

Les bêtes de charge.

De tous les animaux domestiques, le *cheval* est celui qui nous rend le plus de services, et qui nous les rend le plus volontiers. Il cultive nos terres, il transporte nos denrées, il se soumet avec docilité à toutes sortes de travaux, pour une nourriture médiocre et frugale; il partage avec nous les plaisirs de la chasse et les dangers de la guerre; c'est une créature qui renonce à son être pour n'exister que par la volonté d'un autre, qui sait même la prévenir; qui par la promptitude et par la précision de ses mouvements l'exprime et l'exécute; et qui, se livrant sans réserve à son maître, ne se refuse à rien, le sert de toutes ses forces, s'excède, et quelquefois meurt pour mieux lui obéir.

Le *bœuf* n'a point les grâces et l'élégance du cheval, mais en compensation il rend à l'homme des services bien importants. Il est assez fort pour traîner de lourds fardeaux, et il se contente d'une chétive nourriture. Tout est utile en lui : le sang, la peau, les ergots, la chair, la graisse et les cornes. Il n'y a pas jusqu'à son fumier dont on ne tire parti; c'est un excellent engrais pour fertiliser

les terres et les mettre en état de nous fournir chaque
année de nouveaux aliments. Il est la base de l'opulence
des états, qui ne peuvent fleurir que par la culture des
terres et par l'abondance du bétail.

Quelque peu avantageux que soit l'extérieur de l'*âne*, et
quelque dédaigné qu'il soit, cet animal ne laisse pas d'avoir
d'excellentes qualités, et de nous être très-utile. Sobre, et
sur la quantité et sur la qualité des mets, il se contente de
chardons et des herbes les plus dures et les plus désagréables. Il est patient, vigoureux, et résiste à la fatigue; il
rend à son maître des services importants et continuels.

87.ᵐᵉ CONSIDÉRATION.

Les bêtes de somme des autres climats.

ENTRE les animaux des parties méridionales, le dromadaire et le chameau sont singulièrement remarquables. Ces
deux noms ne désignent pas deux espèces différentes; mais
seulement deux races distinctes, dont le principal et pour
ainsi dire l'unique caractère sensible consiste en ce que
le chameau porte deux bosses sur le dos, au lieu que le
dromadaire n'en a qu'une.

Le chameau paraît originaire de l'Arabie. Non-seulement
c'est le pays où il existe en plus grand nombre, c'est aussi
celui auquel il convient le mieux. L'Arabie est la contrée
du globe la plus aride et où l'eau est le plus rare; le chameau est le plus sobre des animaux, et peut passer plusieurs jours sans boire. Le terrain est presque partout sec
et sablonneux; le chameau a le pied fait pour marcher
dans les sables, et ne peut se soutenir dans les terrains
humides et glissants. L'herbe et les pâturages manquent à
cette terre; le bœuf y manque aussi, et le chameau le remplace. Aussi les Arabes regardent-ils cet animal comme un
présent du ciel, et sans le secours duquel ils ne pourraient
ni subsister, ni commercer, ni voyager. Le lait des cha-
meaux fait leur nourriture ordinaire; ils en mangent la
chair, surtout celle des jeunes; le poil de ces animaux,
qui est fin et moelleux, sert à faire des cordes et des
étoffes dont ils se vêtissent et se meublent.

Parmi les quadrupèdes des régions méridionales se font
remarquer l'élan et le renne. Le premier est grand, fort,
et d'une taille avantageuse; sa tête ressemble assez, par la

forme, la grandeur et la couleur, à celle du mulet. Ses jambes sont longues et fortes, son poil est d'un gris-cendré ; il est simple, stupide et peureux. L'élan trouve partout sa nourriture ; cependant il préfère l'écorce ou les tendres rejetons des saules, des bouleaux et des cormiers. Extrêmement agile et doué de jambes fort longues, il peut en très-peu de temps faire beaucoup de chemin ; mais, comme le cerf, nulle part il n'a perdu sa liberté.

Le renne, au contraire, est domestique chez les Lapons, qui n'ont point d'autre bétail. Cet animal, d'une forme élégante et agréable, ressemble beaucoup au cerf. Il cherche lui-même sa nourriture qui consiste en mousses, en feuilles et en bourgeons d'arbres. Les peuples septentrionaux en retirent la plus grande utilité. Ils l'attachent à un traîneau, et voyagent avec une extrême vitesse sur la glace et sur la neige. Tous les biens des Lapons consistent dans leurs rennes ; ils en mangent la chair, ils en boivent le lait qui leur donne aussi du fromage ; la peau leur fournit des habits, des lits, des couvertures et des tentes ; en un mot ils savent tirer de ces animaux toutes les commodités de la vie.

88.me CONSIDÉRATION.

L'éléphant.

C'est sur les côtes orientales de l'Afrique et dans les parties méridionales de l'Asie que se trouvent les plus grands éléphants ; ils ont quatorze à quinze pieds de hauteur, sur autant à peu près de longueur. Les éléphants de cette taille consomment par jour jusqu'à cent cinquante livres d'herbe. On présume que ceux qui demeurent en liberté peuvent vivre plus de deux cents ans ; mais réduits en servitude, leur vie est beaucoup moins longue.

L'éléphant se sert de sa longue trompe comme d'une main pour porter la nourriture à sa bouche, sans être obligé de se baisser. Il s'en sert encore comme d'un organe de sentiment, et l'on peut dire de cet animal qu'il a le nez dans la main.

Avec elle il déracine les arbres, et de son corps il renverse les murs. Seul il met en mouvement les plus grandes machines, et transporte des fardeaux que plusieurs chevaux remueraient à peine. Une charge de quatre à cinq milliers n'est pas trop forte pour un grand éléphant; il porte une tour armée en guerre, et chargée de nombreux combattants; enfin, de ses fortes défenses il peut percer le plus terrible des animaux, celui que les plus puissants redoutent.

L'éléphant, doux par tempérament, n'emploie sa force ou ses armes que pour se défendre lui-même, secourir son maître, ou protéger ses semblables. Souple, complaisant et caressant, il rend avec sa trompe caresses pour caresses, fléchit les genoux devant celui qui doit le monter, se soumet à sa direction, aide lui-même à se charger, se laisse vêtir et parer, et semble même y prendre plaisir. Ses mœurs sociales, qui l'éloignent de la solitude et d'une vie errante, le portent à rechercher la compagnie des animaux de son espèce, et à leur être utile. Le plus vieux des éléphants, comme le plus expérimenté, est à la tête de la troupe et la conduit; le plus âgé après lui ferme la marche, les jeunes et les faibles sont au centre du bataillon, et les mères qui allaitent encore portent leurs petits qu'elles embrassent de leur trompe.

89.me CONSIDÉRATION.

Le chat et le chien.

La forme extérieure du chat est en général jolie et agréable; ses proportions sont bien prises, et sa physionomie surtout exprime un air de finesse. Mais entre-t-il en fureur? Cette mine si douce, si fine, se change tout d'un coup. Sa bouche s'ouvre, ses yeux s'enflamment, ils étincellent, son poil se hérisse, toute sa physionomie n'offre plus qu'un air féroce et furieux, ses cris sont effrayants, ses mouvements rapides, ses griffes sortent de leurs gaines, il est prêt à tout déchirer. Alors rien ne l'épouvante; un animal plus fort est loin de l'intimider. Il s'élance, se jette sur lui, le mord ou le déchire d'un coup de griffe; et non moins leste que hardi, à peine a-t-il frappé qu'il s'échappe et évite les atteintes de son ennemi.

Ce tableau du chat n'est pas flatteur sans doute. Son caractère à demi sauvage, indocile, voleur et traître, ne saurait fournir des couleurs agréables; mais la nécessité nous force d'avoir recours à cet animal, dont nous avons un besoin perpétuel; et nous devons lui pardonner ses défauts en faveur de ses services.

Bien opposé dans ses inclinations, le chien nous présente un ami, dans lequel l'homme trouve sans cesse un compagnon fidèle, un aide adroit et industrieux, un défenseur courageux et prêt à chaque instant à sacrifier ses jours pour ceux de son maître. Cet être, le plus parfait des animaux, puisqu'il réunit une espèce d'esprit, beaucoup de mémoire, et plus que tout cela du sentiment, semble devoir être à leur tête. Quoi de plus beau, de plus régulier qu'un chien de belle race, et que la domesticité n'a pas fait dégénérer! Ses qualités intérieures le distinguent plus encore. Orgueilleux, fier envers les autres animaux, ennemi déclaré de quelques-uns, ou par nécessité ou pour notre plaisir; terrible même pour ceux qui le surpassent en force et en grandeur; avec l'homme c'est un ami, qui pour lui plaire n'a plus de fierté ni de hauteur, qui par une espèce d'abnégation totale de soi-même cherche sans cesse à captiver son attachement. Il n'a plus de volonté, ou plutôt il n'en a qu'une, et qui se renouvelle à chaque instant, celle de servir son maître, et de lui prouver son amour.

90.me CONSIDÉRATION.

Les animaux sauvages: les cerfs, les daims, les chevreuils, habitants des forêts.

Un de ces êtres innocents, doux et tranquilles, qui ne semblent faits que pour embellir, animer la solitude des forêts, et occuper loin de nous ces retraites paisibles, est le cerf. Sa forme élégante, sa taille aussi svelte que bien prise, ses membres flexibles et nerveux, sa tête décorée plutôt qu'armée d'un bois vivant et qui se renouvelle chaque année; sa grandeur, sa légèreté, sa force, le distinguent assez des autres habitants des forêts dont il est le plus noble.

Le cerf paraît avoir l'œil bon, l'odorat exquis, et l'oreille excellente. Il paraît écouter avec plaisir le chalumeau et le flageolet des bergers; et les veneurs se servent quelquefois de cet artifice pour le rassurer. En général il craint beaucoup moins l'homme que les chiens, et ne prend de la défiance et de la ruse qu'à mesure et autant qu'il a été inquiété. Poursuivi par les chiens, il passe et repasse plusieurs fois sur sa voie; il leur donne le change, en se faisant accompagner d'autres bêtes; perce et s'éloigne aussitôt, se jette à l'écart, se dérobe et se couche sur le ventre ; la terre le trahissant toujours il se met à l'eau. La biche, qui nourrit, se présente aux chiens pour leur dérober son faon ; elle le laisse courir, et revient à lui.

Les daims aiment les terrains élevés et entrecoupés de petites collines. Ils ne s'éloignent pas comme le cerf quand on les chasse ; ils ne font que tourner, et cherchent seulement à se dérober à la poursuite des chiens par la ruse et par le change. Cependant, lorsqu'ils sont pressés, échauffés et épuisés, ils se jettent à l'eau. Leur bois se renouvelle tous les ans comme celui du cerf, mais il tombe plus tard.

Le cerf occupe dans les bois les lieux ombragés par les cimes élevées des plus hautes futaies. Un autre habitant des forêts, le chevreuil, d'une espèce inférieure, se contente de loger sous des lambris plus bas, et se tient ordinairement dans le feuillage épais des jeunes taillis. Mais s'il a moins de noblesse que le cerf, moins de force et beaucoup moins de hauteur, il a plus de grâce, plus de vivacité et même plus de courage. Il est plus gai, plus leste, plus éveillé, sa forme est plus arrondie, plus élégante, et sa figure plus agréable ; ses yeux plus beaux et plus brillants paraissent animés d'un sentiment plus vif, il bondit sans effort, et avec autant de force que de légèreté.

91.ᵐᵉ CONSIDÉRATION.

Les animaux des champs : le lièvre, le lapin.

Les lièvres ne vivent pour ainsi dire que la nuit. Ces animaux dorment beaucoup, et ils dorment les yeux ouverts, leurs paupières sont dégarnies de cils, et ils paraissent avoir la vue assez faible ; mais ils ont en récompense l'ouïe très-fine, et l'oreille d'une grandeur prodigieuse relativement à celle du corps. Ils marchent sans faire aucun bruit, parce qu'ils ont les pieds garnis de poils même par-dessous ; et leur course est si rapide qu'ils devancent aisément les autres animaux.

En général, le lièvre ne manque pas d'instinct pour sa propre conservation, ni de sagacité pour échapper à ses ennemis. Lancé par les chiens, il suit quelque temps un sentier, revient sur ses pas, s'élance de côté, se jette dans un buisson, et s'y tapit. Les chiens suivent le sentier, passent devant le lièvre, et le manquent. L'animal rusé, qui les voit s'éloigner, sort de sa retraite, rentre dans le sentier, confond ses traces, et met la meute en défaut.

Plus industrieux que le lièvre, le lapin ne se borne pas à se pratiquer un gîte à la surface de la terre, il en perce l'intérieur, et s'y procure un asile assuré. Le mâle et la femelle vivent ensemble dans cette retraite paisible; ils y élèvent leur famille, sans crainte du renard, ni de l'oiseau de proie. Inconnus au reste du monde, ils passent des jours heureux, et goûtent dans les douceurs domestiques, les plaisirs les plus touchants de la vie.

La paternité chez les lapins est fort respectée. Le premier père demeure le chef de la nombreuse famille, et semble la gouverner. C'est ce qu'un habile observateur est parvenu à se démontrer. La famille, qu'il avait composée d'abord d'un mâle et d'une femelle seulement, eut beau s'augmenter, ceux qui devenaient pères à leur tour, étaient toujours soumis au premier. Se battaient-ils, soit pour quelque jalousie domestique, soit pour la nourriture, le grand-père accourait au bruit, de toute sa force; dès qu'on l'apercevait, tout rentrait dans l'ordre, et s'il en attrapait aux prises, il les séparait, et en faisait sur-le-champ un exemple. Une autre preuve de sa domination, c'est que tous, ayant été accoutumés à rentrer à un coup de sifflet, lorsqu'on donnait ce signal, quelque éloignés qu'ils fussent, on voyait le grand-père se mettre à leur tête; et, quoique arrivé le premier, les laisser tous défiler devant lui et ne rentrer que le dernier.

92.me CONSIDÉRATION.

La marmotte et les animaux qui dorment durant l'hiver.

LES gentillesses de la marmotte sont connues de tout le monde. On sait qu'elle s'apprivoise facilement, et qu'on la dresse à danser et à gesticuler sur un bâton.

Pendant l'hiver les marmottes ne mangent point. Le froid qui les engourdit suspend ou diminue beaucoup la transpiration et les autres excrétions. Au commencement de l'automne, elles sont si grasses que quelques-unes pèsent jusqu'à vingt livres; mais peu à peu cet embonpoint diminue. On a prétendu que dès que ces animaux sentent le premier froid, ils vont à quelque source, où ils boivent jusqu'à ce que l'eau qu'ils rendent soit aussi claire et aussi pure qu'ils l'ont avalée, et qu'ils préviennent ainsi la corruption que les matières accumulées dans l'estomac pourraient y occasionner, pendant la longue époque de leur engourdissement. Ce qui paraît certain, c'est que lorsqu'on les a tirées de leurs cavernes et disséquées au milieu de l'hiver, on a trouvé les intestins absolument vides et aussi propres que si on les eût lavés avec de l'eau chaude ; preuve que leur engourdissement est précédé d'une évacuation qui empêche que leurs excréments accumulés ne se corrompent ou ne se dessèchent trop pendant cette longue léthargie.

Il existe une sorte de rats , dont le sommeil est aussi long et aussi profond que celui des marmottes , on les nomme *dormeurs*. Les *ours* mangent si prodigieusement à l'entrée de l'hiver, qu'ils semblent vouloir en une fois se nourrir pour toute leur vie. Comme ils sont naturellement gras, et qu'ils le sont surtout à l'excès vers la fin de l'automne , cette abondance de graisse leur fait supporter l'abstinence pendant le repos de l'hiver. Les *blaireaux* se préparent de la même manière à la retraite qu'ils font dans leurs terriers.

93.me CONSIDÉRATION.

Réflexions sur les causes de l'engourdissement de certains animaux durant l'hiver.

QUELLE est la cause de cette étrange torpeur, de cette léthargie plus ou moins profonde , qui survient à différentes espèces d'animaux pendant la mauvaise saison, et qui dure des mois entiers ? Un naturaliste très-savant , M. l'abbé Spallanzani , remarque que tous les muscles de l'animal engourdi sont d'une rigidité extrême ; les plus puissants stimulants chimiques , l'étincelle électrique, les piqûres, les incisions, y produisent à peine quelque léger signe d'irritabilité. Toutes les fibres musculaires sont donc alors trop fortement contractées, pour qu'elles puissent céder à l'action de la puissance vitale ; cette action est suspendue, et de cette suspension naît l'engourdissement ou la torpeur.

94.me CONSIDÉRATION.

Édifices des castors.

C'EST vers le mois de juin ou de juillet, que les castors s'assemblent aux bords des lacs ou des rivières , pour se former en corps de société, au nombre de deux ou trois cents. Il leur importe surtout de se rendre maitres des eaux au milieu desquelles ils bâtissent, et de prévenir les effets de leur crue et de leur baisse. Ils y parviennent comme les hommes par des digues et par des écluses. Mais comme le niveau d'un lac varie peu et lentement, s'ils s'établissent sur ses bords, ils se dispensent de la digue, qu'ils ne manquent jamais d'élever s'ils construisent sur une rivière.

Cette digue exige quelquefois un travail prodigieux. Représentez-vous une rivière de quatre-vingts ou cent pieds de largeur. Pour rompre l'effort du courant, les castors construisent un ouvrage de quatre-vingts ou cent pieds de longueur sur dix à douze d'épaisseur à la base. S'ils trouvent quelque grand arbre sur le rivage, ils le coupent par le pied, ils l'ébranchent pour le coucher suivant sa longueur, et en faire la principale pièce de la digue. Tandis qu'une partie des ouvriers s'occupe de ce travail, d'autres vont chercher les plus petits arbres, qu'ils coupent et taillent en forme de pieux, et qu'ils voiturent d'abord par terre, ensuite par eau, jusqu'au lieu où ils doivent être enfoncés. Ce pilotis est fortifié par des branches entrelacées entre les pieux, et par une sorte de mortier que d'autres castors pétrissent avec leurs pieds; ils le font entrer dans les vides, et le battent ensuite avec leur queue. Ainsi sont plantés plusieurs rangs de pilotis, dont tout l'intérieur est solidement maçonné. Sur le haut de la digue sont pratiquées deux ou trois ouvertures, pour ménager à l'eau des décharges qu'ils savent élargir ou rétrécir, selon que la rivière hausse ou baisse; et si l'impétuosité du courant fait une brèche, ils se mettent aussitôt à la réparer.

La digue est proprement un ouvrage public, auquel toute la colonie travaille de concert. Dès qu'il est achevé, la grande société se partage en plusieurs sociétés particulières, qui se construisent, chacune de son côté, une habitation commode. Elle consiste en une espèce de hutte ou cabane ronde ou ovale, composée d'un ou de plusieurs étages, dont l'un au-dessous du rez-de-chaussée est ordinairement plein d'eau; et cette cabane est construite sur un pilotis plein, qui sert à la fois de fondement et de plancher. Les murs, de deux pieds environ d'épaisseur, sont revêtus d'une sorte de stuc, appliqué avec tant de propreté et tant d'art qu'il semble que la main de l'homme y ait passé. Le dedans est en forme de voûte ; le plancher est couvert d'un tapis de verdure, sur lequel on ne souffre jamais de saletés. La cabane a toujours deux issues ; l'une pour aller à terre, l'autre qui conduit à l'eau. La grandeur est réglée sur le nombre des habitants : celles de huit à dix pieds de diamètre peuvent loger seize, dix-huit ou vingt castors ; celles qui n'ont que quatre à cinq pieds en contiennent deux, six ou huit. Les plus grandes bourgades sont de vingt à vingt-cinq maisons ; communément elles n'en ont que dix à douze. Elles contiennent chacune autant de mâles que de femelles, et leur union semble être moins l'effet de la nécessité que du choix. Après avoir travaillé de concert avec les autres castors aux ouvrages publics et particuliers, l'heureux couple goûte en paix les douceurs, les attentions et les prévenances attachées à la société conjugale. La femelle seule est chargée de l'éducation des petits qu'elle a communément au nombre de deux ou trois. Le mâle s'absente alors de l'habitation ; il y revient néanmoins de temps en temps, mais sans y séjourner.

La nourriture ordinaire des castors est l'écorce de quelque bois tendre, comme l'aulne, le peuplier, le saule. Ils préfèrent au bois sec le bois vert et non flotté ; ils le coupent menu et en font pour l'hiver des amas qu'ils déposent dans des magasins placés sous l'eau. Chaque cabane a le sien, où vont puiser tous les membres de la petite société. Vingt-cinq à trente pieds en carré de bois ainsi haché par eux, sur huit à dix de profondeur, suffisent pour huit ou dix castors.

Lorsque de grandes inondations viennent à endommager les établissements publics des castors, toutes les sociétés particulières se réunissent pour concourir aux réparations nécessaires ; mais si les chasseurs leur déclarent une guerre cruelle et détruisent entièrement leurs travaux, ils se dispersent dans la campagne, se réduisent à la vie solitaire, se creusent des terriers et ne montrent plus cette industrie prodigieuse que nous venons d'admirer.

On est curieux de connaître les instruments avec lesquels ces animaux exécutent leurs étonnants travaux. Quatre fortes dents incisives, les deux pieds de devant terminés par des espèces de doigts, les deux de derrière garnis de membranes, enfin une queue recouverte d'écailles et semblable à une truelle oblongue ; tels sont les outils avec les-

quels les castors peuvent défier nos maçons et nos char-
pentiers munis de leur truelle, de leur plomb et de leur
hache. Avec les dents ils coupent le bois qui entre dans
la construction de leurs bâtiments, et celui dont ils font
leur nourriture. Ils se servent des pieds de devant pour
fouir la terre, pour amollir et gâcher la glaise; la queue
leur tient lieu premièrement de brouette pour transporter
cette glaise et le mortier, et ensuite de truelle pour l'étendre et en faire un enduit.

Cet animal, qu'on peut apprivoiser et dresser pour la pêche, n'est pas particulier au Canada comme on l'avait cru;
on le trouve aussi en Sibérie.

Les castors méritent sans doute toute notre admiration,
puisque de tous les animaux qui vivent en société, ce sont
ceux qui approchent le plus de l'industrie humaine. Il suffit
de les voir pour se persuader que les bêtes ne sont pas de
simples machines, et qu'un pur mécanisme n'est pas le
principe de toutes leurs actions et de tous leurs mouvements. Mais quelle infinie diversité le Créateur n'a-t-il pas
mise dans leurs facultés! Combien l'instinct du castor n'est-
il pas supérieur à celui de la brebis! Et quelle sagesse manifeste dans ces degrés par lesquels les brutes s'approchent
insensiblement de l'homme! C'est cette sagesse qui doit
toujours être le but de nos méditations sur la nature. Les
découvertes que nous faisons sur les diverses facultés des
animaux nous deviennent inutiles, si elles ne servent à nous
perfectionner de plus en plus dans la connaissance et dans
l'amour du Créateur de tous les êtres.

95.ᵐᵉ CONSIDÉRATION.

Les animaux carnassiers: le loup, le renard.

Les bêtes de proie sont nécessaires. Sans elles, par
exemple, que deviendraient les cadavres de tant d'animaux
qui périssent dans les eaux et sur la terre, qu'ils souille-
raient de leur infection?

Naturellement grossier et poltron, le loup devient ingénieux par besoin, et hardi par nécessité. Lorsque le besoin
est extrême, il s'expose à tout; il attaque les femmes et les
enfants, se jette même quelquefois sur les hommes; et ces
excès violents finissent ordinairement par la rage et la mort.

Ennemi de toute société, le loup ne fait pas même compagnie à ceux de son espèce. Lorsqu'on les voit plusieurs ensemble, c'est un attroupement de guerre qui se fait à grand bruit, avec des hurlements affreux, et qui dénote un projet d'attaquer quelque gros animal, comme un cerf, un bœuf, ou de se défaire de quelque redoutable mâtin. Dès que leur expédition militaire est consommée, ils se séparent et retournent en silence dans leur solitude.

Ce que le loup ne fait que par la force, le renard le fait par adresse et réussit plus souvent. Doué d'un instinct supérieur, il tourne tout à son profit. Il se loge au bord des bois, à portée des hameaux ; il écoute le chant des coqs et le cri des volailles. Il prend habilement son temps, cache son dessein et sa marche, se glisse, se traîne, arrive et fait rarement des tentatives inutiles. Il devance le piqueur, va de très-grand matin et souvent plus d'une fois par jour visiter les lacets, les gluaux, emporte successivement les oiseaux qui se sont empêtrés, et après les avoir mis à mort les dépose tous dans différents endroits où il sait les trouver au besoin. Il ose même attaquer les abeilles dont le miel a pour lui beaucoup de charmes ; assailli par ces mouches dont il est bientôt couvert, il se retire à quelque distance, se roule à terre, les écrase, retourne à la charge, et force le petit peuple laborieux à lui abandonner le fruit de ses longs travaux. Enfin si le renard s'aperçoit qu'on ait inquiété ses petits dans son absence, il les transporte tous les uns après les autres dans un asile différent.

96.me CONSIDÉRATION.

Animaux carnassiers des autres régions : le lion.

Dans les pays chauds, les animaux terrestres sont plus grands et plus forts que dans les pays froids ou tempérés ; ils sont aussi plus hardis, plus féroces ; toutes leurs qualités naturelles semblent tenir de l'ardeur du climat. Né sous le soleil brûlant de l'Afrique ou des Indes, le lion est le plus fort, le plus fier, le plus terrible de tous. Nos loups, nos autres animaux carnassiers, loin d'être ses rivaux, seraient à peine ses pourvoyeurs.

Le lion ne détruit qu'autant qu'il consomme, et dès qu'il est repu, il est en pleine paix. Il a la figure imposante, le regard assuré, la démarche fière, la voix terrible. Sa taille est si bien prise et si bien proportionnée, que le corps du lion paraît être le modèle de la force jointe à l'agilité. Cette force se marque au dehors par les bonds prodigieux qu'il fait si aisément ; par le mouvement brusque de sa queue, capable de terrasser un homme ; par la facilité avec laquelle il fait mouvoir la peau de sa face, et surtout celle de son front ; ce qui ajoute beaucoup à sa physionomie, ou plutôt à l'expression de sa fureur ; et enfin par la faculté qu'il a de remuer sa crinière, laquelle non-seulement se hérisse, mais s'agite en tous sens lorsqu'il est irrité. Tant qu'il est jeune et qu'il a de la légèreté, il vit du produit de sa chasse, et quitte rarement ses déserts et ses forêts, où il trouve assez d'animaux sauvages pour subsister sans peine : mais lorsqu'il devient vieux, pesant, et moins propre à l'exercice de la chasse, il s'approche des lieux fréquentés, et se rend plus dangereux pour l'homme et pour les animaux domestiques. On a remarqué que lorsqu'il voit des hommes et des animaux ensemble, c'est toujours sur les derniers qu'il se jette, et jamais sur les hommes, à moins qu'on ne le frappe, car alors il reconnaît à merveille celui qui vient de l'offenser ; il quitte sa proie pour se venger.

C'est surtout dans les déserts ardents du Biledulgérid ou du Zaara, dont les plaines sont couvertes de sables brûlants, que se trouvent ces lions terribles qui sont l'effroi des voyageurs, et le fléau des provinces voisines. Heureusement l'espèce n'en est pas très-nombreuse ; il paraît même qu'elle diminue tous les jours. On ne peut attribuer cette diminution qu'à l'augmentation du nombre dans l'espèce de l'homme.

Les animaux carnaciers, ces êtres dont le nom porte l'effroi dans l'âme, qui le croirait ? sont encore un bienfait dont nous avons à remercier le Créateur. Ce sont des sentinelles chargées d'empêcher les hommes de se séparer et de vivre désunis.

97.me CONSIDÉRATION.

Le tigre, la panthère, l'once et le léopard.

LE tigre, long de corps, bas sur ses jambes, la tête nue, les yeux hagards, la langue couleur de sang et toujours hors de la gueule, n'a que les caractères de la basse méchanceté, et d'une cruauté insatiable : il n'a pour tsut instinct qu'une rage constante, une fureur aveugle qui ne connaît, qui ne distingue rien, et qui lui fait souvent dévorer ses propres enfants et déchirer leur mère lorsqu'elle veut les défendre.

Cet animal est peut-être le seul dont on ne puisse fléchir le naturel.

Plus sanguinaire, plus terrible, mais bien moins noble que le lion, la panthère peuple les mêmes forêts. Son corps, lorsqu'il a pris tout son accroissement, a cinq ou six pieds de longueur, en le mesurant depuis l'extrémité du museau jusqu'à l'origine de la queue, laquelle est longue d'environ deux pieds et demi. La soif du sang se lit dans son regard ; son œil est toujours étincelant de colère et de rage. Mais lorsqu'oubliant sa férocité on ne fait attention qu'à la belle robe dont la nature l'a ornée, on trouve peu d'animaux plus élégamment vêtus. Son poil est fin, lisse et court : sa peau, parsemée de taches noires, arrondies en anneaux ou en rosettes, sur un fond légèrement fauve, offre un ensemble qui a je ne sais quoi de doux, de gracieux à la vue, et qui contraste singulièrement avec la férocité de l'animal qui en est paré.

L'once est beaucoup plus petit que la panthère, n'ayant le corps que d'environ trois pieds et demi de longueur, quoique sa queue ait jusqu'à trois pieds et quelquefois davantage. Il s'apprivoise aisément : on le dresse à la chasse, et on s'en sert à cet usage en Perse et dans plusieurs autres provinces de l'Asie. Il y en a d'assez petits pour qu'un cavalier puisse les porter en croupe ; et ils sont assez doux pour se laisser manier et caresser par l'homme.

Dans le léopard on trouve les mêmes mœurs et le même naturel que dans la panthère. Il ne paraît pas qu'on l'apprivoise comme l'once, ni qu'on s'en serve pour la chasse. Communément il est plus grand que ce dernier animal, et plus petit que la panthère. Sa queue, quoique longue de deux pieds ou de deux pieds et demi, est plus courte que celle de l'once. Ces animaux et autres, qui ne semblent nés que pour détruire, ne laissent pas d'être fort utiles à l'homme. Ce sont eux qui lui donnent les plus belles fourrures ; en outre, comme il peut arriver que les animaux bienfaisants se multiplient en nombre supérieur à la quantité des vivres qui leur sont préparés et infectent l'air, faute d'être mis sous terre quand ils meurent, les espèces carnassières répandues dans les bois, sur la terre et dans l'eau, sont toujours prêtes à prévenir cet inconvénient.

98.me CONSIDÉRATION.

Les singes, l'orang-outang.

DE tous les êtres terrestres, celui qui approche le plus de l'homme c'est *l'orang-outang*, ou *l'homme sauvage*. On le voit avec surprise prendre sa place à table et s'asseoir parmi les convives, déplier sa serviette, se servir de fourchette, de cuillère et de couteau pour prendre et couper les morceaux qu'on met sur son assiette, se verser lui-même à boire, trinquer lorsqu'on l'y invite, s'essuyer les lèvres avec sa serviette, apporter sur la table une tasse avec sa soucoupe, y mettre du sucre, la remplir de thé, laisser refroidir la liqueur avant de la prendre, enfin présenter la main aux convives pour les reconduire, et se promener gravement avec eux.

On n'est pas moins surpris de voir l'orang-outang se coucher dans un lit qu'il a fait lui-même, poser sa tête sur le chevet, la ceindre d'un mouchoir, ajuster sur lui les couvertures, et se faire soigner comme nous dans la maladie. On en cite un qui, ayant été saigné deux fois dans une indisposition, montrait son bras quand il se trouvait incommodé, comme s'il eût voulu qu'on le soulageât par une nouvelle saignée. Très-susceptible d'éducation, l'orang-outang devient un bon domestique, qui obéit promptement aux signes et à la voix ; au lieu que les autres singes n'obéisent guère qu'au bâton. Il s'acquitte avec autant d'adresse que d'exactitude des différentes fonctions qui lui ont été assignées; il rince les verres, sert à boire, tourne la broche, pile au mortier, va chercher de l'eau à la fontaine, en remplit une cruche, la place sur sa tête, l'apporte au logis, etc.

Les orangs-outangs vivent en société dans les bois, et sont assez forts et assez courageux pour en chasser les éléphants à coups de bâton ; ils osent même se mettre en défense contre des hommes armés.

Tendrement attachées à leur nourrison, les femelles le portent dans leurs bras, lui donnent la mamelle, pourvoient à tous ses besoins, et le défendent avec courage.

99.me CONSIDÉRATION.

Sur la multitude des animaux.

EN opposant aux difficultés le courage, l'industrie et la persévérance, les naturalistes sont parvenus à connaître un très-grand nombre d'animaux. Ils comptent à présent 415 espèces de quadrupèdes vivipares ; 113 de quadrupèdes ovipares ; 15 de cétacées ; 2,424 d'oiseaux ; 175 de serpents ; 866 de poissons ; 15,000 d'insectes ; 1,159 de vers. Mais qu'est-ce que ce nombre en comparaison de tous les êtres vivants qui existent dans la nature ! Qu'on pense à cette infinité d'insectes qui appartiennent aux différentes sortes d'animaux, et qui se montent au moins à cent mille espèces ; à cette multitude d'autres qui sont entièrement inconnues, et qu'on présume aller au delà de deux cent mille, qu'on ajoute à cette énumération cette innombrable quantité d'insectes qui ne se nourrissent que de plantes, et dont peut-être les espèces pourraient se compter par millions, et qu'on s'enorgueillisse ensuite des progrès qu'on a faits dans la connaissance des êtres animés ?

Cette multitude d'animaux qui peuplent notre globe paraîtra sans doute prodigieuse ; mais on ne la trouvera pas excessive, si l'on pense avec quelques naturalistes que tout dans l'immense domaine de la nature est animé et rempli d'êtres vivants. D'habiles médecins soutiennent que certaines maladies qui sont accompagnées d'ébullitions et de pustules, et même certaines espèces de fièvres, sont occasionnées par des vers. Il est très-vraisemblable que l'atmosphère est quelquefois peuplée d'animaux que leur extrême petitesse dérobe à notre vue, et qui sait si cette espèce de tremblement, qu'on aperçoit dans l'air pendant les jours de l'été, n'est pas produit par des millions d'insectes qui y fourmillent ? Examinez la première fleur qui vous tombera sous la main, une marguerite, par exemple, ou une rose, vous y découvrirez souvent des insectes dont la figure et les divers mouvements vous intéresseront. Le moindre recoin dans la nature recèle des êtres vivants. Elle a produit des animaux dans d'autres animaux, elle a voulu qu'un animal fût au monde pour d'autres créatures qui y trouvent leur subsistance. L'air, les sucs des animaux et des plantes, les matières corrompues , les excréments , le fumier , le bois sec , les pierres , même les plus dures , vivent en quelque sorte , et servent de demeures à des créatures animées. La mer semble n'être qu'un élément composé d'animaux. Cette lumière phosphorique qu'on y remarque dans les nuits de l'été est due à une multitude innombrable de petits vers luisants , dont les parties , lorsqu'elles sont détachées du corps et déjà corrompues , brillent encore comme le faisait le ver entier pendant qu'il vivait. Des armées d'animalcules, que l'œil ne saurait compter , voltigent et se jouent dans les rayons du soleil. Et tous ces habitants de notre petit globe sont diversifiés à l'infini , dans leur figure , dans leurs organes , dans leurs membres , dans leurs facultés , et dans leurs mouvements. Entreprends , ô homme ! de nommer tous ces animaux ; essaie d'exprimer par des nombres les individus d'une seule espèce ; apprends-moi combien il existe de harengs , d'oiseaux , de mouches , de vers... Eh ! comment le tenter ! leur nombre te sera toujours inconnu.

Ici quel vaste champ s'ouvre à nos méditations , et quelles bornes mettre à notre admiration pour l'infinie puissance du Créateur ? lui seul a produit cette multitude infinie d'êtres de toute espèce : lui seul les conserve , les entretient..... Je m'arrête à la nourriture qu'exigent ces innombrables armées. Si les individus qui les composent ne vivaient qu'aux dépens les uns des autres , s'ils se détruisaient mutuellement , la nature n'offrirait qu'un affreux spectacle de meurtre et de carnage. Mais parmi les quadrupèdes , il n'est qu'un petit nombre d'animaux carnassiers ; encore nous sont-ils très-utiles , puisqu'en dévorant les cadavres, ils nous préservent de l'infection , et que d'ailleurs ils entretiennent un certain équilibre dans le règne animal , en empêchant une trop grande multiplication des espèces. Du reste , le Créateur a proprement destiné le règne végétal à la nourriture des animaux : il a désigné presque pour chaque espèce une espèce particulière de plantes ; et pour que toutes les familles pussent trouver une nourriture proportionnée à leur nombre , il a marqué leur demeure dans les différentes contrées de la terre. Avec quelle exactitude aussi n'a-t-il pas mesuré le terrain ! Un seul arbre est plus grand que plusieurs milliers de plantes : cependant il n'occupe sur la surface du globe qu'un espace de quelques pieds en carré ; et une multitude de quadrupèdes , d'oiseaux et d'insectes y trouvent leur habitation , leur nourriture ou leur abri.

Quels soins encore le Créateur n'a-t-il pas eus pour les animaux , en les environnant d'une matière fluide , convenable à leurs différentes natures ! Deux vastes mers sont destinées à cet objet. C'est dans ces deux océans , l'un d'air et l'autre d'eau , que sont distribuées toutes les créatures vivantes. Le fond de ces deux mers est le séjour d'une partie de ces animaux : dans la mer supérieure , les reptiles et la plupart des quadrupèdes ; dans la mer inférieure , les zoophytes , les coquillages , les coraux , les huîtres , etc. Plusieurs peuvent , à leur gré , s'élever et descendre dans l'élément dont ils sont environnés : les oiseaux et les insectes parcourent différentes régions de l'air ; les baleines et la plupart des autres poissons fendent les eaux à des hauteurs plus ou moins grandes. Un petit nombre d'animaux ont la faculté d'habiter l'un et l'autre élément.

Et l'athée ose dire en son cœur qu'il n'y a point de Dieu ! Insensé ! interroge les animaux , et ils t'enseigneront son existence ; consulte les oiseaux du ciel , et ils te la déclareront ; parle à la terre , aux poissons de la mer , et ils t'en instruiront. Qui peut ignorer que toutes ces choses sont l'ouvrage de la main de l'Éternel ? Mais toi-même réponds , et dis-nous comment , dans cette multitude si innombrable et si diversifiée d'êtres vivants , il n'en est pas un seul dont les parties uniques n'occupent le centre ; dont les parties doubles , les parties multiples ne soient en rapport , aucun dans lequel une seule de ces parties soit hors de sa place , inutile par conséquent et sans destination , sans fonction. Tu as toutes les espèces contre toi ; pas une seule pour toi , et tu oseras encore nommer le hasard ! On te parle du seul règne animal , et l'on pourrait t'écraser du poids de la nature entière , du poids de l'univers !

100.ᵐᵉ CONSIDÉRATION.

De la guerre que les animaux se font entre eux.

Il existe une guerre constante entre les animaux ; ils s'attaquent et se poursuivent sans cesse. Pour eux , chaque élément est un champ de bataille ; l'aigle est la terreur des

habitants de l'air ; le tigre vit de carnage dans les bois ; la
taupe sous la terre ; le brochet dans les eaux. Dans ces
espèces et dans plusieurs autres, c'est le besoin de se nourrir qui les force à s'entre-dévorer. Mais il se trouve entre
certains animaux une antipathie qui ne procède point de
la même source. Ce n'est pas dans le dessein de se procurer
de la nourriture que tel animal s'entortille autour de la
trompe de l'éléphant, et la presse jusqu'à ce qu'il ait étouffé
ce prodigieux quadrupède. L'hermine, qui saute et s'établit dans l'oreille de l'ours et de l'élan, et leur fait de
cruelles morsures avec ses dents aiguës, n'est pas induite
à ces hostilités par la faim. Il n'est pas toutefois d'animal,
quelque petit qu'il soit, qui ne serve de pâture à d'autres
animaux.

Il se trouve des hommes à qui cet arrangement de la nature paraît cruel, et peu convenable à la bonté de son Auteur. Mais cette antipathie même et ces inimitiés perma-
nentes fournissent au contraire une nouvelle preuve que
tout est bien. Oui, à considérer les animaux dans l'ensemble, il leur est avantageux que les uns deviennent la pâture
des autres ; car, d'un côté, sans cette disposition, un grand
nombre d'espèces ne pourraient subsister ; et de l'autre,
ces espèces bien loin de nuire aux autres leur sont très-
utiles. Les insectes et plusieurs reptiles vivent de charo-
gnes ; d'autres s'établissent dans le corps de certains animaux, se nourrissent de leur chair et de leur sang ; et ces
insectes mêmes servent de pâture à d'autres bêtes. Les
animaux carnassiers et les oiseaux de proie tuent d'autres
créatures pour s'en nourrir. Il y a des espèces dont la multiplication est si prodigieuse qu'elles seraient fort à charge,
si elle n'était troublée. Sans les moineaux, qui détruisent
les insectes, que deviendraient les fleurs et les fruits ?
Sans l'ichneumon qui, dit-on, cherche les œufs du crocodile pour les briser et les détruire, ce terrible amphibie se
multiplierait d'une manière effrayante.

Une grande partie de la terre serait déserte, et quantité
d'espèces de créatures n'existeraient pas, s'il n'y avait
point de bêtes carnassières. Dira-t-on qu'elles se nourris-
saient de végétaux ? Mais alors nos champs suffiraient à
peine à la subsistance des moineaux et des hirondelles ; il
faudrait aussi que la structure du corps des animaux car-
nivores fût absolument différente de ce qu'elle est. Et com-

ment les poissons trouveraient-ils leur subsistance, s'il leur était interdit de la tirer des habitants des eaux? D'ailleurs, sans les guerres continuelles qui les divisent, les animaux perdraient beaucoup de leur vivacité et de leur industrie : la création ne serait plus si animée ; les bêtes languiraient dans une sorte d'engourdissement ; et l'homme lui-même perdrait beaucoup de son activité. Ajoutons que cette paix universelle nous priverait de plusieurs preuves frappantes de la sagesse de Dieu ; puisque l'adresse, la sagacité et l'instinct merveilleux avec lesquels les animaux guettent, surprennent leur proie, nous découvrent d'une manière si sensible cet attribut du Créateur.

Loin donc que les guerres des animaux répandent quelques nuages sur les perfections de l'Être infini, elles les font briller d'un nouvel éclat. Il entrait dans le plan du monde qu'un animal en poursuivît un autre. Nous pourrions peut-être nous plaindre de cet arrangement, s'il en résultait l'entière destruction de quelques espèces ; mais au contraire ces dissensions, sans cesse renaissantes, les maintiennent toutes dans un parfait équilibre ; d'où il suit que les bêtes carnassières sont des chaînons indispensables dans la chaîne des êtres. Mais par cette raison même, leur nombre est très-petit, comparé à [celui des animaux utiles. D'ailleurs, les plus nuisibles et les plus forts, sont d'ordinaire ceux qui sont le moins pourvus d'intelligence et d'adresse ; ils se détruisent mutuellement, ou leurs petits servent de pâture à d'autres animaux. Au contraire, la Providence accorde aux espèces les plus faibles l'industrie et mille moyens de défense ; elles ont en partage la finesse des sens, la vitesse et la ruse nécessaires pour contre-balancer la force de leurs ennemis.

Cet état de guerre, qui d'abord paraît si étrangement opposé au plan de la création, nous découvre donc la sagesse de son Auteur ; et il est au fond un véritable bien. Nous serions plus convaincus encore de ces vérités, si nous avions une connaissance moins bornée de l'ensemble des êtres, si nous pouvions apercevoir toutes les liaisons, tous les rapports que les créatures ont les unes avec les autres, et sonder leur nature, qui est encore un mystère pour nous. Mais cette science est réservée à l'économie future, à cet état de choses où les perfections divines nous seront manifestées sans nuage.

Ici-bas nous pouvons entrevoir pour quelle raison les hostilités entre les animaux sont nécessaires ; mais pourquoi, entre des êtres d'une espèce infiniment supérieure, voit-on régner tant de divisions, tant de haines ? Hélas ! avouons-le à la honte de l'humanité, il est aussi parmi les hommes des animaux féroces et destructeurs, avec cette différence bien humiliante, que leurs hostilités sont plus multipliées, et que souvent ils se servent des voies plus détournées et plus secrètes pour s'entre-nuire. Et toutefois, l'intention du Créateur est que chaque homme se rende utile à ses semblables ; qu'il contribue à leur bonheur ; qu'il soit leur défenseur, leur bienfaiteur, leur frère.

Nous nous scandalisons des divisions des brutes, et nous nous livrons envers nos frères à des horreurs qui font frémir ! Nous sommes appelés à concourir aux vues bienfaisantes du Père commun, à faire régner sur la terre l'amitié, la concorde, la paix ; et nous en faisons le séjour de la haine et des fureurs ! Que les animaux destitués de raison se poursuivent et se dévorent entre eux, ils remplissent la fin pour laquelle ils furent créés. Mais nous, rois de la terre, et appelés à de plus hautes destinées encore, nous, êtres intelligents et sensibles, faits pour aimer, aimons-nous à l'exemple de Dieu qui nous en donne l'ordre ; aimons-nous de cet amour qui nous rendrait le bonheur de nos premiers parents. Est-il donc de plus douce jouissance que celle de faire des heureux, en aimant nos frères ?

101.me CONSIDÉRATION.

Abus que l'on fait des animaux.

Les hommes abusent des animaux en tant de manières qu'il serait difficile d'en faire l'énumération. En général, on en fait ou trop ou trop peu de cas ; et à l'un et l'autre égard, on agit contre les intentions du Créateur.

Nous faisons trop peu de cas des bêtes, quand nous nous croyons en droit, parce que Dieu nous en a permis l'usage, de nous arroger sur elles un empire illimité, et de les traiter selon nos caprices. Mais de qui le tiendrions-nous ce droit ? et serait-il juste que notre empire dégénérât en tyrannie ? L'homme que n'ont pas encore corrompu des passions et des habitudes vicieuses est naturellement porté à la compassion, pour tout être doué de sentiment et de vie,

Cette disposition est un des plus beaux apanages de l'espèce humaine ; et celui qui serait venu à bout de l'étouffer, on lui montrerait par là même jusqu'à quel point il s'est dégradé, et combien il est déchu de la noblesse de sa nature. Il n'aurait plus qu'un pas à faire pour refuser à ses semblables la compassion qui nous identifie à tout être sentant, et bientôt il serait un monstre.

L'expérience ne justifie que trop cette assertion ; et peut-être n'est-il personne qui ne puisse s'en rappeler des exemples. L'histoire nous apprend que les peuples qui se plaisaient aux combats des animaux, se distinguaient aussi par leurs cruautés envers leurs semblables, tant il est vrai que notre conduite envers les bêtes influe sur notre caractère moral et sur la douceur de nos mœurs ! Qu'il devait au contraire être aimable et bien connaître l'empire de la bienfaisance, ce peuple par lequel fut condamné le citoyen assez barbare pour avoir arraché la vie à l'innocent oiseau qui, poursuivi par un cruel vautour, était venu chercher un asile dans son sein ! Ce n'est pas seulement parce qu'un être est raisonnable, que nous lui devons de la compassion ; c'est aussi parce qu'il est sensible, et quel sentiment humain pouvait encore exister dans le cœur de celui que ne put attendrir la confiance du malheureux volatile, qui l'implorait comme son défenseur et son père ?

Mais, dira-t-on, nous avons le droit de tuer les animaux nuisibles. Oui, sans doute ; mais s'ensuit-il que nous soyons autorisés à leur arracher d'une manière cruelle, je dirai même sans compassion et sans regret, un bien si cher à toutes les créatures ? Peut-on trouver du plaisir et même une joie barbare, dans une action à laquelle la nécessité nous contraint ? et en ôtant la vie à un innocent animal, sommes-nous en droit de lui faire souffrir mille tourments recherchés, souvent plus cruels que la mort même ! Le Créateur nous accorde les animaux pour nous aider dans nos besoins, pour servir même à nos plaisirs ; il les destine à diminuer nos travaux par les leurs. Mais en conclure qu'il nous soit permis de les fatiguer sans nécessité, de les excéder de travaux au-dessus de leurs forces, de leur refuser une subsistance méritée par leurs services, enfin d'aggraver leurs peines et par les traitements les plus durs, c'est montrer qu'avec une figure d'homme on n'a que les inclinations d'un tigre.

D'autres hommes, car chez eux les extrêmes se touchent, tombent dans un excès tout opposé; et par leurs soins, leur attachement pour les bêtes, semblent les mettre au-dessus même des êtres de leur espèce. Le caractère social de certains animaux qui ont le plus de liaisons avec nous, qui nous environnent, qui vivent dans nos maisons, en un mot qui nous amusent ou qui nous sont utiles, leur inspire une tendresse qui va jusqu'au ridicule. On rencontre des femmes, des hommes même, assez extravagants pour aimer ces créatures au point de leur sacrifier les devoirs, tout autrement essentiels, auxquels ils sont tenus envers leurs semblables. Que la guerre s'allume entre les nations, que des armées s'entre-détruisent; la nouvelle n'en fera pas la moindre impression sur telle femme, qui le lendemain ne pourra se consoler de la mort de son épagneul. Qu'un domestique ait par mégarde marché sur la patte d'un chat, elle lui fera éprouver les accès les plus vifs de son emportement. Telle autre fera donner à de vils animaux des morceaux de sa table, qui auraient suffi à la subsistance du pauvre; sujet d'un trop juste murmure pour toute sa maison ! Que de choses à dire sur ce sujet ! Mais arrêtons-nous, et terminons cette méditation par une remarque très-importante.

Les parents et toutes les personnes chargées de l'éducation des enfants ne sauraient apporter une trop scrupuleuse attention pour ne commettre aucun abus relativement aux animaux. Il est d'autant plus nécessaire d'insister sur cette maxime qu'en général la pratique en est très-négligée: à cet égard on donne aux enfants les plus mauvais exemples, et qui influent quelquefois de la manière la plus funeste sur toute leur éducation. Accoutumons l'enfance à traiter les animaux comme des êtres doués de sentiment, et envers lesquels nous avons même des devoirs à remplir. Mais d'un autre côté veillons à ce que l'attachement des enfants pour eux ne devienne point excessif, à ce qu'ils ne se passionnent point pour les animaux, comme ils n'y sont que trop portés, et qu'ils ne préfèrent pas les bêtes aux hommes; en un mot apprenons-leur à faire un bon usage des êtres vivants, et faisons surtout en sorte que dès leurs tendres années ils s'habituent à reconnaître dans ces créatures l'empreinte de la sagesse du Créateur.

102.me CONSIDÉRATION.

Dommages que causent les animaux.

L'HOMME est naturellement égoïste. Oubliant quelquefois que les animaux qui lui furent donnés pour compagnons ont des droits comme lui aux productions de la terre, il lui semble que tout ce qu'ils en consomment, ils le lui dérobent. Sans doute il est affligeant de voir que tant de productions de la nature, et souvent les plus belles, soient exposées aux ravages de certains animaux. Jamais l'été ne s'écoule sans que nous n'apercevions, surtout dans le règne végétal, les dommages qu'occasionne la voracité de diverses espèces de quadrupèdes, d'oiseaux, d'insectes. Que d'arbres dévastés! que de fruits consumés par les vers, les hannetons, les chenilles! De combien de choses nécessaires à notre subsistance ne nous privent pas l'insatiable moineau, et le corbeau non moins avide! Qu'il est triste de voir un champ labouré par les taupes, ravagé par les mulots, ou devenu la pâture des sauterelles!....

Ces plaintes ne sont que trop souvent dans la bouche des hommes; ils se figurent que certaines races d'animaux n'existent que pour le tourment du genre humain. On doit convenir cependant qu'elles sont en parties fondées; et ce serait contredire l'expérience, que de mettre en doute qu'il y ait des animaux nuisibles aux hommes, aussi bien qu'aux plantes. On ne saurait nier surtout que les insectes ne causent de grands dommages. Il est plus aisé d'exterminer les loups, les lions, et d'autres bêtes féroces, que d'extirper les insectes, quand leurs nombreuses armées couvrent un pays. Au Pérou, une espèce de fourmi qu'on appelle *chako* est un vrai fléau pour les habitants, dont la vie même serait en danger s'ils n'usaient de précaution pour se délivrer de ces ennemis redoutables. On sait quels ravages font les chenilles sur les arbres fruitiers, et les souris dans nos greniers.

Mais quelque réels que soient ces inconvénients, ils n'autorisent pas des plaintes aussi amères que celles qu'on se permet. La voracité des animaux n'est pas aussi désavantageuse qu'elle le paraît au premier coup-d'œil; pour s'en convaincre, il ne faut que considérer le règne animal dans son ensemble. Telle espèce qui paraît nuisible a cependant une utilité réelle ; et il serait fort dangereux de travailler à la détruire. Quelques habitants des colonies anglaises de l'Amérique, se figurant que les geais causaient du dommage aux grains, cherchèrent à extirper la race de ces oiseaux ; mais à mesure que leur nombre en diminuait, on était frappé du ravage qu'une multitude énorme de vers, de chenilles, de hannetons, faisait dans les blés. Bientôt on cessa de poursuivre ces prétendus ennemis, qui en se multipliant firent cesser le fléau qui avait été une suite de leur destruction. En Suède, où l'on avait formé le projet de détruire les corneilles, on eut lieu d'observer que ces oiseaux ne s'attachent pas seulement aux grains et aux plantes, mais qu'ils dévorent aussi les vers et les chenilles qui détruisent le feuillage ou la racine des végétaux. Dans l'Amérique septentrionale, on crut pouvoir se livrer avec fureur à la chasse du moineau ; et les moucherons se multiplièrent à tel point dans les contrées marécageuses, qu'on fut obligé de laisser plusieurs terres incultes. Ce même oiseau se vit aussi proscrit en Prusse, comme nuisible à l'agriculture : chaque paysan y fut taxé à une capitation annuelle de douze têtes de ces oiseaux. A la seconde ou à la troisième année, on s'aperçut que les moissons étaient dévorées par les insectes, et l'on fut obligé de faire revenir des moineaux des pays voisins pour en repeupler le royaume. Ces oiseaux, à la vérité, mangent quelques grains de blé, quand les insectes leur manquent ; mais ceux-ci, entre autres les charançons, en consomment des boisseaux et des greniers entiers. La chasse des faisans, très-considérable dans l'île de Procida, occasionna de la part du roi de Naples une défense aux habitants d'avoir des chats dans leurs maisons. Au bout de quelques années, les rats et les souris, en se multipliant, causèrent tant de dommages qu'on fut obligé d'abolir l'ordonnance qui défendait les chats.

Insensés que nous sommes ! nous envions aux bêtes cette modique portion de subsistance que réclament leurs services. Pourrions-nous donc venir à bout de consommer toutes les productions de la terre et des eaux ? ou bien manque-t-il quelque chose à notre entretien ou à nos plaisirs, parce que les oiseaux, les souris, les insectes, partagent avec nous les biens que Dieu nous accorde avec tant de profusion ? Au lieu de nous livrer à d'injustes plaintes, reconnaissons la sagesse du Créateur. Tout est lié dans le

vaste empire de la nature ; aucune créature n'y est inutile ,
quoique la destination de plusieurs nous soit inconnue. Il
suffit qu'elles existent, pour que nous ayons tout lieu de supposer que leur existence a les fins les plus sages. La vue
des destructions et des désordres apparents de la nature
doit nous faire remonter à Dieu , qui n'a créé rien en vain ,
qui ne conserve rien sans raison , et qui , s'il permet que
quelque chose se détruise , ne le permet pas sans dessein.
Soyons vivement pénétrés de ces vérités consolantes , et
toutes les œuvres de Dieu nous exciteront à le glorifier et à
le bénir.

103.ᵐᵉ CONSIDÉRATION.

Utilité des plantes et des bêtes venimeuses.

Toutes les choses de la terre sont bonnes , considérées
en elles-mêmes , et s'il arrive qu'elles deviennent nuisibles,
c'est qu'on en abuse , ou qu'on ne les emploie pas à l'usage
auquel la Providence les destine. De là vient que tel aliment , qui conserve la vie à un individu , donne la mort à
un autre , et que la même plante qui , à certains égards et
dans certaines circonstances , est regardée comme venimeuse , à d'autres égards et dans des circonstances différentes , est très-utile et même très-salutaire. C'est ainsi
que la ciguë , reléguée autrefois dans la classe des poisons,
est employée maintenant à des cures admirables.

La multitude et la diversité des végétaux est prodigieuse ;
mais tous n'ont pas été créés pour l'usage de l'homme.
Quelques plantes sont destinées aux bêtes ; d'autres nous
fournissent des ornements et des parures ; d'autres flattent
le goût et l'odorat ; un bon nombre sont d'un grand usage
dans les maladies qui attaquent les hommes et les animaux.
On peut dire la même chose de plusieurs créatures animées qui , quoique fort dangereuses pour nous , servent à
beaucoup d'animaux , ou comme aliments , au moins comme
remèdes. La plupart des oiseaux font leur nourriture principale des insectes que l'on regarde d'ordinaire comme nuisibles. Les oiseaux domestiques avalent avidement les araignées , et les paons ainsi que les cigognes font leurs délices
de certaines espèces de serpents. Ajoutez à cela l'excellence
des remèdes composés avec les herbes les plus vénéneuses,
et la sagesse ainsi que la bonté de Dieu seront également
justifiées.

Le nombre des plantes et des animaux nuisibles n'est rien en comparaison de cette multitude d'animaux et de plantes dont l'utilité ne peut être méconnue. La nature, d'ailleurs, a imprimé dans les hommes et dans les animaux un sentiment qui leur donne de l'aversion pour tout ce qui pourrait leur nuire. Les bêtes malfaisantes ont une certaine crainte de l'homme ; et jamais, rarement du moins, elles ne se servent contre lui de leurs armes offensives, si elles ne sont provoquées. Ajoutons que les animaux les plus dangereux ont des marques et des caractères sensibles, auxquels on reconnaît facilement leurs qualités malfaisantes, en sorte qu'avertis du péril, nous pouvons le prévenir ou l'éviter. Le serpent à sonnettes, qui de tous les reptiles de cette espèce est le plus à craindre, annonce son approche par le bruit que font les anneaux de sa queue : le crocodile, cet affreux et redoutable animal, est si maladroit dans ses mouvements, et se retourne avec tant de difficulté, qu'on lui échappe facilement par une fuite tortueuse. La bonté divine a même disposé les choses avec tant de sagesse que les animaux les plus venimeux fournissent le remède à leur poison ; l'huile du scorpion est un antidote contre ses piqûres ; et l'abeille écrasée sur la plaie guérit la blessure qu'elle a faite.

Dira-t-on qu'encore vaudrait-il mieux qu'il n'y eût sur la terre aucune plante, aucun animal qui pût nuire à d'autres créatures ? Rappelons-nous donc que si Dieu a voulu qu'une créature pût nuire à d'autres, ç'a été par des raisons très-sages, et que de cet arrangement résultent en dernier ressort des avantages considérables. Plusieurs êtres qui paraissent nuisibles, ne le sont pas en effet, du moins à certains égards. Leur venin même et les organes dont ils se servent pour blesser leur sont absolument nécessaires. L'abeille, par exemple, occasionne souvent de la douleur par ses piqûres ; mais qu'on lui ôte son aiguillon, elle n'aura plus d'armes contre ses ennemis, et nous n'aurons plus de miel. Les champignons peuvent donner la mort ; mais qui sait si cette substance, qui croît le plus ordinairement sur des matières en putréfaction, n'est pas destinée par la Providence à absorber les exhalaisons nuisibles qui se répandraient dans l'air ? Pourquoi, d'ailleurs, par un raffinement de sensualité, vouloir changer en aliments ce qui peut-être a une toute autre destination ?

Tout bien considéré, ce qui dans la nature nous paraît

nuisible, est réellement d'une utilité indispensable. Et de quel droit l'homme prétend-il déterminer ce qui est utile ou préjudiciable dans l'ensemble des êtres ? Qui nous a dit qu'il soit contraire à la sagesse de Dieu, que nous éprouvions quelquefois de la douleur ? Les choses les plus désagréables ne nous procurent-elles pas souvent des avantages sensibles ? En général, il est certain que les choses naturelles ne sont nuisibles que par accident, et que si nous en recevons quelque dommage, c'est presque toujours à notre imprudence que nous devons l'attribuer. Voilà ce que la raison dit à tous les hommes. Pour le chrétien, en particulier, la religion y ajoute : « Pense à l'état où tu avais été créé ; réfléchis sur les crimes dont tu te rends coupable envers ton Créateur, et plains-toi encore que tes maux soient trop grands ! »

404.me CONSIDÉRATION.

Tout dans la nature se rapporte au bien des hommes.

Sois vivement touché, ô homme ! de l'amour de préférence dont Dieu t'honore, en te distinguant si avantageusement de toutes les créatures visibles ! Sens comme tu le dois le bonheur incomparable d'être particulièrement l'objet de sa bienfaisante libéralité, d'être en quelque sorte ici-bas le centre de tout ce qu'il a produit pour la manifestation de ses glorieux attributs.

C'est pour toi que la nature entière agit et travaille sur la terre, dans l'air et sous les eaux : pour toi, la brebis est chargée de sa laine ; pour toi, le pied du cheval est armé de cette corne, dont il n'aurait pas besoin s'il ne devait pas traîner tes fardeaux, et gravir au haut des montagnes ; pour toi, le ver à soie file ce tissu artistement construit, s'y renferme et te l'abandonne ensuite ; pour toi, le moucheron dépose ses œufs dans les eaux, afin qu'ils y servent de nourriture aux poissons, qui serviront eux-mêmes à ta subsistance ; pour toi, l'abeille va recueillir dans le sein des fleurs ce miel exquis qui t'est destiné ; pour toi, le bœuf est attaché à la charrue, et ne demande pour prix de ses travaux qu'une légère nourriture ; pour toi enfin, les forêts, les champs et les jardins abondent en richesses, dont la plupart seraient perdues, si elles n'étaient à ton usage ; et les montagnes renferment ces trésors dont seul tu connais le prix.

Il est vrai que tu as sans comparaison plus de besoins que les brutes ; mais n'as-tu pas incomparablement plus de facultés, de talents et d'industrie, pour faire concourir par tes besoins mêmes tout ce qui t'environne à ton utilité, à tes plaisirs ? Mille et mille créatures contribuent à te nourrir, à te loger, à te vêtir ; elles t'offrent à l'envi les commodités, les agréments. Si Dieu t'a donné tant de besoins, c'est pour te procurer une plus grande variété de sensations agréables. Il te serait impossible de satisfaire à ces besoins multipliés, si ceux des animaux l'étaient autant que les tiens ; et c'est afin que rien ne te manquât, et que tu te trouvasses dans l'abondance, que les choses qui leur sont nécessaires sont ordinairement celles dont tu ne saurais faire usage. Afin qu'il n'y eût aucunes plantes qui ne fussent utiles au soutien de ta vie, et que l'éloignement ou l'âpreté du sol où elles croissent ne fussent pas des obstacles pour en jouir, l'auteur de la nature a formé des animaux pour les aller chercher, pour les tourner à ton profit, et te les rapporter changées en aliments les plus salubres. Dans la conduite de la Providence envers l'homme, il règne une bonté bien digne d'admiration. Pour qui la poule, au lieu de ne donner qu'une vingtaine d'œufs, tout au plus dans le cours d'une année, en pond-elle de si gros par rapport à sa taille, et pendant neuf mois de suite, contre toutes les lois de l'incubation des oiseaux ? Pour qui la vache, dans de riches prairies, au lieu du lait nécessaire à son veau, en laisse-t-elle couler de ses mamelles un si grand nombre de bouteilles par jour ? Toutes les espèces qui peuvent nous être utiles ne sont en état de se conserver qu'auprès de nous ; les autres animaux les détruisent ; aussi n'en existe-t-il presque point dans les bois. Si elles se multipliaient loin de nous à un certain point, en très-peu de temps leur nombre s'accroîtrait à un tel excès qu'elles ne trouveraient plus de moyens de subsister : témoin ce petit nombre de bœufs que les Espagnols avaient laissés à Saint-Domingue, et dont toute l'île n'aurait plus suffi à nourrir la postérité, sans les chasses continuelles qu'il fallut leur faire. Et toutefois les bœufs sont l'espèce qui se reproduit le plus lentement parmi les animaux domestiques. La postérité d'une seule truie, d'après le calcul de Vauban, donnerait si on lui conservait la vie, dans l'espace de onze ans, au moins six millions d'individus, nombre égal à celui que la France en nourrit.

Voyez dans les endroits où la chasse est négligée, les ravages des cerfs, des lapins, des perdrix : on n'y moissonne plus. La terre, livrée aux animaux dont l'homme se nourrit, ou qu'il consacre à ses travaux, ne leur suffirait donc bientôt plus : preuve évidente que Dieu les destine absolument à notre service ou à notre nourriture.

Mais ce n'est pas seulement à la subsistance de l'homme que Dieu a pourvu avec tant de bonté : il a daigné lui procurer mille plaisirs. C'est pour lui que chantent l'alouette et le rossignol ; que les fleurs parfument l'air ; que les jardins et les champs sont émaillés de leurs couleurs. Surtout il lui a donné la raison qui le met en état de faire contribuer toute la nature à ses jouissances ; de dominer sur les animaux ; de vaincre la baleine, de dompter le lion, et ce qui est tout autrement précieux encore, de se complaire dans les œuvres du Très-Haut, d'en contempler la beauté, la grandeur et la magnificence, d'en admirer l'ordre, l'harmonie et le merveilleux enchaînement.

Mortel privilégié et comblé de tant de grâces, comment pourras-tu payer à ton céleste bienfaiteur un digne tribut de reconnaissance ? Quel amour peut répondre à celui que ton Dieu te témoigne ; pour enflammer de plus en plus et la reconnaissance et cet amour, réfléchis donc souvent sur la libéralité sans bornes du Père commun des hommes, sur la prédilection dont il t'honore, et sur les biens sans nombre qu'à chaque heure il te départit. Considère qu'il n'est point sur la terre de créature aussi favorisée que toi. Porte tes regards sur tout ce qui t'environne, et contemple le spectacle de la nature. Interroge le ciel, la terre et la mer, les animaux, les plantes, en un mot tous les êtres qui existent, et ils te diront que tu es cet objet chéri que tous les autres doivent servir, et auquel ici-bas toute la création se rapporte, tandis que l'auteur de cet univers est à toi-même ta véritable fin. Que ton âme alors soit pénétrée de la plus vive gratitude, du plus ardent amour envers un bienfaiteur si magnifique, et que ton premier soin, ton unique ambition soit de ne vivre que pour celui qui en ta faveur a donné l'existence et la vie à tout ce que tu vois.

Chaque jour de nouvelles occasions se présenteront à ton âme, de reconnaître et de célébrer les soins paternels de la Providence. Goûte et savoure la bonté de ton Dieu dans chaque aliment qu'elle te fournira pour te sustenter, dans chaque verre d'eau qui va servir à te désaltérer. Mais reconnais surtout le Dieu du genre humain, dans les biens qu'il te réserve pour l'éternité. C'est à toi que Jésus-Christ destine ce bonheur ineffable, dont ses fidèles disciples seront enivrés autour de son trône : les esprits bienheureux seront tes compagnons, tes amis, et tu partageras avec eux ces biens immenses qui surpassent infiniment tous ceux dont on jouit ici-bas.

Que sont en effet les biens du temps présent, comparés à la gloire qui nous attend dans le séjour de la félicité ? Il est vrai que même ici-bas nous éprouvons continuellement les effets de la bienfaisance du Seigneur, et que nous sommes environnés de merveilles. Mais sur cette terre les plaisirs sont toujours entremêlés de peines ; le parfait bonheur ne se trouve que dans la céleste patrie.

105.me CONSIDÉRATION.

L'homme.

Tout annonce dans l'homme le maître de la terre ; tout y marque sa supériorité sur le reste des êtres vivants. Son attitude est celle du commandement ; sa tête regarde le ciel, et présente une face auguste, sur laquelle est empreint le caractère de sa dignité ; l'image de l'âme y est peinte par la physionomie ; l'excellence de sa nature perce à travers les organes matériels, et anime d'un feu divin les traits de son visage ; un port majestueux, une démarche ferme et hardie annoncent sa noblesse et son rang ; il ne touche à la terre que par ses extrémités les plus éloignées ; il ne la voit que de loin, et semble la dédaigner ; les bras ne lui sont point donnés pour servir d'appui à la masse de son corps ; ses mains ne doivent pas fouler la terre, et perdre par des frottements réitérés la finesse du toucher dont elles sont le principale organe : réservées à des usages plus nobles, elles exécutent les ordres de la volonté, saisissent les choses éloignées, écartent les obstacles, préviennent les rencontres et le choc qui pourraient nuire, retiennent ce qui peut plaire, et le mettent à la portée des autres sens.

106.me CONSIDÉRATION.

De la respiration.

Pour se former une juste idée de la respiration, il est nécessaire de connaître la structure et la disposition des parties qui y concourent. La *poitrine* est une grande cavité, séparée du bas-ventre par le diaphragme. Ce muscle, susceptible de contraction et de relâchement, est pour ainsi dire collé aux poumons, dont il suit les mouvements, soit dans leur élévation, soit dans leur abaissement. Une membrane qu'on nomme la *plèvre* tapisse intérieurement la capacité de la poitrine, au milieu de laquelle elle forme le *médiastin*. Cette espèce de cloison qui la partage en deux cavités procure à l'homme plusieurs avantages. Par exemple, lorsqu'on est couché sur le côté, elle empêche l'aile du poumon qui se trouve du côté opposé de porter sur l'aile inférieure, et de gêner la respiration.

Au fond de la bouche commence la *trachée-artère*, canal dont l'extrémité supérieure se nomme *larynx*; la partie inférieure, divisée en deux branches connues sous le nom de *bronches*, se distribue dans tout le poumon, où elle se ramifie en une infinité de vésicules, à la surface desquelles passent les vaisseaux qui apportent le sang dans ce viscère, destiné à le mettre en contact avec le fluide atmosphérique. Dans la respiration une partie de la chaleur de l'air vital passe dans le sang qui parcourt les poumons, et se répand avec lui dans tous les organes. C'est ainsi que se répare la chaleur animale, qui est continuellement enlevée par l'atmosphère et les corps environnants : et l'on voit pourquoi les animaux qui ne respirent point d'air ou qui n'en respirent que très-peu ont le sang froid.

Un autre usage de l'air dans la respiration, c'est d'absorber un principe contenu dans le sang, et qui paraît être de la même nature que le charbon. Ce principe, en se combinant avec une portion de l'air vital qu'on nomme *oxygène*, forme l'acide carbonique, qui sort des poumons par l'expiration, avec la portion non respirable de l'air appelée *gaz azote*. Ces effets deviendront plus intelligibles quand nous aurons traité de l'eau, de l'air et du feu. En attendant, ce que nous venons de dire sur le gaz azote et sur la formation de l'acide carbonique, qui n'est pas plus respirable que ce gaz , suffit pour éclairer sur les dangereux effets qui résultent du trop grand nombre de personnes réunies dans des endroits resserrés , comme dans les spectacles , les hôpitaux , les prisons , la cale des vaisseaux , etc. ; on ne sera point étonné après cela des effets nuisibles de l'air altéré par la respiration , lequel agit particulièrement sur les personnes délicates et sensibles.

Afin que la respiration pût s'exécuter commodément , le créateur a disposé avec une infinie sagesse les parties intérieures du corps. Plus de soixante muscles sont dans un mouvement continuel , pour opérer cette fonction , en dilatant la poitrine et en la resserrant tour-à-tour. Rien de plus admirable que la structure de la trachée-artère : son extrémité supérieure est recouverte d'une valvule , qui la fermant exactement au moment de la déglutition , empêche que les aliments n'y passent , et que la respiration ne soit interrompue. On ne découvre pas moins de merveilles dans les parties inférieures de cet organe , dans les bronches où l'air entre par la respiration ; dans les vésicules , dans la distribution des veines et des artères qui accompagnent partout ces bronches et ces vésicules , et dont la surface est infiniment multipliée , afin que le sang qu'elles contiennent puisse recevoir de toutes parts les impressions de l'air.

Que d'actions de grâces ne dois-je pas au Créateur , qui , après m'avoir départi la faculté de respirer , a jusqu'ici par sa bienveillance conservé le souffle de ma vie ! Quels sentiments de reconnaissance et d'adoration devraient s'élever dans mon âme , quand je viens à considérer que dans chaque minute je respire dix-huit à vingt fois , c'est-à-dire douze cents fois dans une heure ! Mille accidents pourraient interrompre , arrêter entièrement cette fonction. Combien ne serait-il pas facile pendant que je mange et que je bois , ou même pendant mon sommeil , qu'il m'entrât dans la trachée des choses nuisibles , qui sur-le-champ me causeraient la mort ! Ah ! si la Providence ne veillait continuellement sur moi , si elle ne prévenait les suites funestes de mes inattentions et de ma négligence , depuis longtemps je ne serais plus.

107.me CONSIDÉRATION.

Merveilles de la voix humaine.

Soit que l'on considère le principe de la voix humaine,
soit que l'on s'occupe de ses variations ou de son organe,
il est impossible de réfléchir sur son admirable mécanisme, sans être saisi d'étonnement et pénétré de re-
connaisance.

Au fond de la gorge et au sommet de la trachée-artère
est une machine assez composée, formée de l'assemblage de différentes pièces diversement configurées, les
unes cartilagineuses, les autres ligamenteuses et tendi-
neuses, tel est le *larynx* ou le principal organe de la
voix. Au milieu est une ouverture qu'on nomme la *glotte*,
recouverte par l'*épiglotte*, petit cartilage qui peut s'élever
et s'abaisser pour ouvrir et fermer le canal. Tout l'air que
le poumon chasse dans la trachée, au moment de l'expiration, est forcé d'enfiler cette ouverture étroite, et c'est
du frottement de cet air que dépend en général la formation de la voix.

Mais ce n'est pas à cela seul que se réduit le mécanisme de cet organe. Il n'est pas simplement un instrument à vent; il est à la fois un instrument à vent et à cordes, et même beaucoup plus à cordes qu'à vent. Sur
chaque lèvre de la glotte est un ruban que différents cartilages sont chargés d'alonger ou de raccourcir, de relâcher
ou de tendre; tensions et longueurs dont dépend la diversité des tons. Ces rubans sont comme des cordes vocales,
mais il faut un archet pour les faire vibrer. L'air que le
poumon chasse vers la glotte en fait l'office, et le poumon lui-même peut être regardé comme la main qui
conduit l'archet. Mais ne croyez pas que cela soit fondé
sur de simples conjectures; l'expérience le confirme. Si
l'on détache la trachée avec les principales pièces du
larynx d'un animal mort depuis plusieurs jours, et qu'on
souffle fortement dans cette trachée par son extrémité inférieure, en même temps qu'on tient les rubans de la glotte
plus ou moins bandés, aussitôt on entend la voix ou le
cri propre à l'espèce de l'animal, et cette voix ou ce cri
hausse ou baisse de ton, suivant qu'on tend ou qu'on relâche les rubans de la glotte. Une chose bien digne de re-

marque dans cette singulière expérience , c'est que la voix
ou le cri est toujours parfaitement reconnaissable , que la
trachée ait appartenu à un homme ou à quelque animal. Le
mugissement du taureau , le bêlement de la brebis , le cri
du chien qui souffre , celui du coq , etc. , sont si bien ca-
ractérisés qu'on ne peut s'y méprendre. Cependant combien de choses manquent ici à l'instrument vocal pour
déterminer et diminuer la voix ! Non-seulement le larynx
se trouve fort mutilé , mais il n'existe plus ni palais , ni
langue , ni dents , ni lèvres , etc.

L'agrément de la voix dépend de la conformation de
toutes les parties intérieures de la bouche , des cavités du
nez , etc. ; elle ne peut être agréable qu'autant qu'elle re-
tentit dans les parois de ces deux organes. Quand le nez
est bouché , comme il arrive dans l'enchifrènement , la voix
devient désagréable , et ce désagrément , loin de venir de
ce qu'on *parle du nez* , comme on le dit communément ,
vient au contraire ici de ce qu'on n'en parle pas.

L'étendue des capacités dans lesquelles l'air sonore ré-
sonne contribue beaucoup à l'agrément et à la modification
des sons. Voilà pourquoi la voix devient plus grave vers la
quinzième ou seizième année. A cet âge l'intérieur de la
bouche augmente en dimension ; l'air sonore se modifie
dans de plus grands espaces , et il arrive , par rapport aux
différents tons de la voix , ce qui arrive lorsqu'on joue
d'un instrument dans un endroit plus spacieux : les sons
deviennent plus graves. Joignez encore à cette cause les
dimensions de la poitrine , la force des muscles , le ressort
des organes qui est augmenté notablement.

La prérogative de l'homme sur les animaux , relativement à la voix , consiste en ce qu'il peut la modifier d'une
infinité de manières. Le son de la *voix* A est différent que
celui qui se fait entendre quand on prononce les *voix* E , I ,
O , U , quand même on les prononcerait toutes sur le même
ton. La raison de cette différence est au nombre des mystères de la nature. Pour faire entendre les cinq voix repré-
sentées par nos cinq voyelles , il faut ouvrir plus ou moins
la bouche , et pour cet effet celle de l'homme a une conformation différente de celle de tous les animaux. Ceux même
d'entre les oiseaux qui appartiennent à imiter la voix humaine ne sont jamais capables de prononcer distinctement
les diverses voyelles , et de là vient que cette imitation est

si imparfaite. Quant aux *articulations* qui sont représen-
tées par les consonnes dans l'écriture, trois de nos organes concourent principalement à les former : les lèvres, la
langue et le palais. Le nez y participe aussi ; quand il est
bouché, il devient impossible de prononcer certaines lettres, au moins d'une façon intelligible.

Ce qui prouve combien est merveilleuse l'organisation
qui rend notre bouche capable de prononcer les mots, c'est
que l'art humain n'a pu venir à bout de l'imiter qu'en
très-petite partie, et fort imparfaitement. On imite le chant
de l'homme, cela est vrai, mais on n'imite pas si aisément l'articulation des sons, ni la prononciation des différentes voyelles. Le jeu de l'orgue, appelé *voix humaine*,
ne produit d'autres sons que ceux qui se rapprochent de
la voix *è* ou *ein*, et tous les efforts de l'art ne sauraient
parvenir à imiter nettement la plupart des mots qu'il nous
est si facile de prononcer.

Puissent ces réflexions nous faire sentir tout le prix de la
parole, qui nous distingue si avantageusement du reste des
animaux ! Qu'elle serait triste la société humaine, si
nous étions privés totalement de la faculté de transmettre
nos pensées par nos discours ; si nous ne pouvions épan-
cher nos cœurs dans le sein de l'amitié ! Vous qui, dès
votre enfance, avez été privés de ce don précieux, ô vous,
pour qui la nature a été si avare, vous m'apprenez, par
votre infortune, à estimer mon bonheur et à remercier
Dieu d'avoir mis au nombre des biens dont il me comble,
la faculté de me servir de la parole. Mais pour en faire un
usage qui réponde à sa destination, je dois l'employer à
glorifier l'Être suprême, à édifier mes frères, à les instruire et à les consoler.

108.ᵐᵉ CONSIDÉRATION.

Structure merveilleuse de l'oreille.

L'OUIE, ce sens précieux qui nous met en communication avec le monde moral, est un de ceux dont l'organisation présente le plus de ces rapports frappants qui annoncent une intelligence souveraine. L'oreille de l'homme
est une machine acoustique de la plus savante composition, et dont le détail aurait droit de nous étonner, si

nous ne devions être toujours préparés à des merveilles, dès que notre raison s'applique à l'examen des productions de l'Artiste suprême.

La position de l'oreille annonce déjà une grande sagesse : elle est placée dans l'endroit du corps le plus convenable, près du cerveau, siége commun de toutes les sensations. Sa forme extérieure mérite aussi notre admiration. Si elle n'était que chair, la partie supérieure retomberait vers le bas, et empêcherait la communication des sons ; si elle eût été pourvue d'os, il en résulterait d'autres inconvénients, et des douleurs insupportables quand on voudrait se coucher sur le côté. C'est par cette raison que le Créateur a choisi une substance cartilagineuse, qui à la flexibilité de la chair réunit la fermeté de l'os, et dont le poli et les plis sont très-propres à réfléchir les sons ; car l'usage de toute cette partie externe est de les réunir et de les envoyer au fond de l'oreille.

Trois cavités principales partagent l'intérieur de cet organe. Celle qui se présente la première est une sorte de *conque* ou d'entonnoir, dont l'ouverture est à l'extérieur ; la seconde se nomme la *caisse* ; la troisième, ou la plus intérieure, est le *labyrinthe*. Dans la conque se trouve une ouverture qu'on appelle le *conduit auditif*, dont l'entrée est garnie de petits poils qui servent de barrière contre les insectes qui tenteraient d'y pénétrer ; c'est aussi dans le même dessein que toute l'étendue de ce conduit est humectée d'une humeur à la fois gluante et amère, qui se sépare des glandes.

Le tympan ou *tambour* se trouve placé obliquement au fond du conduit auditif. Cette partie a réellement beaucoup de ressemblance avec l'instrument dont elle porte le nom ; car d'abord il y a dans la cavité du conduit auditif un anneau osseux sur lequel est tendue une membrane ronde, sèche et mince : en second lieu, sous cette peau, un cordon, rendant ici le même service que la corde de boyau rend au tambour, augmente par ses vibrations l'ébranlement du tympan, et sert tantôt à donner plus de tension à la membrane, tantôt à la relâcher. Dans la cavité ou caisse qui est sous cette peau, se trouvent quelques osselets fort petits, mais très-remarquables : le *marteau*, l'*enclume*, l'*orbiculaire* et l'*étrier*, dont l'usage est de contribuer à l'ébranlement et à la tension de la peau du tympan. Un conduit, qui d'un côté s'ouvre dans la bouche, et de l'autre dans la caisse, renouvelle sans cesse l'air de celle-ci. La troisième cavité, qui, par ses routes tortueuses, ne ressemble pas mal à un labyrinthe, présente une espèce de vestibule, trois canaux demi-circulaires, et une partie tournée en spirale, nommée le *limaçon*. Le limaçon est enveloppé d'un conduit qui va en s'étrécissant en forme de cône, depuis la base jusqu'à la pointe. Il est divisé par une cloison qu'on nomme la *lame spirale*, composée d'une foule innombrable de petites cordes de diverses épaisseurs et de diverses longueurs, comme celles d'un clavecin. Chacun de ces fibres répond vraisemblablement à une fibre analogue du *nerf auditif*, qui part du cerveau où est le siége de l'âme, à laquelle les impressions sonores se trouvent transmises de la manière dont nous allons l'expliquer.

L'air, véhicule du son, rassemblé par la conque ou l'entonnoir, frappe le tambour et lui communique les ébranlements qu'il a reçus lui-même. L'air enfermé dans la caisse frémit à son tour, et fait frémir la fibre de la lame spirale qui se trouve à son unisson. Ce frémissement se communique à une fibre correspondante du nerf auditif, laquelle aboutissant au siége de l'âme occasionne à celle-ci la sensation de ce son. Si plusieurs sons différents se font entendre à la fois, le frémissement simultané de différentes fibres analogues de la lame spirale donne la perception simultanée de ces différents sons. Ainsi une portion d'air infiniment petite que nous mettons en mouvement, sans savoir de quelle manière, fait en un instant connaître à un ami nos pensées, nos conceptions, nos désirs, aussi parfaitement que si son âme était dans la nôtre.

L'air est un fluide. Si l'on jette une pierre dans une eau paisible, il en résulte des ondulations qui s'étendent plus ou moins, selon le degré de force imprimée à la pierre. Un mot prononcé produit dans l'air le même effet que le caillou lancé dans l'eau. Celui qui profère ce mot pousse l'air hors de sa bouche : cet air communique à l'air extérieur qu'il rencontre un mouvement d'ondulation ; et cet air agité vient par la route que nous avons décrite ébranler dans l'oreille le nerf auditif. L'âme éprouve alors une sensation proportionnée à l'impression reçue ; et en vertu d'une loi mystérieuse du Créateur, elle se fait des représentations d'objets et de vérités.

109.me CONSIDÉRATION.

L'œil.

L'œil surpasse infiniment tous les ouvrages de l'industrie des hommes ; sa structure est la chose la plus étonnante dont l'entendement humain ait pu acquérir la connaissance. Considérons-en d'abord les parties externes. De quels retranchements, de quelles défenses les yeux n'ont-ils pas été pourvus ! Ils sont placés dans la tête à une certaine profondeur, et environnés d'os très-solides, afin qu'ils ne puissent pas être facilement blessés. Les sourcils contribuent aussi à la sûreté et à la conservation de cet organe ; les poils qui forment ce bel arc au-dessus des yeux empêchent que la sueur du front ne s'y introduise. Les paupières sont toujours prêtes à les secourir ; et comme elles se ferment aux approches du sommeil, elles empêchent l'action de la lumière de troubler notre repos. Les cils, en même temps qu'ils ajoutent à la beauté, nous garantissent du trop grand jour ; ils excluent la lumière superflue, et arrêtent jusqu'à la moindre poussière dont les yeux pourraient être offensés.

Mais la structure intérieure de cet organe est infiniment plus admirable encore. L'œil est composé de tuniques, d'humeurs, de muscles et de veines. La tunique ou membrane extérieure, qu'on appelle *cornée*, renferme toutes les parties qui le composent. Elle est transparente dans sa partie antérieure, et opaque dans tout le reste. La partie transparente conserve le nom de cornée ; la portion opaque, connue sous celui de *sclérotique*, recouvre à peu près les deux tiers du globe de l'œil ; derrière elle se trouve l'*uvée*, percée antérieurement d'un grand trou rond connu sous le nom de *prunelle*, dont la circonférence extérieure ou l'*iris* est noire, bleue ou de différentes couleurs. Cette enveloppe se divise aussi en deux parties ; l'une antérieure, qui retient le nom d'uvée ; l'autre postérieure, qui prend celui de *choroïde*, beaucoup plus étendue que la première, et enduite d'une humeur noirâtre. La troisième membrane ou la *rétine* n'est qu'une expansion du nerf optique, formant une espèce de toile très-fine, sur laquelle se ramifient un assez grand nombre de vaisseaux.

Les humeurs de l'œil sont au nombre de trois. Une cavité que l'on remarque sous la cornée, cavité à laquelle on donne le nom de *chambre antérieure de l'œil*, et une autre comprise sous l'uvée, qu'on nomme *chambre postérieure*, renferment la première de ces humeurs, qu'on appelle *humeur aqueuse*, à cause de sa transparence et de sa fluidité. Elle peut se régénérer, quand elle s'est écoulée par une blessure faite à la cornée. L'humeur cristalline, ou simplement le *cristallin*, est placée immédiatement au-dessous de l'humeur aqueuse, vis-à-vis de la prunelle ; la figure du cristallin est lenticulaire, et il est doué d'une certaine consistance. Derrière le cristallin est une substance extrêmement limpide et transparente qu'on appelle *humeur vitrée*, parce qu'effectivement la masse totale de cette humeur, renfermée dans les capsules qui la contiennent, imite assez bien une masse de verre fondu.

Six muscles servent à mouvoir l'œil en divers sens ; et la rapidité de ces mouvements est extrême ; ils l'élèvent, l'abaissent, le tournent à droite ou à gauche, obliquement ou en rond, selon que le besoin l'exige.

Les diverses matières transparentes contenues dans l'œil ont un degré de densité capable de causer des réfractions différentes ; et leur figure est aussi déterminée, de telle sorte que tous les rayons partis d'un point d'un objet sont exactement réunis dans un même point de la rétine, quoique l'objet soit plus ou moins éloigné, qu'il soit situé devant l'œil directement ou obliquement, et que ces rayons souffrent une différente réfraction. Le moindre changement dans la nature et la figure des matières transparentes feraient perdre à l'œil tous ces avantages. Et des hommes osent soutenir que les yeux, que le monde entier lui-même, ne sont que l'ouvrage du hasard.... ! Le Psalmiste l'a dit : « Ce ne sont que les insensés qui disent dans leur cœur : *Il n'y a point de Dieu*. » Pour nous, qui convaincus de l'existence de ce grand Être le regardons encore comme l'Auteur de tout ce qui existe, nous nous écrions avec le prophète : *Celui qui a fait l'œil ne le verrait-il point.*

110.me CONSIDÉRATION.

Merveilles de la vision.

Nous savons que trois humeurs de différente densité, logées dans des capsules transparentes, partagent en plusieurs parties l'intérieur du globe de l'œil. Sur le fond est étendue une gaze très-fine, qui n'est que l'expansion d'un nerf, dont l'extrémité aboutit immédiatement au cerveau. Une peau noire tapisse intérieurement tout le globe. A sa partie antérieure est une ouverture qui se contracte ou se dilate, selon que la lumière est plus ou moins forte. Pourquoi ces humeurs, cette gaze, cette tapisserie, cette ouverture ?

La lumière vient en ligne droite des astres jusqu'à nous ; mais ces rayons se plient, lorsque la densité des matières à travers lesquelles ils passent augmente ou diminue. Si ces matières sont plus denses, les rayons se courbent en s'approchant de la perpendiculaire, qu'on suppose abaissée sur leur surface ; ils s'éloignent, si ces matières ont moins de densité ; cela se nomme la *réfraction* de la lumière. Ainsi deux rayons qui tombent parallèlement sur une lentille de verre changent de direction, et tendent à se réunir en un point derrière la lentille. Là, par exemple, est une image distincte du soleil ; en delà ou en deçà, l'image est confuse. Elle le devient pareillement si l'on substitue à la lentille un verre plus ou moins convexe, ou un corps transparent plus ou moins dense que le verre.

A la propriété de se *réfracter*, la lumière joint celle de se *réfléchir* de dessus les corps qu'elle éclaire. Il part donc de tous les points des objets des traits lumineux, et ces traits tendent à s'écarter les uns des autres ; mais ils se rapprochent dès qu'ils rencontrent des corps transparents plus denses ou plus convexes, et leur réunion se fait d'autant plus promptement, que cette densité ou cette convexité est plus considérable.

Placez une lentille de verre au volet d'une chambre obscure : présentez un carton à cette lentille, vous aurez sur-le-champ un tableau où tous les objets du dehors seront peints dans la plus grande précision, et suivant toutes les règles de la perspective la plus exacte ; ce sera même un tableau mouvant, si ces objets se meuvent ; vous y verrez les ruisseaux se précipiter des montagnes et serpenter dans les plaines ; les oiseaux planer dans les airs ; les poissons se jouer à la surface de l'eau ; les troupeaux bondir sur les prairies.

Substituez à la lentille un œil de bœuf fraîchement dépouillé de ses enveloppes ; un tableau semblable au précédent, mais dont toutes les figures sont peintes beaucoup plus en petit, se tracera sur la toile qui recouvre le fond de cet organe.

La structure de l'œil de bœuf est la même, pour l'essentiel, que celle de nos yeux ; ainsi déjà vous pénétrez le mécanisme de la vision. Les humeurs de l'œil sont la lentille de la chambre obscure ; la toile ou la rétine en est le carton, la peau noire qui tapisse l'intérieur du globe fait l'office du volet qui écarte le jour ; la prunelle, en se contractant ou en se dilatant, selon que la lumière est plus ou moins forte, modère l'action des rayons sur la rétine. Les rayons traversent donc la cornée, ensuite l'humeur aqueuse, le cristallin, puis l'humeur vitrée ; et après avoir été suffisamment réfractés et réunis dans ce passage, ils viennent peindre sur la rétine l'image des objets extérieurs avec une justesse et une netteté parfaites, ou plutôt il n'y a peinture nulle part, mais seulement ébranlement de fibres. Le nerf optique communique au cerveau les divers ébranlements qu'il reçoit, et excite dans l'âme des perceptions conformes aux impressions produites par les objets extérieurs.

L'image de ces objets se peint renversée sur la rétine, et c'est toutefois pour cela qu'ils se représentent à nous dans leur véritable situation. Les plus grands objets s'y dessinent avec une petitesse extrême, et cependant nous les apercevons dans leur véritable grandeur. Comment se fait-il que quand d'une haute tour nous voyons au-dessous de nous plusieurs milliers de maisons, chacune d'elles se peigne si exactement dans un aussi petit espace ? Des millions de rayons viennent par une très-étroite ouverture se réunir sur la rétine, sans se confondre, et en gardant toujours le même rapport qu'avaient entre eux les points de l'objet d'où ils sont partis. Si du haut d'un mât de vaisseau, on considère une flotte cinglant à pleines voiles, que d'objets s'offrent à notre vue ! Quand de cette hauteur on contemple la mer elle-même, que de milliers de vagues on y découvre ! Chacune d'elles réfléchit des masses de rayons sur notre œil, dont le volume est si petit que, dans un jour serein, élevé sur une montagne, je promène ma vue sur les contrées voisines, je ne puis revenir de mon étonnement, en voyant une campagne de cinq à six lieues carrées, chaque arbre, chaque herbe même exprimée en détail sur un vélin de quelques lignes. Autre sujet d'admiration. J'ai deux yeux, et toutefois l'objet ne me paraît pas double, parce qu'il fait son impression sur des points correspondants de chaque rétine.

Mais tous les objets qui frappent mes regards ne sont pas visibles pour moi seul. Je viens d'être étonné du nombre de rayons qu'ils envoient sur ma prunelle; ils en envoient autant sur tous les espaces semblables de la masse d'air qui les environne. Partout où je me transporte, de nouveaux rayons remplacent les précédents, et me rendent visibles les mêmes objets que j'apercevais avant d'avoir changé de place. Tous les rayons nécessaires pour cet effet existent déjà, et n'attendent que des yeux. Piquez une feuille de papier avec une épingle, et regardez par cette ouverture, beaucoup plus étroite que celle de votre œil, vous ne laissez pas d'apercevoir encore les objets, quoiqu'ils vous paraissent bien plus petits.

Quel est l'homme qui se donne la peine de réfléchir sur toutes ces merveilles ? L'habitude de voir nous fait regarder cette opération comme une chose extrêmement simple et facile à comprendre. Nous savons, il est vrai, comment l'image se forme au fond de l'œil; nous savons en quoi toutes les parties qui le composent y contribuent. Mais l'œil ne peut avoir l'idée de ce qui se passe en lui, il faut donc que l'impression des rayons se propage jusqu'au siége de l'âme ; et pour décrire ce qui s'y passe, comment elle voit l'objet, quels sont les ressorts qui la déterminent à se le représenter, il faudrait être plus qu'un homme.

III.me CONSIDÉRATION.

De la rapidité avec laquelle la vie s'écoule.

LA vie de l'homme est fragile et passagère. Depuis le moment de notre naissance, chaque pas nous conduit à la mort ; et combien en est-il qui arrivent à cet instant fatal , avant d'avoir commencé de vivre !

Avec quelle rapidité les jours , les semaines , les mois et les années s'écoulent , ou plutôt s'envolent ! On en jouit à peine qu'ils sont déjà évanouis ! Essayez de les retracer à votre mémoire et de les suivre dans leur course , pourriez-vous en détailler toutes les époques ? Et s'il n'y avait eu dans votre vie certains moments trop remarquables pour ne s'être pas gravés dans votre souvenir , vous seriez encore moins en état de vous en rappeler l'histoire. Combien d'années de votre enfance consacrées aux amusements du jeune âge , et dont vous ne pouvez dire autre chose , sinon qu'elles se sont écoulées ! Combien d'autres passées dans l'insouciance de la jeunesse , disons mieux dans cette effervescence où l'égarement des passions et l'ivresse des plaisirs ne vous laissaient , par un coupable délire , ni la volonté ni le temps de faire un retour sérieux sur vous-même ! A ces années ont succédé celles d'un âge plus mûr. Vous pensâtes alors qu'il était temps de changer de conduite , et d'agir en homme ; mais les affaires et les embarras qu'elles traînent à leur suite prirent tous vos moments , et il ne vous en resta aucun pour méditer sur vos premières années. Votre famille s'augmenta ; vos inquiétudes , vos soins pour satisfaire à ses besoins , s'accrurent avec elle. Insensiblement le temps de la vieillesse approche , et peut-être alors n'aurez-vous encore ni le loisir, ni la force de vous rappeler le passé ; de réfléchir sur le terme où vous serez arrivé, sur ce que vous aurez fait ou négligé de faire ; d'envisager , pour tout dire enfin , le but pour lequel Dieu vous avait placé dans ce monde. Cependant , qui peut vous promettre d'atteindre à cet âge avancé ?

Mille accidents déchirent le tissu délicat de la vie , avant même qu'elle ait acquis l'étendue qui lui est propre. L'enfant qui vient de naître tombe et se réduit en poussière. Ce jeune homme qui donnait les plus belles espérances est moissonné dans ses plus beaux jours ; une maladie violente , un événement imprévu l'a précipité dans le tombeau. Les dangers se multiplient avec les années ; la négligence et les excès enfantent des germes de maladie , et disposent le corps aux atteintes cruelles des épidémies. Le dernier âge est en butte à plus de maux encore : en un mot, l'homme ne fait que paraître ; la moitié de ceux qui naissent, dans le court espace des six premières années, deviennent victimes de la mort.

D'après le nombre d'hommes, que par approximation l'on juge devoir exister aujourd'hui sur la terre, et l'estimation qu'on a faite du cours de la vie humaine, il meurt dans l'espace d'environ trente-trois ans mille millions d'hommes ; dans une année, autour de trente millions ; chaque jour, quatre-vingt-deux mille ; chaque heure, trois mille quatre cents ; chaque minute, soixante ; chaque seconde, un homme. Quel effrayant calcul !.... Et qui m'assure qu'à cet instant même mon nom ne va pas grossir la liste des morts ! Au moment où je lis cette ligne, un de mes semblables meurt ; et avant qu'une heure soit écoulée, plus de trois mille hommes se précipiteront dans l'abîme de l'éternité !..... Quel juste motif de penser souvent à la mort !

112.me CONSIDÉRATION.

Sur la résurrection à venir.

Si la naissance et la mort sont pour l'homme deux époques bien importantes, il en est une dernière, par rapport à son corps, qui ne mérite pas moins d'être un des principaux objets de nos réflexions. La résurrection qu'il doit éprouver, dans la suite des temps, tient de si près à la nature de l'homme, qu'un instinct presque irrésistible a dicté aux peuples les plus sauvages, ainsi qu'aux nations les plus policées, ce respect pour les morts, qui leur a toujours fait considérer leurs dépouilles et leurs cendres mêmes comme des restes sacrés, qui réunis dans chaque homme à la plus noble partie de lui-même, doivent un jour le reproduire en quelque sorte tout entier.

De là aussi le culte, la religion des tombeaux, et cette horreur universelle pour tout ce qui tend à les profaner. Si, comme l'ont pensé Socrate, Platon, Cicéron, Sénèque, ces vrais philosophes, ces sages de l'antiquité profane, le consentement de tous les peuples est la voix de la nature, où s'annonce-t-elle d'une manière plus précise que sur la croyance d'un être suprême, sur l'immortalité de l'âme, et sur l'objet dont nous parlons ?

La religion chrétienne a fait de la résurrection des corps un des dogmes de notre foi, et elle nous la présente sous l'aspect le plus auguste et le plus imposant. C'est au même instant, c'est tous ensemble, à la fin des siècles, que les morts ressusciteront. Des signes terribles au ciel et sur la terre annonceront à ceux qui n'auront pas encore subi la loi commune du trépas ce grand jour du Seigneur, ce jour si ardemment désiré par ses saints, et si formidable à quiconque n'aura pas suivi leur exemple et marché sur leurs traces.

Aux yeux de l'univers rassemblé devant son juge, qui se fera voir alors dans tout l'appareil de sa grandeur et de sa majesté, Dieu manifestera les trésors de sa puissance, de sa sagesse, de sa bonté, de son ineffable providence, de sa souveraine justice, si souvent méconnue. Il entrera pour ainsi dire lui-même en jugement avec nous, et justifiera ses voies blasphémées par l'orgueil et par l'impiété, tous ses attributs outragés par nos crimes : il se montrera tel qu'il est, tel qu'il a toujours été, le Dieu trois fois saint, devant lequel il ne restera plus de prétexte ni d'excuses à nos égarements. D'un rayon de sa lumière, il éclairera toutes les consciences ; il nous placera en présence de nous-mêmes et nous forcera, si nous avons été coupables, de nous accuser et de nous condamner malgré nous. Alors nous ne pourrons lui rien taire, lui rien dissimuler : il aura sondé tous les cœurs ; il aura pénétré tous les replis de notre âme ; il aura tout vu, tout entendu, et rien n'aura échappé à la connaissance de Celui qui est présent partout, et dans lequel nous avons la vie, le mouvement et l'être. Il nous placera les uns en face des autres, en face du monde entier ; et par les mêmes rayons de sa vive lumière, qui étendront nos connaissances presque à l'infini, il rendra sensible à tous ce que des apparences trompeuses, des dehors hypocrites et mensongers nous auront dérobé réciproquement de nos petitesses, de nos misères et de nos plus secrets dérèglements.

Les vertus des justes brilleront en même temps de tout leur éclat ; leurs mérites seront appréciés ; on saura tout le bien qu'ils auront fait, tout celui qu'ils auraient voulu faire. Leur vie humble et cachée, leur modeste silence et l'oubli d'eux-mêmes, leurs vues toujours droites et pures relèveront encore le prix de leurs moindres actions. Ils seront vengés des dénominations odieuses qu'on donnait à leur sagesse, à leur retenue, à leur piété ; des fausses couleurs sous lesquelles on se plaisait à les peindre, des imputations malignes, des noires calomnies, des jugements sévères ou précipités qu'on portait de leur conduite la moins susceptible de reproches.

Quand tout aura été pesé dans les balances de la vérité et de la justice, l'arrêt favorable ou fatal sera prononcé, et il sera rendu à chacun selon ses œuvres. Notre corps ressuscité entrera en partage de la gloire ou de l'ignominie, du bonheur ou du malheur qu'il aura mérité. Il aura fait partie de notre être ici-bas ; il aura été l'instrument ordinaire de nos bonnes ou de nos mauvaises actions ; il sera de nouveau associé à l'état de l'âme, à la destinée de cet esprit immortel dont le sort se trouvera irrévocablement fixé. Celui qui aura semé dans l'esprit recueillera les fruits glorieux de cette semence toute divine ; celui qui aura semé dans la chair, qui aura assujetti son âme à son corps, sa raison à ses sens, qui n'aura vécu que pour le temps, pour une fausse gloire, pour des biens aussi vains que fragiles, recueillera dans la chair des fruits de douleur et d'opprobre.

Telle est la foi du chrétien, telles sont les grandes et sublimes idées que nous donne la religion, et qui sont si bien d'accord avec celles de la raison même dégagée des préjugés et de l'empire des passions.

Les ennemis conjurés d'une religion et si pure et sainte, effrayés de ces terribles vérités, et ne cherchant qu'à se dérober à toute conviction, entassent à leur manière de vaines difficultés pour les obscurcir. Répondons en peu de mots à ce qu'ils peuvent dire de plus spécieux contre la résurrection des corps : c'est du célèbre Nieuwentyt, aussi habile anatomiste, aussi grand naturaliste que savant mathématicien, que nous allons emprunter ce qui doit suffire pour les confondre.

Nous ne nous arrêterons pas au rassemblement de toutes les particules de notre corps, comme s'il n'était pas facile au Tout-Puissant d'en retrouver et d'en rapprocher les moindres parties, qu'il le lui a été de les former avec tant d'art ; de les nourrir, de les faire croître, de les conserver et de les tenir réunies dans un seul trou, pendant tant d'années. Allons droit aux faits principaux qu'on peut nous objecter avec quelque apparence de raison.

Le corps de l'homme n'est pas à vingt ans ce qu'il était

en sortant du sein de sa mère : il n'est pas à cinquante , à soixante , ce qu'il était à vingt ; il s'en échappe continuellement , par la transpiration ou par d'autres voies , des particules innombrables , comme il en survient une prodigieuse quantité d'autres par l'aspiration , la nutrition , etc. Il y a plus encore : il aura pu être mangé dans les eaux par les poissons ; sur la terre par les cannibales ; et dans ces derniers cas , qui ne sont pas à beaucoup près sans exemple , il se sera changé en leur propre substance. Comment donc l'en séparer , et quelle possibilité reste-t-il à ce que ce corps lui soit rendu ?

Il est vrai que le corps de l'enfant n'est pas précisément , et dans un certain sens celui de l'homme fait , quoiqu'à vingt ans , à trente , à soixante , je puisse dire néanmoins qu'à proprement parler j'ai conservé essentiellement le corps qui m'est échu en partage , et je ne suis pas , même à cet égard , un autre homme. Et c'est ce qui nous conduit nécessairement à distinguer en nous le corps *propre* du corps *visible*.

Sans doute , le corps qu'on me voit aujourd'hui n'a pas la même apparence que celui que j'avais en naissant. Il a dès-lors acquis des développements ; avec le secours de la nourriture ; il s'est agrandi , il a grossi ; de nouvelles particules de matière s'y sont réunies ; beaucoup d'autres s'en sont échappées de mille manières différentes , mais tout cela n'en était pas des éléments primitifs , des parties nécessaires ; et tout en variant sans cesse , cela n'empêchait pas que je ne conservasse mon corps *propre*. Prenons-le dans les premiers moments de sa formation , où déjà il avait en petit toutes ses parties essentielles , comme le bouton à l'égard de la fleur , le germe par rapport à la plante , l'amande , le pepin à l'égard de l'arbre , renferment déjà les linéaments de la fleur , de la plante , de l'arbre tout entier. L'insecte contient également les portions constituantes et déjà toutes préparées qui doivent servir un jour à former , en quelque sorte , le nouvel être qui , de chenille rampante , par exemple , deviendra papillon , sans cesser dans le fait d'être le même insecte.

De même , ce germe qui contient l'homme en petit est exactement son corps propre ; il conserve toujours ses premières parties élémentaires , indestructibles , qu'il suffira au Tout-Puissant de recueillir en quelque lieu qu'elles se trouvent, pour en faire, par telle addition accidentelle qu'il lui plaira, la base de notre *propre* corps ressuscité, soit pour la gloire, soit pour l'ignominie.

C'est ainsi qu'une connaissance plus réfléchie, plus approfondie de la nature, suffit déjà pour nous faire entrevoir la solution d'un problème qui nous semblait si difficile à résoudre, et pour faire évanouir de prétendues absurdités qui ne paraissent telles que par la faiblesse de nos lumières. Que de mystères dans la nature comme dans la religion cesseront de l'être à nos yeux, lorsque le voile épais qui nous en dérobe la clarté, ayant été levé pour nous, l'obscurité fera place au plus grand jour !

113.me CONSIDÉRATION.

L'homme considéré principalement comme doué d'intelligence.

L'HOMME est doué de raison ; il a des idées, il les compare ; il juge de leurs rapports ou de leur opposition, et il agit en conséquence de ce jugement. Seul entre tous les animaux il jouit du don de la parole : il revêt ses idées de termes ou de signes arbitraires, et par cette admirable prérogative, il met entre elles une liaison qui fait de son imagination et de sa mémoire un trésor inestimable de connaissances. Par là il communique ses pensées, et perfectionne toutes ses facultés ; par là il atteint à tous les arts et à toutes les sciences ; par là enfin la nature entière lui est soumise.

L'excellence de la raison humaine brille encore avec un nouvel éclat dans l'établissement des sociétés ou des corps politiques, source du bonheur de l'homme sur la terre. Mais ce qui surpasse infiniment ces prérogatives, elle le met en commerce avec son Créateur par la religion.

Enveloppés des plus épaisses ténèbres, les animaux ignorent la main qui les a formés : ils jouissent de l'existence, et ne sauraient remonter à l'Auteur de la vie. L'homme seul s'élève à ce divin principe, et prosterné au pied du trône de l'Être par excellence, il adore dans les sentiments de la vénération la plus profonde et de la plus vive gratitude la bonté ineffable qui l'a créé.

Par une suite des éminentes facultés dont l'homme est enrichi, Dieu daigne se révéler à lui, et le mener comme par la main dans les routes du bonheur. Les différentes lois qu'il a reçues de la Sagesse suprême sont les grands flambeaux , placés de distance en distance sur le chemin qui le conduit du temps à l'éternité. Dirigé par cette lumière céleste , il avance dans la carrière de gloire qui lui est ouverte ; déjà il saisit la couronne de vie , et en ceint son front immortel.

114.me CONSIDÉRATION.

Sur la spiritualité de l'âme.

LA nature de l'âme , ses facultés , ses opérations , sont si différentes de celles du corps, qu'il faut s'aveugler volontairement pour s'obstiner à les confondre. Le corps est une substance étendue ; l'âme est une substance qui pense et qui sent : d'après ces seules notions , on conçoit sans peine combien est réelle la distinction que l'on doit établir entre ces deux êtres.

Ce qui forme une démonstration rigoureuse et complète de son immatérialité , c'est sa faculté de comparer. En effet, pour démontrer que le corps ne pense pas , il suffit d'observer qu'il y a en nous quelque chose qui compare les perceptions occasionnées par les différents sens. Ce n'est certainement pas la vue qui compare ses propres sensations avec celles de l'ouïe , qu'elle n'a pas. Il en faut dire autant de l'ouïe , de l'odorat , du goût et du toucher. Toutes ces sensations doivent donc avoir en nous un point où elles se réunissent ; mais ce point ne peut être qu'une substance simple , indivisible , une substance distincte du corps , une âme , en un mot. Pour s'en convaincre , il suffit de se reporter aux objets les plus familiers.

Quand vous chauffez votre main , il est certain que vous avez une sorte de plaisir. Si dans le même temps on vous présente une odeur agréable , vous en ressentez un d'une espèce différente , et vous pouvez exprimer lequel des deux a pour vous le plus de charmes. Vous comparez donc ces deux sensations, et vous en jugez en même temps. Si , après vous être chauffé et avoir senti l'odeur , je vous fais voir un tableau , si je vous fais entendre une voix touchante , goûter d'un fruit délicieux , vous pourrez dire aussi lequel de tous les plaisirs que vous aurez éprouvés à l'occasion de ces différents objets a été le plus grand, il faut donc que ce qui juge en vous les ait ressentis tous. Ce même *vous* qui juge, connaît si un plaisir des sens est moindre qu'un plaisir de pure spéculation, et choisit entre les deux. Donc le même principe qui sent les plaisirs sensuels, sent aussi les plaisirs spirituels, et les juge, et les veut. Preuve manifeste que votre nez ne sent point la chaleur, et que votre main ne sent point l'odeur; car comme ce sont deux organes absolument distincts, il est aussi impossible que l'un sente ce que sent l'autre, qu'il l'est que nous sentions dans cet appartement le plaisir que ressentent actuellement ceux qui se trouvent ailleurs. Il faut donc non-seulement que *vous*, qui sentez l'odeur et la chaleur tout à la fois, ne soyez point le nez et la main; mais aussi que ce *vous* soit une chose où il n'y ait point de parties, parce que s'il en contenait plusieurs, l'une d'elles sentirait la chaleur, pendant que l'autre sentirait l'odeur, et l'on n'y trouverait rien qui sentît à la fois l'odeur et la chaleur, qui par conséquent pût les comparer ensemble, et juger que l'une est plus agréable que l'autre. Il est donc rigoureusement démontré de cela seul que l'âme a la faculté de *comparer*; qu'elle est une, indivisible, en un mot, une substance sans parties ou un esprit.

115.me CONSIDÉRATION.

L'immortalité de l'âme.

DE ce que notre âme est immatérielle, il suit nécessairement qu'elle est immortelle quant à sa nature. Un être simple, c'est-à-dire un être qui n'a point de parties, doit en conséquence de son indivisibilité, et par rapport à l'action des causes naturelles, être incorruptible, inaltérable, indestructible.

La matière, parce qu'elle a des parties, est susceptible d'altération, de désorganisation, de décomposition; encore faut-il observer que les particules même des corps ne sont pas détruites. Rien ne se perd, rien ne s'anéantit dans la nature. Ces particules ne font que se réunir à d'autres parties pour former de nouveaux assemblages et entrer dans la composition de nouveaux corps.

Mais comme tous les êtres créés peuvent être replongés dans le néant par la même cause qui les en a tirés, il s'agit de savoir si Dieu veut faire usage de sa toute-puissance pour anéantir notre âme. Ici l'expression de la volonté de l'Etre suprême se rend sensible par les penchants qu'il a imprimés en elle, par les idées et les facultés dont il l'a douée, par la connaissance qu'il nous donne de ses attributs.

Le penchant de l'homme le plus universel, le plus irrésistible, c'est le désir du bonheur; ce désir est la source de tous nos autres penchants, et le mobile de toutes nos actions. Nous cherchons le bonheur en tout; nous y tendons sans cesse, et nous ne le trouvons dans aucun des biens qui nous environnent. Ce penchant peut-il être trompé, si ce n'est par notre propre faute? Dieu peut-il, sans avoir voulu la remplir, nous avoir donné une fin vers laquelle nous sommes entraînés nécessairement, sinon quant au choix des moyens, du moins quant à la fin elle-même? A ce penchant invincible pour le bonheur, se joint comme une suite naturelle le vœu de perpétuer notre existence, le désir de l'immortalité. Dans tous les âges du monde, dans tous les lieux, chez tous les peuples, ce vœu, ce sentiment d'une existence qui ne doit pas finir, se manifeste par les dogmes et les rites des différents cultes, par tout ce qui tient à la religion des tombeaux, au respect pour les ancêtres, pour les mânes, pour les âmes, en un mot, toujours existantes après la dissolution du corps.

A ces idées se lient, d'une manière plus ou moins développée, plus ou moins précise, celle de l'infini, celle de l'éternité, qui répondent aux vastes conceptions de notre esprit et à l'immensité de nos désirs.

Si nous avons une pente irrésistible vers le bonheur, nous sommes néanmoins obligés d'avouer qu'il n'en est pas de même par rapport aux biens particuliers. A cet égard, dans nos déterminations, rien ne nous force, rien ne nous contraint. Nous pouvons nous éclairer, faire usage de notre raison, peser, réfléchir, et nous déterminer librement, en triomphant même de nos goûts, de nos sens et de nos passions; aussi nous imputons-nous à nous-mêmes les maux qu'elles entraînent avec elles, lorsque nous y cédons, malgré nos lumières et au préjudice du devoir.

Nous trouvons avec le développement de ces lumières une loi écrite au fond de notre cœur, loi dictée par la raison, insinuée par la conscience qui est notre premier juge, et dont l'arrêt, quand nous n'avons pas étouffé sa voix, à force d'égarements, de dépravations et de crimes, devient notre premier supplice.

De notre liberté, de la conscience intime d'une loi prise avant tout de la nature même des choses, de l'idée et du sentiment que nous avons du juste et de l'injuste, naissent nos mérites et nos démérites, et toute notre moralité.

C'est l'Auteur même de notre être qui imprima en nous ces idées, ces sentiments, et qui nous donna toutes les facultés dont notre âme peut être enrichie. Il ne nous oblige à l'accomplissement de toute justice et de toute espèce de devoirs envers lui, envers nous et envers nos semblables, que parce qu'il est lui-même souverainement juste, et la justice par essence. Peut-il donc être indifférent à ce que nous observions sa loi, et nous permettra-t-il de la violer impunément? Laissera-t-il la vertu sans récompense, le vice sans châtiment? Mais puisqu'il est reconnu que le vice n'est pas toujours puni dans cette vie, qu'il triomphe même quelquefois, que la vertu y est souvent opprimée, il faut en conclure nécessairement qu'après celle-ci il y aura une autre vie dans laquelle tout rentrera dans l'ordre, où chacun de nous recevra selon ses œuvres, et dans laquelle aussi notre penchant pour le bonheur sera satisfait si nous l'avons mérité.

Ces conséquences sont d'autant plus justes, que forcés dans certaines circonstances de sacrifier notre vie même à la vérité, à la vertu, au devoir, et n'ayant plus en ce cas rien à prétendre pour la félicité, si notre âme était mortelle, Dieu serait en contradiction manifeste avec les idées et les penchants que nous tenons de lui, et se contredirait évidemment lui-même.

Il est donc certain, pour quiconque croit à une vérité, à une justice suprême, que notre âme ne périra point avec notre corps; que Dieu, bien loin de vouloir l'anéantir par un acte extraordinaire de sa toute-puissance, la conservera, et ne trompera point les vues de cette âme, ni ses désirs de l'immortalité.

La révélation, si bien démontrée aux yeux de quiconque n'a aucun intérêt à en démentir l'authenticité, servirait encore à confirmer ce que la raison seule ne permet pas à un cœur droit, à un esprit sage et conséquent de révoquer en doute. Mais pourquoi accumuler les preuves où une seule suffit ? Image de Dieu par la sublimité de son intelligence, capable seul ici-bas de concevoir par la contemplation de la nature l'idée de son Auteur, de s'élever à lui, de devenir en quelque sorte l'émule de la Divinité, en ajoutant au prix de l'existence celui de la vertu, l'instant où l'homme espère jouir de la récompense, de toute sa grandeur et de sa liberté, serait celui que Dieu aurait choisi pour opérer un prodige de sa toute-puissance en l'anéantissant !.... J'ai vu l'impie heureux, il élevait la tête, et l'univers s'inclinait devant lui. J'ai vu le juste dans le mépris, l'indigence et l'infirmité ; il fut persécuté, calomnié, opprimé.... Et le moment où le juste croyait atteindre la couronne, le moment où les forfaits du méchant appelaient la vengeance, est celui qui confond l'un et l'autre dans les mêmes abîmes, qui engloutit dans le même néant et tous les crimes et toutes les vertus !... Ah ! toutes les absurdités de l'athéisme me révolteraient moins que cette idée d'un Dieu qui, pour anéantir sa créature, oublie ainsi tout ce qu'il doit à la vérité, au crime, à la vertu... tout ce qu'il se doit à lui-même.

116.me CONSIDÉRATION.

La destination de l'homme sur la terre.

TOUT nous convainc que l'homme est fait pour la société, c'est-à-dire pour vivre avec ses semblables, pour réunir ses forces avec les leurs, en un mot, pour les secourir et en être secouru ; pour augmenter sans cesse par ce moyen ses connaissances, perfectionner ses facultés, se procurer un bien-être infiniment au-dessus de celui qui est destiné aux brutes, et régner pour ainsi dire sur toute la nature par son intelligence et par sa volonté.

Voyez cet enfant qui doit un jour exécuter tant de choses admirables. Il naît plus faible, plus misérable, plus dépourvu de tout, que la bête qu'il doit dompter. Celle-ci reçoit en naissant tout ce qui lui est nécessaire pour se conserver, pour se garantir de ce qui altèrerait sa constitution, et pour se défendre contre la violence des autres animaux ; la nature lui offre les aliments qui lui sont propres, et ne lui demande ni soins, ni culture. Le cerf oublie sa mère, dès qu'il a cessé de se nourrir de son lait ; il bondit dans les forêts, et n'a aucun besoin de ses semblables ; l'oiseau quitte son nid, dès qu'il se sent en état de voler, et dès ce moment il vit indépendant. L'homme est le seul dont les besoins se prolongent au delà de l'enfance, et à qui généralement parlant il soit impossible de vivre et de jouir seul. Il arrache à la terre le blé qui fournit à sa subsistance ; elle lui présente des fruits acides ou amers, qu'il adoucit par la greffe ; il faut qu'il dépouille les bêtes pour se revêtir ; rien de tout cela, il ne peut le faire par ses seules forces. Mais lorsqu'après la découverte de ces premiers arts si nécessaires à la conservation de son existence, on le voit tantôt fouiller jusque dans les entrailles de la terre, pour en tirer les richesses qu'elle renferme ; tantôt s'ouvrir un chemin à travers les mers, pour porter ces mêmes richesses d'un hémisphère à l'autre ; tantôt trouver dans le ciel la mesure de la terre qu'il parcourt, et calculer avec une égale certitude les révolutions de la terre et des astres ; croira-t-on que ce soit par un effet du hasard qu'il s'est trouvé capable de tout entreprendre et de tout exécuter ? Or, s'il a rempli sa fin, sa destination dans des entreprises qui exigeaient nécessairement la suite et le concours d'une multitude d'observations et la réunion d'une infinité de forces, il est démontré qu'une de ses fins ici-bas était la société, sans laquelle, loin d'exercer sur toute la nature l'empire dont il a toujours joui, il serait lui-même dans la dépendance des animaux plus forts et mieux armés que lui.

Ai-je besoin de dire qu'il est le seul qui, par des sons articulés, ait le pouvoir d'instruire ses semblables, non-seulement de ses sensations et de ses désirs, mais de l'arrangement qu'il met dans ses desseins et dans ses vues ; le seul pour qui la compagne qu'il s'est choisie soit une aide, une amie de tous les jours ; le seul enfin qui, né à côté de ses frères, conserve pour eux, toute sa vie, ce sentiment si doux et qui contribue tant à son bonheur ?

Tout nous annonce, tout nous prouve donc que la société est l'état naturel de l'homme. L'histoire ajoute encore à la certitude de cette vérité ; partout où l'on a trouvé des hommes, on a vu des familles unies. Les sauvages sont des peuples plus ignorants et plus barbares, mais enfin ce sont des peuples.

Si l'homme en général est destiné à la société, chaque

homme en particulier est donc destiné à aider ses semblables et à travailler avec eux au bonheur commun. De là des devoirs réciproques et cependant indépendants de la réciprocité de leur exercice ; car si mon égal, par un mauvais usage de sa liberté, s'écarte de sa destination en me maltraitant, ce n'est pas une raison pour que je manque à la mienne. Par la loi naturelle, je puis me défendre, je dois veiller à ma sûreté, mais je n'ai point le droit de me venger ; et pour l'observer en passant, remarquez combien les maximes de l'Évangile sont conformes à cette morale que la raison nous dicte. Si, comme le prétendent certains philosophes, le devoir n'est que dans la convention, je ne dois rien à celui qui s'en écarte, et je dois poursuivre l'ennemi qui m'outrage ; s'il naît au contraire de la destination de l'homme, je dois aimer même celui qui me nuit, et faire du bien si je le puis à celui qui me persécute.

Oui, c'est à la destination de l'homme qu'il faut remonter, pour trouver dans la morale quelque chose de juste et de raisonnable. Laissons errer ces insensés, qui cherchent à écarter de leurs raisonnements tout ce qui les force de se rapprocher d'une puissance supérieure et ordonnatrice : sans doute qu'il est de mon intérêt d'être juste ; sans elle on ne me démontrera point que la justice soit le premier de mes devoirs.

Mais cette justice m'oblige à remonter plus haut encore, dans ce qui concerne la destination de l'homme, même ici-bas. Il se doit avant tout à l'Auteur de son existence, à celui dont il tient toutes ses facultés, à celui dont il a tout reçu. Capable de le connaître, de l'aimer, de lui rendre l'hommage de tout ce qui l'environne, il devient par sa destination la plus essentielle, le héraut et comme le prêtre de la nature entière. Il doit lui rapporter tout son être et tous les biens dont il jouit ; célébrer sa bonté, sa sagesse, sa puissance et tous ses attributs ; l'honorer en lui-même, et l'imiter autant qu'il est en lui ; il doit le glorifier en commun ; et par ses discours, par ses exemples, par tous les moyens qui sont en son pouvoir, porter les autres hommes à l'honorer avec lui ; enfin, il doit reconnaître que, fait pour l'immortalité, il a une dernière destination à cet égard : celle de parvenir à la possession de ce bien suprême, qui ne peut se trouver qu'en Dieu seul.

117.me CONSIDÉRATION.

Les désirs de l'âme s'étendent à l'infini.

L'ÉTUDE de l'homme, à laquelle nous nous livrons depuis quelque temps, nous invite à pénétrer de plus en plus dans la connaissance de notre être. Cette maxime importante, *Connais-toi toi-même*, avait été gravée sur le frontispice du temple de Delphes, de l'aveu unanime des anciens sages de la Grèce, comme l'abrégé de la vraie philosophie. Notre âme a sans contredit les premiers droits à notre attention ; elle nous touche de plus près ; elle constitue le fond de notre être, et doit nous être bien plus chère que tous les objets qui nous environnent. Quelque plaisir que nous trouvions à considérer le monde corporel, cette satisfaction n'est pas comparable à celle que peut nous procurer la méditation de notre âme, de sa nature, de ses facultés. La contemplation des objets extérieurs que le voyageur rencontre sur sa route est sans doute très-agréable pour lui, parce que dans son pélerinage il a besoin de récréation et de délassement ; mais celle des objets spirituels nous conduit directement au bonheur de l'immortalité, que nous devons nous promettre en qualité de citoyens du monde à venir.

Qu'il nous soit donc permis de revenir, avec plus de détails encore, sur ce que nous avons déjà dit relativement aux désirs que le Créateur imprime dans notre âme. L'expérience nous montre que ce désir que nous avons de connaître ne peut jamais être entièrement rempli : à peine avons-nous fait quelque découverte, que déjà nous aspirons à de nouvelles connaissances ; lors même que nous jouissons de ce que nous souhaitions avec le plus d'ardeur, nous recommençons à former d'autres souhaits et de nouveaux projets. Ce désir sans cesse renaissant d'acquérir des biens toujours plus grands et plus nombreux ne nous abandonne point ; il subsiste au moment même où nous quittons le monde.

Si nos vœux s'étendent toujours dans l'avenir sans jamais être pleinement satisfaits, s'ils vont même au delà des limites de cette vie, il faut qu'il existe pour nous d'autrès biens après la mort ; nous ne sommes donc pas uniquement destinés à cette vie passagère ; une vie permanente et éternelle doit être le terme de nos espérances. L'homme en effet serait-il la seule créature sur la terre qui eût une faculté, sans avoir en même temps la destination pour laquelle cette faculté lui a été donnée ? Seul aurait-il un désir universel et constant, sans avoir les moyens de le contenter, et serait-il à cet égard au-dessous de la brute même ? Quand l'animal se sent pressé du besoin de manger ou de boire, il trouve toujours des aliments prêts à le satisfaire. Voyez le ver à soie filer sa coque, s'y renfermer, et y subir une métamorphose. Cela arriverait-il s'il ne devait pas y avoir pour lui un autre état où il reparaîtra sous une forme nouvelle ? Pourquoi les oiseaux pondraient-ils des œufs, si ces œufs ne devaient servir à la conservation de leur espèce, ou à celle d'autres créatures ? Si donc notre existence devait être renfermée dans les bornes de cette vie, pourquoi ces penchants, ces désirs qui ne seront point satisfaits ici-bas ? pourquoi des facultés dont nous ne nous servirons jamais ?

Non, ces désirs ne m'ont pas été donnés en vain : ils ne furent point mis dans mon cœur pour en faire le tourment. Mon âme peut s'occuper du souverain Etre, elle peut l'aimer par-dessus tout, elle peut aspirer à lui devenir semblable et à lui être réunie pour jamais : elle peut dès ici-bas s'élever au-dessus de tout ce qui est terrestre pour s'élancer jusqu'à lui ; serait-il donc possible qu'elle dût être anéantie ? Quoi ! ce serait inutilement que j'aurais appris à connaître ce Dieu si grand, si bon ! inutilement que je l'aurais aimé ! inutilement que j'aurais aspiré à en jouir durant l'éternité ! car il s'en faut bien que j'en jouisse pleinement sur la terre. Je ne le connais qu'en partie ; mon amour pour lui n'a pas encore acquis toute l'énergie dont je sens qu'il est susceptible ; la jouissance de sa grâce est encore imparfaite. Ah ! sans doute, il est impossible qu'en cela puisse consister tout mon bonheur, et tous les biens que je possède ne sont que des gages et des avant-coureurs de la félicité sans bornes qui m'attend après la mort.

Maintenant tout s'explique, tout se concilie, et je vois clair dans ma destination future. Je vois que ce n'est pas en vain que je souhaite de croître toujours en intelligence, en bonté, en mérites, et de m'approcher de plus en plus de ce Dieu, source et modèle de toute perfection. Je sais à présent que tout le bonheur dont je n'ai pu jouir ici-bas, ou dont je n'ai joui que peu de moments, sera mon partage à jamais dans le nouvel état de choses où je dois bientôt entrer.

Je suis donc certain que ces heures délicieuses où l'amour divin remplissait toute la capacité de mon âme, où j'éprouvais les avant-goûts des joies célestes, où j'aspirais avec tant d'ardeur aux plus hauts degrés de sagesse et de vertu ; oui, je suis assuré que ces heures n'ont point été perdues. Je tends vers la perfection, et je sais que j'y parviendrai. J'élève mon cœur vers le Tout-Puissant, et quoique je retombe ensuite sur la terre, je sais qu'enfin j'approcherai de son trône. J'ai soif du Dieu vivant, mais j'arriverai à ce bienheureux séjour où je contemplerai sa face. Aucun penchant, aucun désir, aucune faculté de mon âme n'est inutile : tout sera satisfait, réalisé, et mis pleinement en usage dans une éternité de bonheur.

Réjouis-toi donc, ô mon âme ! de ton immortalité. Dès ici-bas, quelque éloignée que tu en sois encore, tu peux cependant te livrer tout entière à la joie qu'elle doit t'inspirer. C'est de Dieu lui-même que tu as reçu le sentiment de l'éternité ; ne t'arrête point aux choses visibles. Au milieu des plaisirs dont tu jouis dans ce monde, des espérances qui te flattent, de tous les biens qui te sont échus en partage, aspire après ces plaisirs, ces espérances, ces biens ineffables qui sont réservés au monde à venir. Emploie les nobles facultés qui t'ont été départies à t'élever vers le Ciel, pour lequel proprement elles t'ont été données. Créée pour une existence immortelle, préserve-toi de la séduction des sens, afin de ne pas tenir à des biens passagers et peu dignes de toi. Dans la jouissance des avantages terrestres, rappelle-toi souvent cette consolante idée. Si dès à présent nous goûtons tant de plaisirs et de douceurs, que sera-ce, ô mon Dieu, lorsqu'unis à toi pour toujours, nous jouirons dans ton sein du bonheur d'exister ! Si tu es si magnifique dans les dons que tu nous fais sur la terre, que ne feras-tu pas pour nous dans le Ciel !

118.me CONSIDÉRATION.

Des propriétés de l'eau, et de ses parties constituantes.

LE physicien observe la pesanteur de l'eau, huit cent cinquante fois plus considérable que celle de l'air : ses trois états, de glace, de liquide et de vapeur ; son élasticité, presque nulle dans l'état liquide, plus marquée dans celui de glace, et très-considérable dans celui de vapeur ; sa dilatation extrême par la chaleur, au point qu'elle occupe quatorze cents fois plus d'espace que lorsqu'elle est dans son état de liquidité.

Étendant davantage ces considérations, le chimiste s'occupe de l'effet de la chaleur sur l'eau : il la voit se réduire en vapeurs, il insiste sur le phénomène de l'ébullition, due à une portion d'eau aériforme qui ne peut plus rester en dissolution dans la partie encore liquide et chaude ; il prouve que la vapeur est un vrai composé d'eau et de chaleur ; il détermine les effets de l'attraction qui existe entre l'eau et l'air, et qui tient l'air emprisonné dans l'eau liquide, ou l'eau suspendue et dissoute dans l'air. Ce fluide élastique chargé d'eau, comme l'est souvent l'atmosphère, la laisse sous ses yeux déposer par le refroidissement, et lui montre la cause des brouillards et de la rosée. Cette même dissolution d'eau par l'air, lorsque celui-ci en est saturé, se trouvant spécifiquement plus légère que l'air sec, lui explique pourquoi le mercure descend dans le baromètre, lorsque l'atmosphère est très-humide.

L'eau a toujours été appelée *le grand dissolvant de la nature* ; et ce n'est pas sans raison, puisqu'aucun corps ne semble lui résister. Les pierres les plus dures sont creusées par ce liquide ; leurs molécules s'y tiennent même suspendues.

Les chimistes ne regardent comme pure que l'eau qu'ils ont séparée par l'évaporation de toutes les matières fixes qu'elle pouvait contenir ; ils en reçoivent les vapeurs dans le haut d'un *alambic*, où elles sont refroidies et condensées. Cette opération est faite sans cesse en grand par la nature : l'eau élevée dans l'air y forme des nuages, qui précipités en pluie sembleraient devoir donner de l'eau pure ; mais comme en balayant l'atmosphère , elle se charge des corps qui y sont suspendus ou dissous , elle est bien éloignée de l'être.

Des expériences modernes ont prouvé que l'eau est un composé , et qu'elle contient une grande quantité de la base de l'air vital. Par exemple, en faisant passer de l'eau dans un canon de fusil rougi au feu , le fer qui forme ce canon est calciné intérieurement , il augmente de poids , l'eau est décomposée en même proportion. D'après des expériences multipliées , on a reconnu que l'eau contient à peu près quatre-vingt-cinq parties de la base de l'air vital ou *oxigène* , et quinze parties de la base du gaze inflammable ou *hydrogène*.

Par le moyen de cette découverte , on apprécie l'action de l'eau sur les feuilles des plantes , qui exposées au soleil absorbent l'hydrogène de ce liquide , et en séparent l'oxigène dans l'état d'air vital , le seul propre à la vie. Elle a jeté un grand jour sur beaucoup d'autres phénomènes dont la cause était inconnue.

L'eau , qui semble faire la principale nourriture des plantes , ne remplit pas avec autant d'énergie la même fonction envers les animaux. Elle n'est pas très-nourrissante pour eux par elle-même ; mais , comme elle est très-subtile , elle dissout les parties nutritives des aliments ; elle leur sert de véhicule , et les charrie jusque dans les plus petits vaisseaux; elle se décompose par l'acte de la digestion, et ses principes entrent dans l'économie animale. Elle est la boisson la plus saine , celle dont les hommes et les animaux peuvent le moins se passer.

Avec quelle bonté Dieu pourvoit à nos besoins ! Il a préparé chaque aliment , chaque boisson , de la manière la plus convenable à notre nature , et la plus propre à conserver la santé et la vie. Bénissons le Seigneur pour l'eau qu'il nous distribue si libéralement. Elle étanche notre soif; elle sert à digérer les aliments ; et quand pour soutenir notre existence ici-bas nous n'aurions que le blé des champs et l'eau des rivières , apprenons à nous en contenter. Soyons toujours reconnaissants , et supplions la divine Bonté de bénir ces aliments , et de nous en faire jouir avec un cœur satisfait.

119.me CONSIDÉRATION.

La mer: son flux et reflux.

On donne le nom de *mers* à ces assemblages d'eaux salées qui environnent les continents , et qui en plusieurs endroits pénètrent dans l'intérieur des terres , tantôt par de larges ouvertures , tantôt par des détroits plus ou moins resserrés. Tel est l'immense réservoir d'où sortent toutes les eaux qui circulent sur notre globe , et où elles viennent ensuite se rendre comme à un centre commun.

Le flux et reflux est un des phénomènes les plus frappants que nous offre la mer. Tous les jours , au passage de la lune par le méridien , ou quelque temps après , on voit les eaux de l'Océan s'élever sur nos rivages , se retirer peu à peu , et environ six heures après leur plus grande élévation se trouver à leur plus grand abaissement : elles remontent de nouveau , lorsque la lune passe à la partie inférieure du méridien , en sorte que la haute et la basse mer s'observent deux fois en vingt-quatre heures , et retardent chaque jour de quarante-huit minutes , plus ou moins , comme le passage de l'astre au méridien. Ces révolutions ne reviennent à la même heure qu'au bout d'environ trente jours , ce qui est précisément le temps qui s'écoule d'une nouvelle lune à l'autre.

Les marées augmentent sensiblement au temps des nouvelles et des pleines lunes , ou un jour et demi après ; et l'augmentation est surtout très-sensible quand la lune est plus près de la terre , et que son attraction par conséquent est plus forte.

Il ne paraît guère possible , après ce que nous venons d'observer , de ne pas conclure que le flux et le reflux ne soient en rapport avec les mouvements de la lune ; mais sans vouloir approfondir la cause de ce phénomène , réfléchissons sur les vues que Dieu s'est proposées dans ces révolutions remarquables. C'est une ignorance très-pardonnable de ne pouvoir expliquer parfaitement les lois de la nature ; mais c'est une ingratitude inexcusable de ne pas réfléchir sur l'influence que ces grands phénomènes ont sur la terre que nous habitons.

Le premier avantage que nous procure le flux , c'est de

repousser l'eau dans les fleuves, et d'en rendre le lit
assez profond pour qu'il puisse amener jusqu'aux portes
des grandes villes les marchandises, dont le transport serait sans cela impossible. Les vaisseaux attendent ces crues
d'eau pour arriver dans les rades, sans toucher le fond ;
ou pour s'engager sans péril dans le lit des rivières.
Après ce service important, les marées diminuent et laissent rentrer le fleuve dans ses bords ; elles facilitent à
ceux qui les habitent la jouissance des commodités qu'ils
tirent de son cours ordinaire.

Le balancement perpétuel des eaux nous procure un
second avantage, en empêchant qu'elles ne viennent à
croupir et à s'infecter par un trop grand repos. Il est vrai
que les vents y contribuent de leur côté ; mais dans les
calmes fréquents, la mer, qui est le réceptacle où vont se
rendre toutes les immondices du globe, pourrait éprouver une altération préjudiciable aux habitants de la terre.
Le mouvement alternatif des eaux empêche les dépôts
nuisibles ; il atténue et sépare les matières corrompues ;
et pour mieux entretenir la mer dans sa pureté, il y mêle
et disperse partout le sel dont elle est pleine, et qui en
conserve la salubrité.

Les fréquentes agitations de ce vaste amas d'eaux qui
environnent la terre me rappellent celles dont la vie est
sans cesse troublée. Elle n'est qu'un flux et un reflux
continuel ; elle croît, elle diminue ; tout y est sujet à de
perpétuels changements ; point de joie, point d'espérance, point de bonheur qui soit permanent. L'homme
nage dans un fleuve inconstant et rapide, et malheur à
celui qui au lieu de se diriger vers le port se laisse entraî-
ner dans l'abîme ! Bénissons Dieu toutefois de ce que nos
inquiétudes et nos maux ne sont que passagers : une douleur excessive et durable est aussi peu compatible avec
notre nature qu'un bonheur constant et parfait. Les vicissitudes mêmes de la vie nous sont avantageuses. Une félicité non interrompue nous conduirait à l'oubli de Dieu,
et nous ferait tomber dans l'orgueil ; d'un autre côté, une
suite continuelle de disgrâces et d'infortunes pourrait nous
jeter dans l'abattement et nous endurcir le cœur. La
Providence attentive a tout arrangé avec sagesse. Sou-
mettons-nous à elle dans tous les évènements de la vie ;
dans la prospérité comme dans l'adversité, tâchons de

nous conduire d'une manière qui soit digne des hautes
destinées auxquelles sa bienveillance nous appelle.

120.me CONSIDÉRATION.

Singularités de la mer.

LA première chose remarquable qui se présente, c'est
la salure de la mer. Une livre de ses eaux contient environ une once de différents sels, dont le sel marin forme
la plus grande partie. L'affluence continuelle d'eau douce
dans ce vaste réceptacle n'en diminue pas sensiblement
la salure. Si ce phénomène était dû à des montagnes de
sel, que la mer recélât dans son sein, il semble qu'elle
devrait être plus salée dans certains endroits que dans
d'autres ; cependant, nous n'en avons aucune preuve certaine. Il est possible que les torrents et les fleuves y
charrient des particules de salpêtre et d'autres sels ; mais
qu'est-ce que cela, eu égard à la vaste étendue de l'O-
céan ? Quoiqu'il en soit des causes de la salure de la
mer, elle était nécessaire pour que certaines fins pussent être remplies : non-seulement elle préserve ses eaux
de la corruption, mais elle contribue à leur donner cette
densité qui fait que les plus lourds fardeaux peuvent
être transportés plus facilement sur ses ondes, d'un bout
du monde à l'autre.

La couleur de la mer mérite aussi d'être observée. Elle
n'est pas la même partout : noire dans les abîmes, elle se
montre blanche et couverte d'écume pendant la tempête.
Argentées, dorées, et nuancées des plus belles couleurs,
quand le soleil couchant y fait luire ses rayons, ses eaux,
unies comme une glace, semblent être un miroir où vont
se peindre la couleur du fond et celle du ciel. Différents
insectes, les débris des plantes marines varient encore la
couleur de la mer. Dans le calme, elle paraît quelquefois
parsemée de brillantes étoiles ; souvent la trace d'un vaisseau qui fend les ondes est lumineuse, et présente comme
une rivière de feu. Ces phénomènes doivent être attribués
aux insectes phosphoriques ou luisants qu'elle renferme
dans son sein.

Si toutes ces merveilles ne suffisent pas pour vous intéresser, du moins les créatures dont la mer est remplie

exciteront-elles votre admiration. Ici se découvre un nouveau monde, peuplé d'un nombre prodigieux d'habitants.
Plus variés peut-être dans leurs espèces que les animaux
terrestres, ceux de la mer les surpassent par la taille, et
leur vie est plus longue que celle des habitants de la terre
et de l'air. Que sont l'éléphant et l'autruche auprès de la
baleine, dont la longueur est souvent de soixante à soixante-dix pieds ? Elle vit aussi longtemps que le chêne,
et il n'est aucun animal dont la durée puisse être comparée
à la sienne. Cependant, selon certaines relations, il existe
dans l'Océan des animaux qui surpassent même la baleine
en grandeur.

Qui sera tenté de faire la nomenclature des diverses
espèces répandues à la superficie et au fond des eaux ? Qui
pourrait exprimer leur nombre, en déterminer la forme,
la structure, la grandeur et les propriétés ? Qu'elle est infinie la majesté de Dieu qui a créé la mer ! Ce n'est pas
sans des raisons très-sages qu'il lui assigna les deux tiers
de la superficie du globe. Les mers doivent être le grand
réservoir des eaux ; elles doivent encore, au moyen des
vapeurs qui s'en élèvent, être la matière des pluies, de
la neige et d'autres météores semblables. Quelle sagesse
dans la connexion que les mers ont entre elles, et dans
le mouvement non interrompu que le Créateur leur a imprimé !

Observons aussi que le fond de l'Océan est de même
nature que la superficie de la terre. On y trouve des
rochers, des vallons, des cavernes, des plaines, des plantes
et des animaux. Les îles dont sa surface est parsemée ne
semblent que les sommets de hautes montagnes. Et quand
on vient à considérer que les mers sont la partie du globe
sur laquelle on a fait le moins de recherches, comment se
refuser à croire qu'elles renferment encore une infinité de
merveilles auxquelles ni les sens, ni l'entendement de
l'homme ne peuvent atteindre, mais qui toutes sont un effet
de la sagesse du Très-Haut ? Dans celles que tu peux connaître, admire, ô chrétien ! cet Être suprême qui a établi,
dans l'Océan comme sur la terre, des monuments de sa
grandeur ; admire-le surtout dans cette immensité d'étendue, qui, après l'aspect du ciel étoilé, nous offre le spectacle
le plus majestueux et le plus imposant.

121.me CONSIDÉRATION.

Utilité des tempêtes.

Dans la saison des orages, quand les ouragans furieux troublent la terre et font trembler ses habitants, nous mettons les vents et les tempêtes au nombre des désordres et des fléaux de la nature. Les avantages que nous en retirons sont oubliés alors, et l'on ne fait pas attention que, sans ces prétendus désordres, nous serions infiniment plus malheureux que nous ne le sommes. Rien cependant de plus certain ; les tempêtes sont un des moyens les plus propres à purifier l'atmosphère. En effet, considérons la température qui domine dans la saison de l'automne. Que de brouillards épais et malsains ! que de jours pluvieux, sombres et nébuleux n'amène-t-elle pas à sa suite ! Les tempêtes sont principalement destinées à disperser ces vapeurs nuisibles, à les éloigner de nous, et c'est là sans doute un bienfait d'un prix inestimable.

L'univers est gouverné d'après les mêmes lois que l'homme. La santé consiste en grande partie dans l'agitation et le mélange des humeurs, qui sans cela se corrompraient. Il en est ainsi du monde. Pour que l'air ne devienne pas nuisible à la terre et aux animaux, il faut qu'il soit dans une agitation continuelle. Ces mouvements et ces mélanges indispensables sont opérés par les ouragans, par les tempêtes, qui rassemblent les vapeurs des différentes contrées, et qui, n'en formant qu'une seule masse, mêlent ainsi les bonnes et mauvaises, en corrigeant les uns par les autres.

Les tempêtes sont même utiles à la mer. Si elle n'était pas souvent agitée avec violence, le seul repos de l'eau, où tant de matières subissent la putréfaction, lui ferait contracter un degré de corruption qui deviendrait mortel à ces armées innombrables qu'elle renferme dans son sein ; aux navigateurs qui en parcourent la surface ; à tous les êtres animés, qui ne pourraient manquer d'en éprouver les funestes influences. Le mouvement est l'âme de toute la nature : il y entretient l'ordre ; il en prévient la destruction. Réceptacle commun où tous les écoulements de la terre vont se rendre, et où tant de millions de substances animales et végétales déposent leurs excréments et leurs

dépouilles , la mer serait-elle exceptée de la loi générale ?
Elle doit avoir son mouvement, comme le sang des animaux
a le sien : les autres causes qui lui procurent une agitation
douce , uniforme , et presque insensible , ne suffisent pas
pour en secouer et en purifier la masse entière. Il n'y a que
les tempêtes qui puissent opérer cet effet salutaire ; et il
faudrait s'aveugler , pour ne pas voir les avantages qui
doivent en résulter pour l'homme et pour tous les êtres
vivants.

Voilà une partie des utilités qui nous reviennent des tempêtes , et telles sont les raisons qui empêchent le sage de
les considérer comme des fléaux destructeurs , ou du moins
comme de véritables désordres. Souvent , il est vrai , les
tempêtes ont précipité dans l'abîme des vaisseaux richement
chargés ; elles ont détruit l'espérance du cultivateur , dévasté
des provinces , répandu de toutes parts l'épouvante , la
désolation et l'horreur. Mais est-il rien dans la nature qui
n'ait ses inconvénients , et qui ne puisse devenir funeste à
certains égards ; compterons-nous le soleil parmi les fléaux
de notre globe , parce que sa position nous ferme , pendant
quelques mois , le sein de la terre , et qu'en d'autres saisons
sa chaleur brûle nos grains et dessèche nos champs ? Les
phénomènes qui doivent nous paraître formidables sont
ceux dont les avantages se réduisent à rien , en comparaison des maux qu'ils nous attirent. Mais peut-on dire cela des
tempêtes , si l'on envisage l'utilité qui en résulte pour la
terre , pour les hommes et pour les animaux ?

Ces considérations n'empêchent pas que dans certaines
circonstances nous ne puissions regarder les maux que nous
endurons comme des instruments de la vengeance divine ,
mais qui rentrent dans l'ordre par le but qu'elle s'y pro-
pose. Reconnaissons en derrière analyse que Dieu a tout
arrangé avec sagesse , et que nous devons le remercier de
la constitution actuelle des choses. Heureux l'homme intimement convaincu que tout , dans le monde , se rapporte au
bien universel des créatures ; que le mal qui peut s'y rencontrer est compensé par des avantages sans nombre , et
que les moyens , dont la Providence se sert pour nous éprouver ou pour nous punir , sont eux-mêmes des biens dont
l'effet général dédommage abondamment du mal qui en
résulte dans certains cas particuliers !

122.me CONSIDÉRATION.

De la navigation.

Parmi les avantages que nous procure la mer , la navigation tient , sans contredit , un rang considérable. Pour un esprit accoutumé à réfléchir , cet art peut donner lieu aux méditations les plus importantes. Ici la curiosité est tout à la fois excitée et satisfaite en différentes manières , et tout y devient une source de nouveaux plaisirs. Nous n'envisageons d'ordinaire la navigation que du côté des avantages que le commerce en retire ; mais pourquoi ne jetterions-nous pas un coup-d'œil sur la pesanteur même et sur le mouvement des vaisseaux , sans lesquels la navigation ne saurait avoir lieu ?

Quelle surprise , au premier aspect , de voir une masse aussi énorme nager sur un élément aussi léger que l'eau ? La charge d'un navire est immense , et sa pression sur le fluide qui le soutient doit être prodigieuse. Un vaisseau de guerre de huit cents hommes d'équipage a d'ordinaire les provisions nécessaires pour nourrir cette multitude de personnes pendant trois mois , et il est monté de soixante-dix pièces de canon. Or, en ne donnant à chaque individu que cent livres de poids , à un canon que six quintaux , quoique plusieurs de ces instruments meurtriers en pèsent quarante et plus , et en supposant que chaque homme ne mange que trois livres pesant par jour , ce calcul modéré présente néanmoins une charge énorme : encore dans cette numération ne se trouve compris , ni la pesanteur propre du vaisseau , ni les agrès , ni tout ce qui est nécessaire à son entretien , non plus que les munitions de guerre , ce qui égale et même surpasse la somme totale des objets que nous venons d'énoncer. Or , n'est-ce pas une chose inconcevable , et qui paraît opposée aux lois de la nature , que cette lourde masse puisse être poussée par un vent assez faible ?

Il n'y a rien là cependant que de très-naturel , et même le contraire ne pourrait arriver sans miracle. Comment le navire avec toute sa charge peut-il flotter ? comment l'eau , dont les parties ne tiennent pas les unes aux autres , peut-elle avoir assez de force et de consistance pour le soutenir ? C'est un effet de l'équilibre : le vaisseau enfonce jusqu'à ce que le volume d'eau qu'il déplace lui soit égal en pesanteur, et de cette manière l'élément qui le supporte n'est pas plus chargé du vaisseau qu'il ne l'était de l'eau que le vaisseau a remplacée.

Autrefois la navigation était beaucoup plus périlleuse et plus pénible qu'elle ne l'est maintenant. On n'osait se hasarder en pleine mer ; on naviguait près des terres et sans trop s'écarter des côtes. Du temps d'Homère, il fallait aux héros de grands préparatifs et de longues délibérations avant qu'ils se déterminassent à passer la mer Egée ; l'expédition des Argonautes, c'est-à-dire le trajet de la Propontide et du Pont-Euxin, antérieur de beaucoup à ce poète, fut chanté comme un exploit merveilleux. Qu'étaient néanmoins ces navigations en comparaison des nôtres ?

C'est la découverte de la boussole qui nous a fait traverser les mers avec tant de confiance ; c'est elle qui nous met en état d'entreprendre des voyages que l'antiquité eût traités de fabuleux. L'aiguille aimantée, en se tournant constamment vers le nord, instruit le navigateur des régions où il se trouve et de celles où il veut aborder. Dans les jours les plus nébuleux, dans les ténèbres de la nuit, au milieu du vaste Océan, cet instrument lui sert de guide et le mène d'une extrémité de la terre à l'autre.

On réfléchit peu sur les avantages de la navigation, et peu de personnes pensent à rendre au Créateur les actions de grâces que mérite ce bienfait. Homme, qui que tu sois, c'est à elle que tu dois directement ou indirectement une grande partie des choses qui conviennent à ta subsistance. Les aromates et les médicaments te manqueraient, ou du moins ne te parviendraient qu'à grands frais, si des vaisseaux ne les amenaient dans nos ports. Que nous serions à plaindre si nous étions obligés de transporter par terre toutes les choses nécessaires à la vie ! La charge d'un navire se compte par tonneaux, le tonneau pèse deux mille livres, et il est des navires qui portent jusqu'à six cents tonneaux, c'est-à-dire 1,200,000 livres. Pour voiturier par terre une pareille charge, il faudrait, en comptant mille livres par chaque cheval, trois cents chariots attelés de quatre chevaux chacun, sans parler même du poids des chariots, et autant d'hommes pour le moins. Mais alors les richesses des autres parties du monde seraient nulles pour nous.

La navigation paraîtra un plus grand bienfait encore, si

l'on considère que c'est par elle que la connaissance de
l'Évangile est parvenue jusqu'aux nations les plus éloignées.
Cette pensée m'inspire une vive reconnaissance envers
Dieu, mais, d'un autre côté, je le bénis de ce que ma
vocation n'est point d'affronter les flots, ni d'exposer ma
vie à des périls continuels. Cependant, tandis qu'à l'abri des
dangers je passe tranquillement mes jours au sein de ma
famille, je dois au moins recommander au Maître des éléments ceux de mes frères qui sont obligés de parcourir de
vastes mers, et d'entreprendre pour le bien de la société
les voyages les plus dangereux.

123.me CONSIDÉRATION.

Nature de l'air et ses propriétés.

L'AIR est quelque chose de matériel, ce dont nous pouvons
nous convaincre, lorsque nous agitons rapidement la main
en la portant vers notre visage. Si l'air était un corps solide,
il ne serait ni respirable, ni perméable, et n'aurait point
rempli les intentions du Créateur. La pesanteur est une
propriété qui lui est commune avec tous les corps ; et quoiqu'il soit huit cents fois plus léger que l'eau, cette pesanteur
ne laisse pas d'être très-considérable ; c'est elle qui soutient
le mercure dans le baromètre, qui élève l'eau dans les pom-
pes, occasionne l'écoulement des liquides par les syphons,
et fait couler le lait dans la bouche de l'enfant qui tète.
Une colonne d'air, égale en hauteur à celle de l'atmosphère, pèse autant que vingt-huit pouces de mercure ou
trente-deux pieds d'eau de même base. En n'estimant qu'à
deux mille livres la force avec laquelle il pèse sur un
espace d'un pied en carré, un homme haut de six pieds
soutient continuellement une masse de vingt-huit milliers,
ou deux cent quatre-vingts quintaux : poids immense, dont
nous serions écrasés sans la résistance de l'air qui est dans
notre corps, et qui lui fait équilibre.

L'élasticité de l'air n'est pas moins certaine que sa pesanteur ; il fait continuellement effort pour occuper un plus
grand espace ; et quoiqu'il se laisse comprimer, il ne manque jamais de se débander lorsque la compression cesse.
La chaleur manifeste singulièrement cette propriété de
l'air, qui, dans sa dilatation, peut occuper un espace cinq

ou six cent mille fois plus grand que celui qu'il occupait auparavant, sans que cette prodigieuse dilatation lui fasse rien perdre de sa force élastique.

L'air atmosphérique est un composé de deux fluides élastiques : l'un, qui en fait un peu plus du quart, extrêmement respirable et propre à la combustion, le *gaz oxigène* ; l'autre, formant près des trois quarts de l'atmosphère, lequel n'est propre ni à la respiration, ni à la combustion, le *gaz azote.*

Ces deux principes varient en quantité dans l'atmosphère, suivant beaucoup de circonstances ; mais le plus ordinairement, cent parties d'air commun en contiennent soixante-douxe de gaz azote, et vingt-huit d'air vital. Cette proportion établie par la nature est celle qui paraît convenir à la respiration des animaux. Par cette fonction, l'air vital est changé en eau et en une espèce d'acide, connu sous le nom d'*acide carbonique ;* et la portion de chaleur qu'il perd dans cette opération paraît absorbée par le sang des animaux, c'est pour cela que ceux qui n'ont point de poumons propres à respirer l'air ont le sang très-peu échauffé.

Il en est de la respiration comme de la combustion. Lorsque les animaux respirent pendant trop longtemps le même air, toute la portion d'air vital se trouve changée en acide carbonique et en eau ; et comme ils ne peuvent respirer le gaz azote restant, ils meurent bientôt au milieu de ce dernier fluide mêlé à l'acide carbonique, qui ne peut pas servir davantage à la respiration. Telle est la raison du danger des lieux trop renfermés, et la cause des malheurs arrivés dans les circonstances où les hommes se sont trouvés entassés dans des espaces trop étroits. Mais la respiration et la combustion deviendront plus faciles à comprendre, quand nous nous serons occupés du feu.

Toutes ces merveilles sont bien dignes de mon admiration ; elles m'annoncent la grandeur, la puissance, la bonté du Dieu que j'adore. Serait-il donc possible que, respirant à chaque instant cet élément si nécessaire à la conservation de mon être, et en éprouvant continuellement ses bénignes influences, je fusse insensible aux tendres soins de celui qui le créa pour moi ? Une telle ingratitude ne me rendrait-elle pas indigne du bien que je ressens toutes les fois que je respire ! Oui, je joindrai ma voix à celle de toute la création, pour célébrer les louanges du Tout-Puissant ; je lui adresserai des chants d'allégresse, et je le bénirai pendant toute la durée de ma vie.

124.ᵐᵉ CONSIDÉRATION.

Utilité et nécessité de l'air.

L'ATMOSPHÈRE peut être considéré comme un vaste laboratoire dans lequel s'exécutent nombre de mélanges et de fermentations qui combinent, selon différentes proportions, les ingrédients qui s'élèvent dans l'air. Les mouvements rapides dont ce fluide est agité répandent au loin, et distribuent dans une plus grande masse, les substances étrangères dont la surabondance deviendrait pernicieuse. Différentes substances les neutralisent, s'opposent aux effets dangereux qu'elles pourraient produire séparément, et donnent à l'air la salubrité qu'il doit avoir pour être propre à la respiration.

Un autre moyen entre les mains de la nature pour conserver la salubrité de l'air, malgré les causes qui tendent continuellement à la lui faire perdre, c'est l'acte de la végétation. Les plantes ont beaucoup de part dans l'opération par laquelle la Providence conserve l'air atmosphérique dans le degré de pureté nécessaire à notre conservation. Elles absorbent comme un aliment qui leur est propre des émanations nuisibles aux êtres vivants, et n'admettent qu'en partie l'air vital très-salutaire aux animaux. Ceux-ci, après avoir fait leur profit de l'air purifié en le respirant, le rendent à leur tour aux plantes, chargé de parties qui conviennent à leur accroissement.

Cette opération bienfaisante du règne végétal commence chaque jour après que le soleil est levé, et qu'il a, par l'influence de sa lumière, ou réveillé les plantes engourdies pendant la nuit, ou renouvelé leur action interrompue durant l'obscurité. Leurs feuilles, frappées par les rayons de cet astre, décomposent l'eau et en absorbent la partie constituante que l'on nomme hydrogène ; elles en séparent ainsi l'oxigène dont une grande partie, fondue par la lumière et par le feu, se dégage en état d'air vital. Les plantes que des bâtiments ou des arbres hauts et touffus empêchent d'être frappées des rayons solaires, ne dégagent point d'air pur, et par conséquent ne corrigent pas celui qui est malsain; au contraire, les feuilles privées du contact de la lumière ne donnent plus que du gaz acide carbonique. La production de l'air vital par les plantes diminue vers la fin du jour, et cesse entièrement au coucher du soleil. Économie admirable! Les feuilles se conservent aussi longtemps que leur présence est indispensable pour remédier aux inconvénients de la chaleur, cause très-marquée de corruption et d'infection de l'air; on les voit tomber dès que le froid se fait sentir. Mais elles subsistent dans les contrées où la chaleur et la corruption, se soutenant perpétuellement, rendent leur action continuellement nécessaire. De là il est aisé de reconnaître une des grandes causes de la salubrité de l'air en été. Dans l'automne, quand les feuilles sèchent et tombent, et au printemps, avant qu'elles soient développées, l'air est malsain à proportion de ce qu'il fait chaud, parce que la plus grande partie des feuilles qui ont la propriété de corriger le mauvais air n'existent point, ou n'ont qu'une faible action.

L'air des marais est toujours plus ou moins malfaisant, et l'on sait qu'il s'exhale de ces terrains des fluides dangereux. Pour y remédier, autant qu'il se peut, il est bien remarquable que les plantes aquatiques ou marécageuses sont précisément celles qui dégagent le plus l'air vital, et qui purifient le plus l'air commun.

Ce ne sont pas seulement les plantes salubres qui purifient l'atmosphère par l'abondance d'air vital qu'elles y répandent pendant le jour; les plantes les plus venimeuses, celles qui portent la plus désagréable odeur nous rendent un pareil service; peut-être même ces dernières ont-elles été destinées par la nature à absorber plus de principes malfaisants.

C'est donc une vérité à laquelle il n'est pas possible de se refuser, que tout a ses utilités ou sa fin dans l'arrangement universel. Il n'est pas jusqu'au moindre brin d'herbe qui ne joue un rôle dans cette merveilleuse économie, et qui ne travaille en silence pour le plus grand bien des êtres vivants.

▸╍╍◂

125.ᵐᵉ CONSIDÉRATION.

Les vents.

Les vents ne sont autre chose que l'air agité passant d'un endroit à l'autre d'un train continu. Ils ne sont point un effet du hasard, et dont on ne puisse assigner ni la destination, ni en partie les causes. Par exemple, dès que l'air devient plus chaud, il acquiert par son élasticité plus de force pour s'étendre ; de sorte que, lorsqu'une contrée se trouve par quelque accident plus échauffée que celle qui l'avoisine, l'air doit nécessairement couler de l'une à l'autre, et produire du vent. En vertu du mouvement de rotation de la terre, il doit en régner un perpétuel, de l'est à l'ouest ; enfin l'attraction de la lune, qui est capable d'élever les eaux du globe, doit communiquer quelque mouvement à l'atmosphère, même à une très-grande hauteur.

Ici, comme dans toutes ses œuvres, le Créateur manifeste sa sagesse et sa bonté. Il règle le mouvement, la force et la durée des vents, et il leur prescrit la carrière qu'ils doivent parcourir. Lorsqu'une longue sécheresse fait languir les animaux et dessèche les plantes, un vent qui vient du côté de la mer, où il s'est chargé de vapeurs bienfaisantes, abreuve les prairies, et ranime toute la nature. Cet objet est-il rempli ? Un vent sec accourt de l'orient, rend à l'air sa sérénité, et ramène le beau temps. Le vent du nord emporte et précipite toutes les vapeurs nuisibles de l'air d'automne. À l'âpre vent du septentrion succède le vent du sud, qui naissant des contrées méridionales remplit tout de sa chaleur vivifiante. Ainsi, par ces variations continuelles, la fertilité et la santé sont maintenues sur la terre.

Du sein de l'Océan s'élèvent dans l'atmosphère des fleuves qui vont couler dans les deux mondes. Dieu ordonne aux vents de les distribuer et sur les îles et sur les continents. Ces invisibles enfants de l'air les transportent sous mille formes diverses. Tantôt ils les étendent dans le ciel comme des voiles d'or et des pavillons de soie, tantôt ils les roulent en forme d'horribles dragons et de lions rugissants, qui vomissent les feux du tonnerre ; ils les versent sur les montagnes en rosées, en pluies, en grêle, en neige, en torrents impétueux. Quelque bizarres que paraissent leurs services, chaque partie de la terre en reçoit tous les ans sa portion d'eau, et en éprouve l'influence. Chemin faisant, ils déploient sur les plaines liquides de la mer la variété de leurs caractères. Les uns rident à peine la surface de ses flots, les autres les roulent en ondes d'azur, ceux-ci les bouleversent en mugissant, et couvrent d'écume les plus hauts promontoires.

Qui pourrait, ô mon Dieu ! ne pas vous rendre les adorations qui vous sont dues ? Tous les éléments sont entre vos mains ; et, à votre parole puissante, ils s'irritent ou s'apaisent. Vous l'ordonnez, aussitôt les ouragans s'élèvent, ils volent de mers en mers, de climats en climats ; à un commandement nouveau, le calme renaît de toutes parts. Comment ne serais-je pas tranquille sur mon sort ? Il est entre les mains de Dieu. Celui qui dirige à son gré les vents et les tempêtes ne pourrait-il heureusement régler mes destinées ? Et tandis qu'à sa voix toutes les variations du mobile élément concourent au bien des créatures, ne saura-t-il faire contribuer à mon vrai bonheur toutes les vicissitudes de la fortune ?

126.me CONSIDÉRATION.

Nature et propriétés du son.

CHAQUE son est produit au moyen de l'air qui nous environne ; mais toute agitation de l'air n'est pas propre à la production du son. Pour qu'il se forme, il faut que l'air, subitement comprimé, se dilate et s'étende ensuite par sa force élastique ; ce qui fait une sorte de tremblement ou d'ondulation, semblable à peu près aux ondes et aux cercles concentriques qui se forment dans l'eau quand on y jette une pierre, ou bien encore aux mouvements que prennent les différents points d'une corde d'instrument que l'on pince. Mais si ce mouvement ondulatoire n'avait lieu que dans les particules d'air qui sont immédiatement comprimées par le corps sonore, le son ne parviendrait point jusqu'à nos oreilles ; il faut que l'impression de ce corps sur l'air contigu se propage circulairement de particule en particule jusqu'à l'organe, pour y produire la sensation.

Le son parcourt cent soixante-treize toises en une seconde ; et ce calcul vérifié par une multitude d'expériences peut être d'une grande utilité en plusieurs circonstances. Par exemple, en nous apprenant à quelle distance la foudre est de l'endroit où nous l'entendons gronder, il nous avertit si nous y sommes en sûreté. Il suffit pour cela de compter les secondes ou les pulsations du pouls, entre l'éclair et le coup, et de compter pour chacune cent soixante-treize toises. On détermine, par le même moyen, la distance respective de différents lieux terrestres, et celle qui sépare deux vaisseaux sur la mer. Un son faible se propage avec la même vitesse, qu'un son plus fort. L'agitation de l'air est cependant plus considérable lorsque le son a plus de force, parce qu'une plus grande masse est mise en mouvement. Le son est donc fort, quand il y a beaucoup de particules d'air en mouvement ondulatoire, et il est faible, lorsqu'il y en a peu.

Quand nous entendons le son d'une corde pincée, nos oreilles reçoivent, de l'air, autant de coups que la corde fait de vibrations dans le même temps. Si donc la corde fait cent vibrations dans une seconde, l'oreille reçoit aussi cent coups, et la perception de ces coups est ce qu'on nomme un *son*. Lorsque ces coups se succèdent uniformément, et que leurs intervalles sont égaux, le *son* est régulier ; mais quand ils se succèdent inégalement, ou que leurs intervalles sont inégaux entre eux, il en résulte un *bruit* irrégulier, qui ne peut être employé dans la musique.

Quand je considère un peu plus attentivement les sons musicaux, je remarque d'abord que lorsque les vibrations, ainsi que les coups dont l'oreille est frappée, sont plus ou moins forts, il n'en résulte d'autre différence dans le son, si ce n'est qu'il devient plus ou moins fort lui-même ; ce qui produit la différence que les musiciens indiquent par les mots *forte* et *piano*. Mais il y a une différence beaucoup plus essentielle lorsque les vibrations sont plus ou moins rapides, ou qu'il en arrive plus ou moins dans une seconde. Quand une corde fait cent vibrations dans une seconde, et une autre deux cents vibrations dans le même temps, leurs sons dès-lors sont essentiellement différents : celui de la première est plus grave ou plus bas, et l'autre plus aigu ou plus haut. Telle est la véritable différence entre les sons graves et aigus ; différence sur laquelle roule toute la musique, ou l'art de combiner les sons de manière qu'il en résulte une harmonie agréable.

Il est impossible de faire un pas dans la science de la nature sans découvrir de nouvelles traces de la sagesse et de la bonté du Créateur. S'il n'y avait point de son, tous les hommes seraient condamnés à un éternel silence : nous serions tous semblables à des enfants qui n'ont point encore l'usage de la parole. Mais, au moyen du son, chaque homme peut faire connaître ses besoins, exprimer ses plaisirs ou ses peines. Au moyen de certaines inflexions de la voix, il rend les sentiments de son cœur ; il excite même dans l'âme des autres toutes les passions qu'il a intérêt d'y émouvoir.

127.me CONSIDÉRATION.

L'écho.

LORSQUE le son rencontre un corps qui lui fait obstacle, les molécules d'air qui choquent ce corps, et ensuite celles qui sont derrière successivement sont réfléchies, en faisant leur angle de réflexion égale à l'angle d'incidence, d'où il suit que le son se répand de nouveau dans toutes les directions, en retournant de l'obstacle vers l'espace qu'il avait d'abord traversé. Tel est l'*écho*, cette invisible divinité des antres et des rochers, si vantée par les poètes, et qui, toute voix et tout sentiment, semble se transformer en la personne qui lui parle : plaintive avec la bergère qui se plaint, joyeuse avec la jeune enfant dont la joie éclate, menaçante avec l'homme dont le courroux se répand en menaces.

Suivant que l'obstacle qui réfléchit, le son est unique ; ou qu'il se trouve plusieurs obstacles placés à des distances convenables, l'écho est simple, ou redoublé. Dans la première espèce, il en est un qui redit nettement le premier vers de l'Enéide de Virgile. On en cite un du dernier genre, qui répétait le même son jusqu'à quarante fois. Des murs parallèles qui se renvoient mutuellement le son peuvent produire un écho redoublé, pour un observateur placé dans l'espace intermédiaire.

L'art a disposé certaines constructions d'édifices de manière à produire, au moyen de son réfléchi, un effet curieux qui s'explique aisément à l'aide de la géométrie. Si l'on suppose une voûte ou un mur de figure elliptique, un homme en plaçant sa bouche à l'un des points qu'on appelle *foyers*, pourra prononcer à voix basse des paroles qui seront entendues distinctement par une oreille attentive à l'autre foyer, et qui resteront secrètes pour les témoins situés entre les deux interlocuteurs, en sorte qu'il n'y aura que l'écho seul qui soit de la confidence.

Qu'elle est inconcevable la puissance de cet Être, qui, d'un corps invisible, en quelque manière impalpable, et dont la plupart des humains n'auraient pas même soupçonné l'existence, s'il n'était jamais agité, sait tirer tant de merveilles qui confondent l'homme le plus instruit, sans toutefois pouvoir l'étonner, quand il n'en méconnaît pas l'Auteur !

128.me CONSIDÉRATION.

Navigation aérienne.

En 1782, Mongolfier ayant réfléchi sur le phénomène que présentent les nuages qui se soutiennent en flottant dans l'atmosphère, conçut l'idée de donner des enveloppes très-légères à des nuages factices, produits par une combustion dont la chaleur, dilatant l'air renfermé dans ces enveloppes, rendait le tout spécifiquement plus léger que l'air extérieur.

Dans les premiers essais, on employait des cordes qui permettaient seulement à cette machine de s'élever à une certaine hauteur. Pilatre des Rosiers et d'Arlandes, partis avec l'aérostat abandonné à lui-même, parcoururent près de quatre mille toises en dix-sept minutes, et donnèrent le premier spectacle du voyage que l'homme ait fait à à travers les airs.

Peu après la nouvelle expérience faite à Annonay, par Mongolfier et son frère, on avait eu à Paris l'idée d'employer le gaz hydrogène qui, dans le plus grand état de pureté auquel on l'ait amené jusqu'ici, est environ treize fois plus léger que l'air. Il ne s'agissait que de trouver une enveloppe imperméable à ce gaz, et dans laquelle on pût l'emprisonner. Ce procédé était plus dispendieux, mais en même temps moins dangereux, et d'une simplicité en quelque sorte plus élégante que le premier : l'aérostat se suffisait à lui-même, et son volume ainsi que son poids se trouvaient sensiblement diminués.

Parmi les différentes espèces d'enveloppes qui furent proposées, on préféra le taffetas enduit de gomme élastique, dissoute dans l'huile de térébenthine. Un globe d'environ douze pieds de diamètre, construit d'après ce procédé et lancé du Champ de Mars, s'éleva en deux minutes à près de cinq cents toises, se soutint environ trois quarts d'heure dans l'air, et alla tomber à quatre lieues de Paris.

Quelque temps après, Charles et Robert, portés dans une nacelle suspendue à un aérostat du même genre et de vingt-six pieds de diamètre, parcoururent un espace de neuf lieues avant de descendre, et le premier, resté seul dans la nacelle, s'éleva bientôt à une hauteur de plus de près de dix-sept cents toises, comme pour aller au nom des physiciens prendre possession de la région des météores.

A mesure qu'un ballon de cette espèce s'élève dans des couches d'air dont la densité va en diminuant, le gaz moins comprimé tend à s'étendre, ce qui peut occasionner la rupture du ballon. On prévient cet accident, en y adaptant une soupape que l'on est le maître d'ouvrir pour laisser sortir une partie du gaz, lorsque sa dilatation atteint sa limite. On peut encore modérer la résistance de la soupape de manière qu'elle soit moindre que celle de l'étoffe : dans ce cas elle s'ouvrira d'elle-même pour donner une issue au gaz.

C'est par le moyen d'un ballon un peu différent dans sa figure, mais en tout semblable dans son mécanisme physique, que, le 19 septembre 1784, trois aéronautes passèrent du jardin des Tuileries en Flandre, ayant fait un trajet d'environ cinquante lieues en six heures de temps.

Enfin, le 7 janvier 1785, Blanchard et Jeffières, l'un Français, l'autre Anglais, passèrent d'Angleterre en France, étonnant par leur hardiesse les deux nations qui les virent ainsi franchir l'Océan par une route auparavant inconnue aux humains.

L'usage des ballons peut conduire à des découvertes intéressantes pour la physique, et sans dangers pour l'humanité. On déterminerait avec leur secours à quelle hauteur les vents qui soufflent dans la partie inférieure de l'atmosphère changent de direction, lorsqu'il y a deux courants opposés l'un au-dessus de l'autre : observations importantes, surtout dans les contrées où règnent les vents alisés.

On irait puiser de l'air à différentes élévations au moyen de vases remplis d'eau, que l'on viderait ensuite pour y laisser entrer l'air de la région où l'on se trouverait. L'analyse ferait connaître le rapport entre les quantités de gaz oxigène et de gaz azote pour chaque hauteur. On chercherait aussi à déterminer la loi qui suit la diminution de la chaleur à mesure que l'on s'élève : connaissances utiles pour le calcul des réfractions astronomiques. Enfin l'étude de l'électricité de l'air et des différents météores gagnerait à des observations faites de près, et dans le siége même où résident les phénomènes.

C'est ainsi qu'on pourrait utilement mettre à profit la découverte des ballons aérostatiques, et non en s'abeurtant à chercher la navigation des airs, que l'auteur de la nature ne nous a point interdites sans de justes raisons.

129.me CONSIDÉRATION.

La matière ignée.

Il existe, pour le globe que nous habitons, un principe de chaleur, sans lequel tout ce qui a vie dans la nature cesserait d'exister. En versant à tout moment sur la terre d'immenses torrents de lumière qui l'éclairent, le soleil y en verse également, et de feu qui l'échauffent, et d'un fluide particulier qui l'électrisent. Un fluide infiniment subtil nous échauffe : c'est le *feu* proprement dit. Un fluide également subtil agite et électrise la nature : c'est la *matière électrique*. Un fluide non moins subtil encore nous éclaire : c'est la *matière lumineuse*. Ces trois fluides paraissent n'être au fond que la même substance, à laquelle une diversité de modifications donne des propriétés différentes ; et rien n'est plus conforme à la simplicité et au génie de la nature.

Il suivrait de là que le feu électrique est essentiellement le même que celui qui émane du soleil avec la lumière ; le même que celui que vomissent les volcans, et qui s'échappe du sein des nuées fulminantes.

En effet, un fluide qui brille et qui éclaire comme le fait la lumière, et dont l'action se transmet, aussi en un instant à de grandes distances, un fluide auquel l'impulsion et le frottement donnent toutes les propriétés de la lumière, qui elle-même ne paraît point être distinguée du feu élémentaire.

D'un autre côté, un fluide qui, comme le feu élémentaire, se trouve répandu dans tous les corps de notre globe, qui, comme le feu, se communique d'un corps à l'autre, s'accumule dans ceux qui ne lui donnent pas la liberté d'en sortir : un tel fluide aurait-il tant d'analogie avec le feu, sans avoir pour le fond la même nature, la même essence, les mêmes principes ?

Nous pouvons donc recevoir la lumière comme une substance qui éclaire, échauffe, et à la fois électrise toute la nature visible, et c'est sous ce triple point de vue qu'elle va fixer notre attention. Comme fluide lumineux, elle est l'objet des trois plus belles sciences dont puisse se féliciter l'esprit humain : l'optique, la dioptrique, la catoptrique. Comme fluide igné, elle est encore à bien des égards un grand mystère de la nature. Comme fluide électrique, elle étale à nos yeux les plus brillantes expériences ; mais plus elle offre d'effets à notre admiration, plus elle semble cacher sa marche et son action à notre intelligence.

130.me CONSIDÉRATION.

Nature du feu et ses effets.

LE feu est peut-être le plus incompréhensible de tous les corps. Ce qu'on peut assurer, au sujet de cet élément, c'est qu'il est une substance matérielle, puisqu'il affecte nos sens et agit immédiatement sur les autres corps ; c'est qu'il est d'une nature inaltérable, et sensiblement homogène, mais qui ne brûle et n'éclaire qu'autant qu'il se dégage des substances auxquelles il est uni.

Le commun des hommes prend pour le feu des substances en combustion, ou qui exhalent de la flamme et donnent de la chaleur ; mais les physiciens ne voient dans ces phénomènes que les effets du feu. Pour entendre cette théorie, rappelons-nous les idées qu'on doit se former de l'oxigène, l'une des parties constituantes de l'air.

Cet oxigène existe dans deux états : dans celui de fluide élastique, où il paraît combiné avec une grande quantité de lumière, et de feu qu'on nomme aussi *calorique* ; et dans celui de fixité, où il se trouve privé de la lumière et du feu qui lui donnaient la forme de fluide, forme qu'on ne peut lui rendre ensuite qu'en lui restituant cette quantité de lumière ou de feu qu'il avait perdue. Dans le premier état, on le nomme *air vital*, ou *gaz oxigène*; dans le second, simplement *oxigène*.

On a découvert que la flamme et la chaleur produites pendant la combustion viennent de l'air vital, bien plus que des corps qui brûlent, et qu'elles se dégagent principalement de ce fluide élastique, dont l'extrême division annonce en effet une quantité de lumière et de feu beaucoup plus grande que dans la plupart des corps combustibles, qui sont plus ou moins solides; c'est-à-dire que, pendant l'acte de la combustion, la base de l'air vital, ou l'oxigène, se combine avec le corps combustible, à l'égard duquel cette base a une attraction plus forte qu'elle n'en avait pour le feu, qui se trouve ainsi dégagé, et en état d'agir sur nos sens.

Le feu est un fluide particulier répandu dans tous les corps, et dont ils sont pénétrés avec plus ou moins d'énergie. On le distingue dans deux états: celui de combinaison, et celui de liberté. Le feu, ou le calorique *combiné*, n'est sensible ni à nos organes, ni au thermomètre; il constitue un des principes des corps dans lesquels il repose. Souvent il se dégage dans leur décomposition, et passant alors à l'état de calorique *libre*, il devient susceptible d'agir sur les corps placés dans son atmosphère; le thermomètre peut en mesurer la force et en indiquer les degrés.

Une des propriétés distinctives de cet être, et qui n'appartient qu'à lui, est la *raréfaction*, ou l'écartement des molécules que le calorique opère dans tous les corps de la nature. La fusion ou liquéfaction, la volatilisation ou sublimation, le passage des liquides à la forme de vapeurs ou de fluides élastiques, sont les effets constants de la pénétration, ou plutôt de la combinaison du calorique.

On ne doit pas confondre *l'évaporation* avec la *vaporisation*. La première est l'effet de la force attractive que l'eau exerce sur l'air; la chaleur n'y intervient que secondairement pour augmenter cette attraction. La seconde est produite par la force répulsive mutuelle des molécules de l'eau convertie en fluide élastique; la chaleur en est l'agent principal et immédiat, et l'air, loin de la seconder, lui oppose un obstacle non-seulement par sa pression, mais encore parce qu'en prolongeant l'évaporation il occasionne un refroidissement qui est contraire à la vaporisation.

D'après le principe établi au sujet de l'évaporation , plusieurs phénomènes dont l'observation est familière s'expliquent avec une extrême facilité. Ainsi, dans les temps de gelée où l'air du dehors est plus froid que celui des appartements , la couche d'air intérieur en contact avec les vitres , en se refroidissant par la retraite du calorique qui passe aisément au travers de leur petite épaisseur , se dessaisit d'une partie de l'eau qu'elle tenait en dissolution , d'où il arrive que les vitres se mouillent en dedans. C'est le contraire dans le temps de dégel, où la température extérieure est plus haute , ce qui fait dire que l'on a froid dans les appartements ; l'humidité alors paraît en dehors sur les vitres.

On voit aussi pourquoi l'haleine des animaux , plus chaude pendant l'hiver que l'air où elle se répand , devient visible sous la forme d'une fumée produite par l'eau qu'elle abandonne en se refroidissant. La nature est pleine de ces sortes d'effets dont il est aisé de saisir l'analogie avec les précédents.

131.me CONSIDÉRATION.

Des feux souterrains.

En creusant dans la terre , on trouve un plus grand degré de froid qu'à la superficie, qui, toujours pénétrée des rayons du soleil , conserve une température plus douce que l'intérieur. De là vient que les habitants des pays chauds peuvent, durant toute l'année, conserver de la glace pour rafraîchir leurs boissons. Mais si dans quelques endroits on creuse environ cinquante ou soixante pieds au delà , la chaleur augmente sensiblement. Cette chaleur est due sans doute à des décompositions de matières minérales qui produisent cet effet.

Une multitude de phénomènes sur notre globe annoncent d'une manière formidable l'existence des feux souterrains. Souvent de terribles éruptions de matières enflammées épouvantent les habitants de la terre. L'Etna dans la Sicile , et le Vésuve en Italie , semblent des fournaises continuellement embrasées. Tantôt il s'en élève une vapeur noire ;

tantôt on entend des mugissements sourds , suivis tout-à-coup d'éclairs et de tonnerre. La terre tremble ; la vapeur s'éclaircit , et devient lumineuse ; les pierres s'élancent avec fracas , et retombent dans le gouffre qui les a vomies. On a vu , dans de violentes éruptions , d'énormes morceaux de rochers jetés en l'air , y tourner avec la même rapidité qu'un ballon , et des masses, pesant trois cents livres , aller tomber à trois milles du lieu d'où elles étaient lancées.

Mais ce n'est point encore là ce que ces éruptions ont de plus effrayant. Dans certains temps les matières en fusion bouillonnent , s'élèvent, se répandent au-dehors et coulent l'espace de quelques milles sur les champs voisins , engloutissant tout ce qui se trouve sur leur passage. Cet épouvantable torrent dure pendant plusieurs jours : une vague étincelante roule sur une autre vague , jusqu'à ce qu'il atteigne la mer , où même il continue quelque temps à couler sans s'éteindre.

Qui pourrait , sans frémir , se peindre les désastres que causent de semblables phénomènes ? Les édifices renversés , les villages engloutis , les moissons consumées , les champs , les oliviers , les vignobles entièrement détruits , sont les moindres effets de cet affreux déluge de flammes et de feux. Dans une des éruptions de l'Etna , on vit le torrent *de lave brûlante se répandre sur quatorze bourgs ou cités , et les mugissements horribles qui sortaient de la montagne se faisaient entendre à vingt milles de distance.

Saisi d'épouvante et d'effroi , je me demande pourquoi ces volcans qui dévastent la terre , et plongent ses habitants dans la stupeur ? Pourquoi le Seigneur les a-t-il créés ? Pourquoi , au lieu de mettre un frein à leur fureur , leur permet-il de désoler ainsi ses créatures ?.... Mais qui suis-je ? pour me permettre de semblables questions ? De quel droit osé-je demander compte à la Sagesse suprême , des arrangements qu'elle a faits ? L'existence de ces fournaises ardentes ne peut être l'effet du hasard , et j'en dois conclure que le Créateur a eu les raisons les plus sages pour vouloir qu'elles existassent. Ah ! même au milieu de ces scènes d'horreur et de mort , je retrouve encore cette main bienfaisante qui pourvoit au bonheur du monde. Quelques ravages qu'occasionnent les éruptions de ces montagnes , que sont-ils , comparés aux avantages qui en résultent pour l'ensemble du globe , et aux maux qu'ils préviennent ? L'intérieur de la terre étant rempli de matières propres à fermenter par leur contact avec l'eau, il fallait nécessairement des volcans. Ils sont les soupiraux par le moyen desquels l'action du redoutable élément est affaiblie et rompue, et quoique les pays où ces matières sont rassemblées en plus grande quantité soient sujets à d'affreux bouleversements, sans ces ouvertures ils en éprouveraient de plus violents encore. L'Italie serait-elle la contrée la plus fertile, si à de certains intervalles le feu qu'elle recèle dans ses entrailles ne trouvait une issue par les volcans? Livrées à des commotions continuelles, à d'épouvantables agitations, ces belles régions n'offriraient depuis longtemps, au lieu du spectacle enchanteur des beautés de l'art réunies à celles de la nature, qu'un triste amas de décombres et de ruines. Qui sait d'ailleurs si de ces phénomènes effrayants ne résultent pas une infinité d'autres avantages cachés à nos yeux, et dont l'influence s'étend sur tout le globe?

Au moins ceux qui me frappent suffisent-ils pour me convaincre qu'ils concourent à remplir les vues pleines de sagesse et de bonté du Créateur de l'univers.

132.me CONSIDÉRATION.

L'électricité artificielle.

Depuis plus d'un demi-siècle, *l'électricité* met sous nos yeux des phénomènes singuliers dont la cause paraît tenir au système général de la nature. On donne ce nom à la propriété d'un corps mis en état d'attirer ou de repousser de petites pailles, de petites plumes, ou d'autres corps légers qu'on lui présente à une certaine distance. La *matière électrique*, ou le fluide qui par son mouvement produit ces attractions et ces répulsions, n'est vraisemblablement qu'une modification particulière du fluide igné. Un corps *électrisé* est celui dans lequel le fluide électrique a été mis en action par le secours de la nature ou de l'art. Ce feu paraît distribué dans tous les corps, mais il en est à son égard comme de l'air, qui n'est aperçu par les sens que lorsqu'il est agité. De même il faut que l'équilibre, rompu par une force quelconque, se rétablisse pour que le feu électrique devienne sensible.

Tous les corps sont électrisables, mais tous ne s'électrisent pas de la même manière. Envisagés relativement à l'électricité, ils se divisent en deux classes. Dans les uns, le fluide électrique peut être excité et augmenté par le frottement; les autres ne s'électrisent pas ou s'électrisent infiniment peu par voie de frottement, et ne reçoivent, que par la communication des premiers, toute leur force électrique. Les corps de la première espèce sont principalement le verre, la poix, la résine, la cire à cacheter, la soie, les cheveux, l'air; d'autres, mais particulièrement l'eau et les métaux, appartiennent à la seconde. Ceux-là peuvent être mis en état de conserver la matière électrique rassemblée en eux; ceux-ci, au contraire, la perdent aussi vite qu'ils l'ont reçue.

On appelle *machine électrique* l'instrument avec lequel, au moyen d'une roue, on imprime un mouvement rapide à un globe ou à un plateau de verre qui, en tournant, frotte contre la main ou contre des coussins. Par l'effet de ce frottement, le globe ou le plateau acquiert la vertu électrique qu'on peut étendre aussi loin qu'on le désire, au moyen de barres de fer ou de chaînes qui communiquent avec le plateau.

Le temps peut-être nous apprendra à tirer avantage de l'électricité : on ne peut pas même dire absolument que jusqu'ici elle ait été sans utilité. Les médecins ont tenté d'appliquer à leur art les phénomènes qu'elle présente, et l'on a des exemples de membres paralysés, qui ont été guéris par la commotion électrique. Elle a donné lieu à une nouvelle théorie du tonnerre, et a changé les idées qu'on s'était faites de ce terrible météore.

133.me CONSIDÉRATION.

L'électricité naturelle : le tonnerre.

C'EST un fait démontré que souvent le ciel et les nuages se trouvent électrisés, quoiqu'on ne sache guère par quel mécanisme physique s'opère ce phénomène. Une tringle de fer établie sur des rapports incapables de s'électriser par ce qui les environne, et placée dans un lieu élevé, s'électrise par communication quand un nuage électrisé s'en approche ou la touche, en soutirant subitement ou peu à peu le feu électrique dont le nuage est chargé. C'est ainsi qu'un homme soutire le feu électrique dont est surchargé un conducteur électrisé, soit qu'il le touche immédiatement, ou par le moyen d'une chaîne, avec cette différence que le nuage peut, à raison de sa grande étendue, communiquer à la tringle une quantité de feu électrique infiniment plus considérable que celle qu'envoie le globe au conducteur.

Quand la tringle ne communique qu'avec des nuages ou des vapeurs non électrisées, elle ne donne aucun signe d'électricité. Mais si cette nuée ou ces vapeurs sont fortement électrisées, alors elle produit en grand tous les phénomènes qu'on observe en petit dans le conducteur électrisé. Sa pointe darde un torrent de matière lumineuse en forme d'aigrette; toute sa surface attire et repousse avec violence les petits corps contigus, et si quelque être vivant vient à se placer dans son voisinage et dans sa sphère d'activité, il en recevra une commotion capable de lui donner subitement la mort.

Tous les effets de l'électricité se manifestent en temps d'orage, et il n'est pas possible de douter que l'éclair et le tonnerre ne soient l'effet d'un violent feu électrique.

Les découvertes de la chimie moderne jettent aussi le plus grand jour sur la cause des tonnerres et des orages. Rappelons-nous que l'hydrogène et l'oxigène sont les deux constitutifs de l'eau. Tant que ces principes, réduits en gaz par le calorique et la lumière, sont en contact à froid l'un avec l'autre, ils ne produisent point d'inflammation, et il ne se forme point d'eau. Mais si l'on approche du mélange un corps en ignition, qu'on le comprime fortement, ou qu'on lui imprime une secousse violente et brusque, alors les deux gaz commencent à se combiner, la combustion s'opère, et l'eau se forme.

Il paraît qu'il se passe un phénomène analogue dans l'atmosphère, quand des amas de gaz hydrogène et oxigène viennent à s'y combiner à l'aide de l'étincelle électrique. Les détonations atmosphériques doivent être l'effet de la combustion de ces deux gaz, dont la réduction en eau occasionne nécessairement un vide immense; aussi les coups de tonnerre sont-ils suivis très-souvent d'une pluie rapide. Quelques pluies d'orages paraissent dues ainsi à une formation instantanée d'eau dans l'atmosphère.

134.ᵐᵉ CONSIDÉRATION.

Le paratonnerre : autres phénomènes électriques.

FRANKLIN, ayant reconnu le pouvoir des pointes dont nous avons parlé précédemment, pensait que si on établissait une communication entre une verge de fer dressée sur un bâtiment, et le sein de la terre, la verge pourrait préserver le bâtiment d'une explosion, en épuisant le fluide des nuages orageux qui passeraient dans le voisinage. D'après cette idée, on a construit dans plusieurs endroits des instruments de cette espèce, auxquels on a donné le nom de *paratonnerres*.

Dans la partie la plus élevée d'un édifice on pose une barre de forme cylindrique, terminée en aiguille, et dont l'extrémité inférieure est arrêtée dans un support de verre massif. Une petite chaîne de métal, attachée à la barre de fer, quelques pouces au-dessus du support, est menée par un conduit de verre jusqu'à l'extrémité du toit, d'où elle prend librement pour se rendre dans un puits perdu. Cette machine si simple garantit l'édifice des effets de la foudre, surtout si pour prévenir la rouille on fait dorer au moins la partie de la barre terminée en pointe. Le tonnerre n'étant qu'une électricité naturelle, comprimée dans le nuage qui porte dans son sein la foudre, si ce nuage vient à passer sur le bâtiment armé du *paraton-nerre*, la matière électrique qu'il contient, soutirée par la pointe de fer, coule au moyen de la petite chaîne dans le puits, où elle éclate souvent d'une manière sensible, quelquefois d'une manière effrayante, mais toujours sans dangers.

Lorsqu'on veut élever des paratonnerres sur des édifices d'une certaine étendue, il est nécessaire de les multiplier. Ils ne doivent pas être trop rapprochés, sans quoi ils se nuiraient entre eux. D'autre part, ils doivent être assez voisins pour que leurs différentes sphères d'activité ne laissent aucun espace intermédiaire ; une distance de soixante pieds suffit entre un paratonnerre et l'autre.

On explique par l'électricité la formation de ces météores, auxquels le vulgaire a donné le nom d'*étoiles tombantes*, et de ces globes enflammés qui, traversant l'air rapide-

ment, se terminent par une explosion. Il y a apparence que
ces météores sont dus au gaz inflammable qui se dégage
des marais et s'élève ensuite jusqu'à une certaine hauteur
dans l'atmosphère, où il s'allume par le contact du fluide
électrique. On connaît quatre poissons qui ont la propriété
de produire à volonté des commotions électriques très-
violentes : ce sont la torpille, espèce de raie, l'anguille de
Surinam, le silure et le trembleur du Niger.

Les poissons doués de cette vertu s'en servent comme
d'une arme invisible pour transmettre à travers l'eau une
violente secousse aux poissons d'une espèce différente, sur
lesquels ils se jettent après les avoir étourdis et dont ils
font leur proie. On peut ici dire à la lettre que le vainqueur
foudroie son ennemi.

La minéralogie présente aussi ces phénomènes particuliers d'électricité. Plusieurs cristaux, la tourmaline entre
autres, ont la propriété de s'électriser par la chaleur qui
produit ici le même effet que le frottement sur les pierres
ordinaires.

135.me CONSIDÉRATION.

De la nature et des propriétés de la lumière.

LA lumière paraît être un torrent de molécules infiniment petites, que le corps lumineux darde continuellement de son sein avec une incomparable vitesse, et qui
se porte en ligne droite à des distances infinies. Que l'on
conçoive le soleil et les étoiles comme d'immenses fournaises, où existe un feu très-actif et très-violent, et l'on
se formera une idée de la théorie de la lumière. Ces fournaises dardent de leur sein une infinité de torrents d'une
matière subtile, qu'un mouvement rapide emporte à
travers l'immensité de l'espace ; de là l'*inconcevable
vitesse* de la lumière, et son mouvement en ligne droite
et en rayons divergents. Cette matière infiniment élastique,
rencontre quelquefois des substances qu'elle ne peut pénétrer ; de là provient la *réflexion de la lumière* à la
rencontre d'un corps inpénétrable à ses rayons. Ces mêmes rayons viennent-ils à rencontrer obliquement un corps
transparent qui résiste plus ou moins à leur primitive direction, ils doivent en changer ; et de là se produit la

réfraction de la lumière, quand elle passe d'un milieu dans un autre plus ou moins pénétrable. Tel est l'objet de l'optique, de la catoprique et de la dioptrique.

Incomparablement plus subtile que le feu, la lumière traverse en un instant le verre et les autres corps diaphanes, que cet élément ne pénètre qu'avec lenteur. Le feu se meut aussi beaucoup plus lentement que la lumière. Des charbons ardents placés dans une chambre ne l'échauffent que par degrés; au contraire, la lumière d'une bougie l'éclaire subitement, et on l'aperçoit en un instant partout où ses rayons peuvent arriver. De ces faits concluons que le feu et la lumière sont une substance diversement modifiée, puisque nous les voyons presque toujours marcher de compagnie, et que l'un peut occasionner l'autre. Peut-être même n'y a-t-il de différence entre elles, si ce n'est que la lumière serait douée d'une vitesse extrême, tandis que le calorique ou le feu serait le même principe privé de ce mouvement progressif.

Les propriétés et les effets de la lumière ne sont pas moins incompréhensibles que sa nature : la rapidité avec laquelle on a reconnu qu'elle se propage est prodigieuse. Elle parcourt environ soixante-quinze mille de nos lieues communes en une seconde; elle ne met qu'à peu près sept minutes et demie à cet énorme trajet de trente-quatre millions de lieues.

L'expansion de ce fluide n'est pas moins inconcevable que sa ténuité. L'espace où elle se répand n'a d'autres bornes que l'univers. De là vient que des corps infiniment éloignés peuvent être discernés à la simple vue ou à l'aide des télescopes ; et, avec des instruments qui étendraient notre vue aussi loin que la lumière peut se répandre, nous découvririons des corps placés aux extrémités du monde.

Quelle reconnaissance ne dois-je pas au Créateur de la lumière. Sans elle, que de sources de jouissances taries pour l'homme, et dans quel cercle étroit ne seraient pas renfermées ses connaissances et ses occupations.

136.ᵐᵉ CONSIDÉRATION.

Diversité des couleurs.

Chaque rayon de lumière paraît être simple ; mais par la réfraction, il se divise en plusieurs autres , et c'est de là que naissent les couleurs. Le plus bel arc-en-ciel va s'offrir à nos yeux , si nous tournons vers le soleil un prisme ou verre triangulaire , ou si sur ce prisme nous recevons un rayon qui entre par une petite ouverture dans une chambre bien fermée. Ce rayon, reçu obliquement sur le prisme , s'y rompt et s'y divise en sept autres rayons qui portent chacun leur couleur propre. Celui que la réfraction écarte le moins de la ligne droite brille d'un rouge pareil à l'éclat dont l'aurore embellit les cieux, lorsqu'elle vient annoncer l'astre qui doit lui survivre ; la deuxième espèce a reçu de l'or le nom de sa couleur. Près d'elle suit ce doux rayon, l'espoir et la consolation du laboureur ; celui qui lui montre dans l'étendue des plaines ses épis jaunissants , et annonce la fin de ses travaux : au milieu, vous voyez ce vert, ami de la nature , cette couleur chérie dont elle se plaît , au retour du printemps, à couvrir le feuillage des chênes sur le haut des montagnes, et le gazon naissant dans nos prairies. Le rayon qui se montre à sa suite offre à nos regards cette couleur qui règne sur la plaine d'une mer tranquille , quand les vents rappelés dans leurs antres ne font plus écumer l'onde blanchissante ; c'est lui qui colore toute l'étendue de l'olympe , quand, chassés loin des cieux , les nuages ont cessé de voiler la voûte azurée. Très-ressemblant au bleu qui le devance , le sixième a tiré son nom des régions d'Inde. Le dernier , enfin , nous laissant à peine distinguer ses traits, unit à des nuances noirâtres une sombre lueur : pareil à la triste violette , dont il emprunte son nom , sa lumière confuse et troublée le rapproche des ténèbres et de l'obscure nuit : son jour s'affaiblit peu à peu , et ses bords se confondent avec l'ombre opaque.

Ainsi l'image oblongue que produit la réfraction de la lumière présente sept bandes colorées, distribuées dans un ordre constant , c'est-à-dire en commençant par la partie inférieure, le rouge, l'orange, le jaune, le vert, le bleu, l'indigo, le violet. Ces bandes ne tranchent point, et l'œil passe des unes aux autres par gradations ou par nuances. Les rayons qui portent les couleurs les moins élevées, comme le rouge, l'orange, etc., sont ceux qui se plient le moins dans le prisme. Il suit de la que chaque rayon a son degré de réfrangibilité. Faites passer en même temps par plusieurs prismes un de ces rayons, il conservera la couleur qu'il a montrée d'abord sans en donner de nouvelles ; preuve incontestable de son immutabilité. Au contraire, présentez une lentille aux sept rayons divisés, afin de les réunir en un seul, vous aurez une image ronde d'un blanc éclatant. Ne prenez avec la lentille que cinq à six de ces rayons, ils ne donneront qu'un blanc sale. Réunissez-en deux, la couleur qui en proviendra tiendra de l'un et de l'autre. Un trait de lumière est donc un faisceau de sept rayons dont la réunion forme le blanc, et dont la division offre sept couleurs principales et immuables.

Quelle est la source de cette infinie diversité de couleurs qui différencie les corps et embellit toute la nature ? Les couleurs ne sont pas inhérentes aux objets colorés, la gorge d'un pigeon, les plumes d'un paon, les étoffes changeantes, varient selon leurs positions. La surface des corps est constituée de manière qu'ils réfléchissent certains rayons colorés, tandis qu'ils en absorbent d'autres dans leurs pores. Cette surface fait-elle rejaillir tous les rayons de la lumière ; le corps paraît *blanc* ; il est *rouge*, s'il les absorbe tous, à l'exception du rouge ; il est *noir*, s'il n'en réfléchit aucun. Le fond du ciel est noir ; vu à travers la couche éclatante qui nous environne, il paraît d'un bleu-clair. D'où procède cette riante verdure qui pare nos campagnes et plaît tant à notre œil ? C'est que la surface des plantes est disposée de manière à ne renvoyer que les rayons verts ; et si cette couleur réjouit nos yeux, c'est qu'elle tient précisément le milieu entre les sept rayons. Mais qui pourrait demeurer insensible aux soins qu'a pris l'Auteur de la nature d'écarter ici l'uniformité, en multipliant si fort les nuances ? Vous admirez ce superbe arc-en-ciel qui vous retrace en grand les couleurs primitives ; sa beauté, sa vivacité vous ravissent ; vous vous imaginez que la nature a dû faire une énorme dépense pour composer cette riche ceinture. Quelques gouttes d'eau où la lumière va se rompre et d'où elle se réfléchit, en forment l'unique fond. Vous êtes frappé de la dorure de certains insectes ; les riches écailles des poissons fixent vos regards ; toujours magnifique dans le dessein et économe dans l'exécution, la nature opère à peu de frais ces brillants ornements. Une peau brune assez déliée, appliquée sur une substance blanchâtre, fait l'office du vernis de nos cuirs dorés, et modifie ainsi les rayons qui partent de la substance qu'elle recouvre. Le vert lustré des feuilles tient au même artifice ; il en est apparemment de même de l'émail des fleurs, et peut-être encore du coloris des fruits.

Reconnaissons ici la sagesse et la bonté de Dieu. Si les rayons de la lumière ne se décomposaient pas, et s'ils n'étaient pas diversement colorés, tout serait uniforme dans la nature ; nous ne pourrions distinguer les objets que par des raisonnements, et les circonstances du temps et du lieu. Mais alors toute notre vie serait employée à étudier au lieu d'agir, et nous nous trouverions dans une incertitude perpétuelle. S'il n'existait qu'une couleur dans l'univers, bientôt nos yeux en seraient fatigués, et cette constante uniformité produirait le dégoût. La diversité prodigue les beautés sur la terre, et procure à nos yeux des jouissances toujours nouvelles. Dieu ne s'est donc pas moins occupé de nos plaisirs que de nos besoins, et dans la formation du monde, il a pensé non-seulement à la perfection essentielle de ses œuvres, mais à les parer de tous les ornements qui pouvaient en rehausser le prix.

137.me CONSIDÉRATION.

Coup-d'œil général sur le système du monde.

Au centre de notre monde planétaire est placé cet astre éclatant, le *Soleil*, qui de toutes les parties de notre système est celle qui nous intéresse le plus. Il communique sa lumière à un grand nombre de globes opaques, ou planètes, qui font leur révolution autour de lui à des distances différentes. Celle qui est la plus voisine, *Mercure*, est comme plongée dans ses rayons, et cette proximité fait que de toutes les planètes, c'est celle que nous connaissons le moins. Plus loin se trouve *Vénus*, qu'on appelle aussi *Lucifer*, ou l'étoile du matin, et *Hespérus*, ou l'étoile du soir, parce que tantôt elle précède le soleil, et que tantôt elle suit cet astre et se couche après lui. Vient ensuite notre globe, dont la surface est composée de terre et d'eau, de montagnes et de vallées, et dont la partie intérieure consiste en lits et en couches de différentes matières. Cette *Terre* est le domicile d'une multitude de créatures tant animées qu'inanimées, minéraux, plantes et animaux. La *Lune* tourne autour d'elle dans une orbite particulière, et l'accompagne dans tout le cercle qu'elle décrit autour du soleil. Les trois planètes qui suivent, sont *Mars*, *Jupiter* avec ses quatre lunes ou satellites ; et *Saturne*, avec sept, et de plus un anneau lumineux qui l'environne. Ces six planètes principales ont été connues de tout temps. Une septième découverte de nos jours, par le célèbre *Herschell*, dont elle porte le nom, est la plus éloignée, et accompagnée de six satellites se meut autour du soleil, de la même manière que les six autres. Plus récemment encore il vient de s'en montrer une nouvelle. Mais qui oserait assurer que c'est à ce nombre que se bornent les planètes de notre système ?

Parmi les planètes principales, nous n'en connaissons que quatre qui aient des planètes secondaires : la Terre, Jupiter, Saturne et Herschell. Les satellites font leur révolution autour de la planète principale, centre de leur mouvement, pendant que celle-ci fait la sienne autour du soleil. Ainsi le centre de mouvement des satellites change continuellement de place ; puisque la planète à laquelle chacun d'eux est subordonné, l'entraîne avec elle, en faisant sa révolution autour du soleil.

Mercure et Vénus, dans l'orbite de la Terre, se nomment planètes inférieures ; Mars, Jupiter, Saturne et Herschell, hors de cette orbite, sont regardés comme planètes supérieures.

L'astre qui vivifie tout notre monde planétaire est placé au centre de ce système : et sans qu'à notre vue il paraisse changer de lieu, il tourne sur lui-même en vingt-cinq jours et demi. Autour de lui se meuvent, dans des orbites oblongues ou des ellipses, les planètes qui sont sous sa dépendance. Mercure, de tous ces globes le plus voisin du soleil, fait sa révolution en quatre-vingt-huit

jours ; mais quoiqu'il soit éloigné de cet astre de plus
de treize millions de nos lieues communes , il est ordinairement caché dans ses rayons et presque toujours invisible pour nous. Vénus , éloignée du soleil de vingt-quatre
millions de lieues , décrit une ellipse plus grande , et
achève son cours en un peu plus de deux cent vingt-
quatre jours. La terre , à trente-quatre millions de lieues
du soleil , a besoin de trois cent soixante-cinq jours et
quelques heures pour faire sa révolution autour de lui ;
et dans cette course annuelle , elle est accompagnée de la
lune. Mars achève son cours en six cent quatre-vingt-sept
jours , et se trouve distant du soleil de cinquante-un millions de lieues. Jupiter et ses quatre lunes , qui en est éloigné de plus de cent soixante-seize millions , a besoin de
douze ans pour terminer le sien. Saturne , à plus de trois
cent quatorze millions de lieues , fait avec ses cinq satellites
le tour du soleil dans l'espace de trente années. Enfin à
six cent cinquante millions de lieues du centre commun ,
Herschell n'achève le sien que dans l'espace de quatre-
vingt-trois ans à peu près.

Outre le mouvement des planètes autour du soleil , qui
forme leur année , elles en ont un autour d'elles-mêmes ,
qui forme leur mouvement diurne , ou leur jour. Celui de
Vénus est d'environ vingt-trois heures ; celui de la Terre
d'un peu moins de vingt-quatre ; celui de Mars d'un peu
plus ; celui de Jupiter de près de dix. L'éloignement
de Saturne et la faiblesse de sa lumière , la petitesse
de Mercure , et sa grande proximité du soleil , ont empêché d'y reconnaître des taches , au moyen desquelles
on puisse déterminer le temps de leur rotation. Cependant
on peut juger par analogie qu'ils tournent sur leur axe
comme les autres planètes.

Ce vaste domaine du soleil , qui sans compter les comètes , embrasse une circonférence de près de quatre
milliards de lieues , est néanmoins encore bien éloigné de
renfermer les bornes de l'univers. A une distance infinie
de la dernière de nos planètes est la région des étoiles
fixes , dont la plus voisine de nous est à une distance qui
excède au moins trois mille milliards de nos lieues communes. Et combien de globes que nous ne saurions découvrir peuvent remplir encore l'immense espace qui se
trouve entre Herschell et les étoiles ! D'ailleurs , chacune de

ces dernières , dont le nombre échappe à nos calculs , doit être regardée comme un soleil , qui à raison de son éloignement peut surpasser le nôtre en grandeur et en éclat , et dont le domaine s'étend peut-être beaucoup plus loin encore.

C'est ainsi que les cieux racontent la gloire du Créateur. Avec quel éclat sa majesté ne brille-t-elle pas dans ces ouvrages merveilleux qui nous invitent d'une voix si éloquente à payer un tribut d'admiration , de vénération et de louanges au grand Être qui en est l'auteur ! Est-il dans la nature rien de plus propre à nous inspirer des idées sublimes de Dieu , que l'aspect de la voûte étoilée ? Quel est l'homme qui puisse lever les yeux vers le ciel, sans éprouver le plus vif sentiment de la magnificence et de la grandeur de Celui qui a donné l'existence à toutes choses , et qui les conserve avec une puissance , une sagesse , une bonté incompréhensibles ?

138.me CONSIDÉRATION.

De la position du soleil ; grandeur et distance de cet astre.

L'AUTEUR de l'univers a fixé au soleil une position qui convenait parfaitement à la nature de cet astre et aux fonctions qu'il avait à remplir. Il l'a placé à une juste distance des planètes , sur lesquelles il devait porter son action , et cette position qui lui a été assignée il y a tant de siècles , il la conserve encore aujourd'hui sans jamais s'en écarter , parce qu'en effet le moindre écart occasionnerait les plus grands désordres dans la nature.

Les rayons lancés d'un globe de feu , douze cent mille fois plus gros que la terre , auraient une inconcevable activité , si en tombant ils demeuraient serrés les uns contre les autres. Mais comme ils s'écartent de plus en plus , à mesure qu'ils s'éloignent de leur centre commun , leur force diminue à proportion de leur divergence. Placée dans un point où ces rayons eussent encore été trop rapprochés , la terre n'en aurait pu soutenir l'ardeur : jetée vers les extrémités du monde solaire , elle n'en eût reçu qu'une lumière mourante et une chaleur trop faible pour mûrir ses fruits et ses autres productions. Ainsi le soleil se trouve précisément au point où il devait être.

Mais ce soleil que nos yeux nous montrent parcourant en

douze heures une moitié du ciel, comment se fait-il qu'il reste immobile au centre du monde ? Une preuve incontestable que le soleil et non la terre est au centre du monde, c'est que les mouvements et les distances des planètes n'ont rapport qu'au premier de ces astres. Et dans la supposition contraire, que deviendraient l'harmonie et la conformité parfaite qui ont lieu entre tous les ouvrages du Créateur ?

Les calculs astronomiques nous apprennent que le diamètre du soleil est plus de cent fois celui de la terre, c'est-à-dire d'environ trois cent vingt mille lieues. Sa grosseur est douze cent mille fois environ celle de ce globe ; enfin sa distance à la terre est de trente-quatre millions de lieues.

Ce n'est pas uniquement pour exciter notre admiration, que ce bel astre fut placé dans le ciel. Cette admiration doit nous faire remonter jusqu'à celui qui en est le créateur, le conservateur et le guide. En comparaison de la grandeur et de la majesté de l'Être des êtres, la grandeur du soleil n'est qu'un point, et son éclat une ombre. Faible mortel ! essaie de suivre cette idée, livre-toi à cette méditation..... Si de la terre au soleil il existe un si prodigieux espace, quelle inconcevable distance entre nous et l'infini !.... « Qui est semblable à toi, ô Éternel ! rien ne peut t'être comparé. La splendeur, la majesté et la gloire t'environnent, ô toi ! qui es le principe et la vie de tous les êtres, tu t'enveloppes de lumière comme d'un vêtement !»

139.me CONSIDÉRATION.

De la grandeur et de la figure de la terre.

LA terre a neuf mille lieues environ de circonférence, et sa surface est d'environ 25,694,240 lieues carrées, de 2,287 toises, dont l'eau occupe les deux tiers, de sorte que ce qui reste de terre ferme se réduit à 8,564,746 lieues carrées.

La terre est un globe, mais un peu plus élevé sous l'équateur que vers les pôles, et à peu près de la figure d'une orange. Cette déviation de la figure circulaire est très-peu considérable, car le grand diamètre de la terre ne surpasse le petit que de douze à treize de nos lieues communes, ce qui est à peine sensible dans un globe de neuf mille lieues de circonférence, et de trois mille de diamètre.

Il ne restera aucun doute sur la sphéricité de la terre, si l'on considère que dans les éclipses de lune, l'ombre que projette notre globe sur cette planète est toujours ronde. Et si la terre n'avait pas cette figure, comment eût-il été possible aux navigateurs d'en faire le tour? Comment les astres se lèveraient-ils et se coucheraient-ils plus tôt pour les pays orientaux que pour les pays occidentaux?

Ici encore se manifeste la sagesse du Créateur. La figure qu'il a donnée à la terre est la plus convenable à un monde tel que le nôtre et à ses habitants. Avec une autre forme dans quelques contrées elle serait un paradis, dans d'autres un chaos. Ici des tempêtes furieuses porteraient partout le ravage; là les animaux se trouveraient suffoqués, parce que les courants de l'atmosphère seraient retardés et arrêtés presque entièrement. Une partie de la terre jouirait des bénignes influences du soleil, pendant qu'une autre serait engourdie par le froid.

140.ᵐᵉ CONSIDÉRATION.

Du mouvement de la terre.

L'ESPACE immense où se trouvent les corps célestes est rempli d'une matière infiniment subtile qu'on nomme l'*éther*. C'est là que nagent notre globe et toutes les planètes qui composent notre système. Au centre est placé le soleil qui en est entouré, et qui les surpasse de beaucoup en grandeur. La pesanteur que la terre a de commun avec les autres corps l'entraîne vers ce centre, ou plutôt le soleil, par la vertu qu'ont les grands corps d'attirer davantage ceux qui sont plus petits qu'eux, attire vers lui la terre. Si celle-ci obéissait au seul mouvement d'attraction, elle se précipiterait nécessairement dans le centre du soleil; mais le Créateur lui en a en même temps imprimé un autre; c'est le mouvement projectile, qui la conduirait éternellement en ligne droite dans l'espace, si elle cessait d'obéir au premier. De la combinaison de ces deux forces résulte la courbe que décrit la terre autour du soleil, de la même manière qu'on voit tourner une fronde autour de la main qui l'agite.

Cette courbe est une ellipse dont le soleil occupe un des foyers, ce qui fait que nous sommes plus éloignés de

cet astre dans un temps que dans l'autre. La terre emploie à parcourir son orbite 365 jours, 5 heures, 48
minutes et 45 secondes : espace de temps qui est la mesure
de l'année astronomique, et après lequel le soleil se retrouve au même point de l'écliptique : car dans chaque
point de l'orbite terrestre cet astre nous apparaît dans le
ciel du côté opposé, en sorte qu'à chaque mouvement
insensible que fait la terre, nous nous figurons que c'est
le soleil qui se meut. Au printemps, il se montre également
éloigné des deux pôles ; de là vient l'égalité des jours et
des nuits. En été, il se trouve de 23 degrés et demi plus
près du nord, ce qui nous occasionne les plus longs jours.
En automne, son retour à l'équateur ramène l'égalité du
jour et de la nuit. En hiver, enfin, il est autant éloigné
vers le sud qu'en été il s'était approché du septentrion, et
c'est alors que nos nuits sont les plus longues.

Quel nouveau sujet d'admirer et d'adorer la sagesse et
la bonté suprême m'offrent l'ordre et l'arrangement des
grands ouvrages de la création ! Partout je retrouve le père
de la nature, et partout je suis forcé de m'écrier : Vous
avez tout disposé, ô mon Dieu, avec une parfaite harmonie !
et je n'abandonnerais pas avec une pleine confiance et une
résignation entière la conduite de ma vie à Celui qui régit
les mondes avec tant d'ordre et de sagesse !

141.ᵐᵉ CONSIDÉRATION.

Avantages qui résultent de l'inclinaison de l'axe de la terre.

La terre, en présentant au soleil son axe incliné, se
trouve à l'abri de très-grand maux qui seraient inévitables
si elle avait son axe dans une situation verticale. En effet,
redressons, pour un instant, l'axe du globe, et considérons
ce qui doit en résulter pour la terre. Son équateur, exposé
aux feux continuels et verticaux de l'astre qui nous éclaire,
verra bientôt tous les lits de ses rivières à sec, et, s'échauf-
fant chaque jour de plus, il se transformera en une poussière brûlante. Les terres polaires périront par une cause
opposée : le froid y pétrifiant tout, la nature y expirera
sous des glaces éternelles, et les zones tempérées, avec
une saison constamment la même, auront un simulacre de
printemps perpétuel, sans été qui colore leurs fruits et

leurs récoltes, sans automne qui les mûrisse et les verse dans nos greniers : les végétaux mourront en naissant; les animaux périront de famine; et si vous donnez un soleil à chaque zone, vous les exposez toutes à l'incendie de l'équateur.

L'inclinaison de l'axe de notre globe ne sollicite donc pas moins notre admiration et notre reconnaissance que tous ses autres phénomènes. Elle porte le caractère et l'empreinte d'une bonté sans bornes, d'une providence attentive, et d'une économie qui varie les latitudes avec une telle sagesse que tout ce qui vit et respire sur ce globe y trouve successivement toutes les températures les mieux combinées; et, dans ce sublime système, dont les effets sont infinis, et les moyens de la plus grande simplicité, un seul soleil tient lieu de la multiplicité de ceux qu'eût exigés la situation verticale de l'axe de la terre.

142.me CONSIDÉRATION.

L'aurore.

L'AURORE nous découvre une nouvelle et superbe création. Elle met sous nos yeux la terre dans tout l'appareil de sa magnificence : les montagnes avec les grands bois qui les couronnent; les coteaux avec les vignes qui les tapissent; les campagnes avec les moissons qui les couvrent; les prairies avec les rivières qui les arrosent; leur verdure n'eut jamais plus de fraîcheur. Les rayons du jour naissant brillent agréablement à travers les feuilles de ces rosiers sauvages; ils dorent le plumage de l'alouette, qui, soutenue par les zéphirs, fait retentir les airs de ses chants variés. Mille oiseaux sur le sommet des arbres, les bergers dans les vallons, célèbrent de concert les attraits de la nature qui paraît s'éveiller d'un paisible sommeil. A la vue des campagnes ornées de tant de beautés nouvelles, je verse des larmes de joie; mon âme semble s'épanouir comme la rose qu'un vent léger caresse.

Au bienfait de la renaissance du monde l'aurore en ajoute un second, qui n'est pas moins précieux; elle fait revivre l'homme, en le tirant du sommeil, et l'avertit du moment où il doit se remettre au travail, source pour lui du vrai bonheur. Déjà les oiseaux l'ont devancé ; ils remplissent l'air d'agréables concerts. Les bêtes de charge et les troupeaux n'attendent que ses ordres pour partir. Il quitte enfin sa demeure ; tout se met en marche avec lui ; l'aurore a causé sur la terre un mouvement universel.

Mais, tandis que le maître de la terre se met en route pour se rendre à son travail, et qu'il est suivi de la plupart des animaux qui le servent, j'en aperçois d'autres qui prennent ce moment pour gagner leurs retraites. Si je tourne les yeux vers l'entrée des bois, j'y vois arriver ici des lapins ; là des loups ou des renards ; ailleurs des cerfs ou des biches suivies de leurs faons ; d'un autre côté, des sangliers accompagnés d'une troupe de marcassins ; tantôt un daim ou un chevreuil ; tantôt d'autres animaux, mais généralement sauvages et peu traitables. Une main puissante les chasse au fond des bois, et le roi de la terre ne voit plus rien qui puisse retarder son travail ou gêner sa liberté.

Les premiers traits de la chaleur dilatent l'air et produisent un doux zéphir. La terre s'humecte de rosée ; les feuilles se courbent comme pour la recevoir de toutes parts ; les fleurs s'ouvrent pour partager ce trésor ; insensiblement l'horizon s'enflamme du plus beau rouge ; les nuages se parent de couleurs vives et variées ; les bords des nuages les plus épais deviennent des franges plus brillantes que l'argent ; les légères vapeurs qui traversent l'orient s'y convertissent en or ; le vert des plantes, affaibli par les gouttes de rosée qui les couvrent, prend la douceur et l'éclat des perles. Mais quelque belle que soit la nature en cet instant, nous sommes encore plus attentifs à ce qu'elle nous promet. On sent, par les accroissements perpétuels de l'aurore, qu'elle nous annonce quelque chose de plus parfait. Un moment ajoute à celui qui l'a précédé ; nous allons de lumière en lumière ; nous souhaitons d'en voir la plénitude. Ce qui nous est accordé nous fait soupirer après l'astre qui en est le principe ; bientôt il paraîtra dans toute sa gloire ; ce moment n'est pas loin, mais il est encore attendu.

Ah ! si j'étais maintenant dans la campagne, et que du haut d'une colline agréable, je pusse contempler ce ravissant spectacle, rempli d'une douce émotion, et prosterné devant le Dieu qui l'offre à mes regards, je m'écrierais :

Être infini, dans l'éclat de l'aube du jour je reconnais ta puissance et ta sagesse. Avec l'alouette qui s'élève dans les airs pour saluer le jour naissant, je m'élance vers le père de la création. La joie et l'allégresse de toute la nature, le rajeunissement de tous les êtres, excitent dans mon cœur les plus vifs transports de la reconnaissance. En ce moment où des millions de créatures te louent et t'adorent, comment pourrais-je demeurer insensible et muet? C'est de toi que vient toute beauté; de toi, qui es la source de toute lumière; c'est toi qui pares le ciel de ses vives couleurs, et qui en imprimes la sensation dans mon âme. Tu m'as donné cet esprit céleste qui peut te découvrir dans toutes ses œuvres : oui, mon œil croit te voir dans l'éclat de l'aurore. Si tu n'étais point, il n'y aurait ni aube du jour, ni soleil, ni aucune création : mais tu existes de toute éternité, et je me réjouis de ce que tu es mon père, comme tu l'es de toute la nature.

143.me CONSIDÉRATION.

Le lever du soleil.

La contrée orientale du ciel se revêt de plus en plus de la pourpre de l'aurore : l'air peu à peu se teint des couleurs de la rose; il brille enfin de l'or le plus éclatant; les rayons de l'astre qui s'annoncent percent avec plus de force; la lumière et la chaleur se répandent sur l'horizon, et s'augmentent jusqu'à ce qu'enfin la nature nous offre ce qu'elle a de plus grand. Le soleil paraît : un rayon échappé de dessus les montagnes qui nous le dérobaient encore, coule rapidement d'un bout de l'horizon à l'autre. De nouveaux traits suivent et fortifient le premier : peu à peu le disque se dégage; l'astre dans toute sa majesté s'élève de plus en plus, et parcourt sa carrière avec un éclat que l'œil a peine à soutenir. La terre se montre sous un nouvel aspect; toutes les créatures se réjouissent, et semblent recevoir une nouvelle vie; les oiseaux saluent par des accents d'allégresse la source de la lumière et du jour; tous les animaux en mouvement se sentent animés de force et de gaieté.

Il n'est point dans la nature de phénomène qui se manifeste avec plus de dignité, ni avec plus de charmes que le soleil levant. La plus riche parure que l'art humain puisse inventer, les plus belles décorations, l'appareil le plus pompeux, les plus superbes ornements des palais des rois, s'évanouissent quand on les compare à cette beauté vraiment éblouissante. N'avez-vous jamais été le témoin de ce ravissant spectacle qui chaque jour se renouvelle? La mollesse, l'amour du sommeil, une stupide indifférence, vous auraient-ils empêché de contempler cette merveille de la nature? et dois-je vous compter parmi cette multitude d'hommes insensibles, qui n'ont jamais cru que l'aspect de l'aurore valût le sacrifice de quelques heures de repos? Ou bien comme tant d'autres, qui chaque jour sont présents à cette scène magnifique, la voyez-vous sans en être frappé, sans qu'elle fasse naître en vous aucune réflexion, aucun sentiment? Ah! qui que vous soyez, sortez, sortez de cet état d'insensiblité, et livrez-vous aux pensées salutaires que doit exciter dans votre âme la vue du soleil du matin.

Il y a quelques moments, je découvrais de toutes parts une multitude de flambeaux; toutes leurs clartés réunies ne me rendaient point la terre visible; j'en tirais quelques secours pour entrevoir les objets peu distants, mais au milieu de tous ces feux j'étais encore dans les ténèbres. A présent il ne luit qu'un seul flambeau dans la vaste étendue des cieux, et non-seulement il efface tous les autres par la vivacité de sa lumière, il jette encore sur la nature un éclat, et la revêt d'une gloire qui en change toute la face. En ce moment, l'aspect de l'astre radieux est plein de douceur; tout applaudit à son arrivée; tous les regards sont tournés sur lui, et pour recevoir tous les hommages, il se rend accessible à tous les yeux. Mais il est chargé de répandre partout la chaleur et la vie aussi bien que la lumière. Il se hâte de s'acquitter de cette importante fonction; il darde plus de feux à mesure qu'il s'élève; il passe d'un côté du ciel à l'autre, et fournit sa carrière comme un athlète infatigable qui touche en vainqueur au dernier terme du stade qu'il parcourt, vivifie tout ce qu'il éclaire; rien n'échappe à son activité; il atteint par ses feux pénétrants aux endroits mêmes où ses rayons ne peuvent arriver.

Elance-toi vers Dieu, ô mon âme! que tes chants de louange montent de la terre jusqu'au Ciel, à ce Ciel où réside Celui par les ordres duquel le soleil se lève ; Celui dont la main dirige tellement son cours, qu'il en résulte pour nous l'heureuse révolution du jour et de la nuit, et la succession régulière des saisons. Elève-toi vers le Père des lumières, et célèbre sa Majesté; célèbre-le par un humble aveu de ta dépendance et par des actions qui puissent lui plaire.

144.me CONSIDÉRATION.

L'aurore boréale.

DE tous les phénomènes nocturnes, il n'en est point de plus remarquable, quelquefois même de plus brillant que l'*aurore boréale*. Souvent en hiver et vers l'équinoxe du printemps, lorsque le ciel est pur et que la lune a peu de clarté, on voit du côté du nord des espèces de nuées transparentes, lumineuses et diversement colorées. Une lumière éclatante se communique de proche en proche aux nuages, d'où sortent enfin des jets d'une lumière blanchâtre, qui s'étend jusque vers le zénith. Tel est le phénomène qu'on appelle *lumière septentrionale* ou *aurore boréale*.

Ce météore n'est pas toujours accompagné des mêmes circonstances. D'ordinaire ce n'est que vers minuit qu'on aperçoit une lueur qui ressemble à celle de l'aube du jour, quelquefois aussi on observe des sillons, des jets de lumière, des nuées blanches et lumineuses qui sont dans un mouvement continuel. Mais lorsque l'aurore boréale doit se montrer dans toute sa splendeur, on voit presque toujours dans un temps calme et serein un espace obscur, une nuée noire et épaisse dont le bord supérieur est entouré d'une bande blanche et lumineuse d'où partent bientôt des rayons, des jets brillants, des colonnes resplendissantes qui s'élèvent de moment en moment, prennent des couleurs jaunes et rouges, se rapprochent ensuite, se joignent et forment des nuées lumineuses et denses, et se terminent enfin par des couronnes blanches, bleues, couleur de feu ou du plus beau pourpre, d'où partent continuellement des jets de lumière.

Ce brillant phénomène, quoique visible, n'en est pas moins du nombre des effets naturels dont on n'a pu jusqu'ici déterminer exactement la cause.

Les phénomènes qui accompagnent les météores ignés ont porté un célèbre chimiste à croire qu'il existe dans le haut de l'atmosphère une couche de fluide inflammable plus léger que l'air, et que c'est au point de contact de ces deux couches que s'opèrent les phénomènes de l'aurore boréale et des autres météores ignés.

Au reste, l'ignorance où sont les hommes les plus éclairés sur les causes de l'aurore boréale, qui peut être d'une très-grande utilité pour purifier l'atmosphère, est une nouvelle preuve des bornes de notre intelligence.

145.me CONSIDÉRATION.

Utilité morale des nuits.

Pour sentir l'utilité morale des nuits, il suffirait de penser qu'elles interrompent le cours de la plupart des vices, ou du moins en partie de ceux qui sont les plus funestes à la société. En forçant assez généralement le scélérat à prendre du repos, les ténèbres procurent quelques heures de soulagement à la vertu opprimée : l'homme injuste cesse alors plus communément de tourmenter le malheureux, et mille désordres se trouvent arrêtés. Hélas ! à quel point effrayant ne se multiplieraient pas les crimes en tout genre, si les hommes pouvaient veiller le double des heures qu'ils veillent maintenant ! Livré sans interruption au vice, le méchant acquerrait une terrible facilité à mal faire : en un mot, on peut dire que les nuits empêchent une multitude de forfaits, en comparaison de ceux que leur obscurité favorise : et sans doute pour l'ami de la vertu, ce n'est pas là un des moindres avantages que l'humanité en retire.

D'un autre côté, si, comme plusieurs le souhaiteraient, il n'existait point de nuit, de combien d'instructions, de quels ravissants plaisirs notre esprit ne serait-il pas privé ! Les merveilles qu'offre à nos yeux le ciel étoilé seraient perdues pour nous. Chaque nuit, en nous manifestant dans les corps lumineux attachés au firmament la grandeur de l'Être suprême, nous porte à élever notre cœur vers lui, et nous fait d'autant plus vivement sentir notre néant. Si chaque occasion qui rappelle Dieu à notre esprit doit nous être précieuse, combien ne devons-nous

pas aimer la nuit qui nous prêche d'une manière si éner-
gique les perfections du Créateur ! Ah ! si nous voulions
y être attentifs, il n'est aucune nuit qui nous parût trop
longue, aucune dont nous ne puissions tirer les plus
grands avantages. Une seule nuit, où nous nous livrerions
à de saintes méditations sur les œuvres de la Divinité,
aurait les plus salutaires influences sur toute notre vie.
Contemple donc, ô homme ! le théâtre immense des merveilles que la nuit découvre à tes yeux : quand ce grand
spectacle n'exciterait en toi qu'une seule bonne pensée,
qui t'accompagne jusqu'au moment du sommeil, que tu
retrouves à ton réveil, et dont tu l'entretiennes ensuite
pendant la journée, pourrais-tu dire encore que la nuit
n'est bonne ni pour l'esprit, ni pour le cœur ?

146.me CONSIDÉRATION.

Tableau des beautés du printemps.

LA terre a repris sa parure et sa fécondité ; déjà toute
la création revit et se ranime. Il y a peu de temps tout
n'était qu'un désert stérile : les vallons, dont l'aspect ravit
notre âme, étaient ensevelis sous une neige épaisse ; les
montagnes, dont on voit les cimes grisâtres s'élever dans
les nues, étaient couvertes de glaçons et enveloppées d'un
brouillard impénétrable ; ces allées verdoyantes, qu'habite
maintenant l'aimable rossignol, n'offraient à l'œil que des
rameaux secs et dépourvus de feuilles ; les rivières et les
ruisseaux, qui coulent avec un doux murmure, étaient arrêtés dans leur course par les glaces qui les rendaient
comme immobiles ; les habitants des bois se cachaient ; les
oiseaux qui remplissent l'air de leurs chants étaient en-
gourdis sous les broussailles ou s'étaient enfuis de nos tristes demeures ; partout régnait un morne silence, et aussi
loin que notre vue pouvait s'étendre, nous ne découvrions
qu'une désolante solitude.

Mais à peine le souffle du Tout-Puissant s'est-il fait
sentir, que la nature est sortie de son engourdissement :
tout y est en action. Le soleil s'est rapproché de nous ; et
d'abord l'atmosphère a été pénétrée d'une chaleur vivifiante. Le règne végétal en a éprouvé la bienfaisante vertu,
et la terre s'est couverte d'herbe. Toute sa surface en est

renouvelée et embellie. Point de champs cultivés qui dans le lointain ne présentent à l'œil un spectacle enchanteur, et de près des fleurs innombrables qui charment l'odorat.

Les pâturages sont arrosés, et les coteaux se parent d'une riante verdure ; les campagnes retentissent des cris de joie et de chants d'allégresse ; les louanges et les actions de grâces de toute la nature s'élèvent jusqu'au ciel. Chaque oiseau nous répète son hymne avec plus ou moins de mélodie. Qu'il est gai le chant de la fauvette qui, voltigeant de branche en branche, ne se lasse point de faire entendre sa voix ! Il semble qu'elle ait formé le dessein de s'attirer d'avance l'attention de l'homme, et de le récréer par ses accents. L'alouette s'élève dans les airs en saluant le jour et le printemps par des tons gracieux. Le bétail par ses cris exprime la vie et la joie dont il se sent animé. Dans les rivières, les poissons qui, durant l'hiver, immobiles et glacés étaient au fond des eaux, remontent près de la superficie : ils ont recouvré leur première vivacité et leur souplesse ; la douceur et l'agrément de leurs mouvements si variés attirent et réjouissent les regards.

Oh ! comment pourrais-je voir tant de merveilles, et n'être pas saisi d'admiration pour cet Être adorable dont la puissance infinie se manifeste avec tant de gloire ! Pourrais-je respirer l'air pur et frais du printemps, sans me livrer à de délicieuses méditations !..... Jamais je ne contemple un arbre couronné de feuillage, un champ couvert d'épis, une forêt majestueuse, des prés émaillés de fleurs; jamais dans ces jardins, où se trouvent réunies toutes les beautés de la nature, je ne cueille la violette ou la rose sans penser avec attendrissement que c'est Dieu qui, au moyen des arbres, me couvre d'un ombrage frais ; que c'est lui qui rend les fleurs si belles et m'envoie leurs doux parfums ; qui revêt les prairies et les bois de cette aimable verdure ; qui rend à chaque animal le sentiment de son existence ; que c'est lui par qui j'existe aussi moi-même, et par qui je jouis du spectacle de la plus agréable des saisons.

147.me CONSIDÉRATION.

Les pluies.

Le printemps est la saison des pluies bienfaisantes ; la fécondité de la terre dépend principalement de l'humidité qu'elles lui procurent. Si l'arrosement de nos prairies et de nos champs était abandonné aux soins des hommes, ils ne pourraient suffire à cette tâche ; et malgré leurs travaux, la sécheresse et la famine désoleraient bientôt la terre. Aussi l'utilité des pluies est-elle sentie de tout le monde. Quelques-unes, il est vrai, telles que les *fontes de nuées* et les *trombes*, sont toujours dangereuses ; mais outre qu'elles arrivent fort rarement, si ce n'est les *trombes*, qui ont lieu plus fréquemment sur la mer, les dommages qu'elles causent ne sont rien en comparaison des avantages qui résultent généralement des pluies. D'ailleurs, ces désordres particuliers ne doivent être regardés que comme des exceptions à la règle générale ; exceptions qui toutefois, par le concours de différentes causes nécessaires au besoin du tout, rentrent elles-mêmes dans la règle, lorsqu'elles paraissent s'en écarter.

Il est d'autres espèces de pluies extraordinaires qui sont des occasions de terreur pour l'homme ignorant et crédule. Nous allons nous occuper plus longuement de ces dernières, afin d'éclairer ceux à qui la superstition les fait regarder comme surnaturelles.

Quelquefois, et surtout dans les jours d'été, il tombe une pluie rougeâtre à laquelle on donne le nom de *pluie de sang*, ou plutôt on s'imagine qu'il en est tombé une semblable lorsque, après une pluie ordinaire, la superficie de l'eau paraît rouge, ou que l'on trouve à la campagne des gouttes teintes de cette couleur. Le peuple croit qu'une telle pluie est nécessairement tombée de l'air, et qu'il a effectivement plu du sang. Et comment alors ne pas attribuer ce phénomène à des causes surnaturelles ? Cependant, il n'y a rien là qui sorte de l'ordre ordinaire. L'atmosphère étant chargée habituellement d'une multitude de corps étrangers, on ne doit pas être surpris que la pluie participe à ce mélange, et que ses qualités et sa couleur en soient altérées. Ne peut-il pas arriver quelquefois que des particules colorées tombent avec la pluie ? Le vent ne peut-il pas élever et disperser au loin les étamines de diverses fleurs ? On voit sur la superficie des eaux de petits insectes rouges, que les hommes crédules peuvent prendre pour du sang. Mais loin qu'il y ait rien de merveilleux dans ces phénomènes, il serait au contraire étonnant qu'ils n'arrivassent jamais. On est tout étonné de voir, après une pluie, des taches d'un rouge plus ou moins vif contre les murailles, sur les toits des maisons. La plupart de ces taches sont dues à la dépouille de la chenille de l'ortie ordinaire, délayée par la pluie ; d'autres sont les excréments de certains papillons. En 1774, dans un endroit du Vivarais qui se trouvait couvert de neige, étaient en grand nombre des taches d'un beau rouge vif, qui pénétraient dans la neige, de l'épaisseur de quelques lignes. C'étaient les excréments de quelques oiseaux qui, ne trouvant aucune nourriture dans la campagne, avaient mangé les baies du *raisin d'Amérique*, donc le suc est rouge. Après une sanglante bataille, lorsqu'une vaste campagne se trouve inondée de sang, un violent tourbillon peut élever dans l'air ce sang ainsi répandu, comme il élève l'eau d'un étang, et le porter aux environs où il donnera une vraie pluie de sang. L'histoire romaine fait mention d'un semblable phénomène après la bataille de Cannes ; et s'il n'est pas réel, il est du moins possible.

Quand il tombe une forte pluie dans les endroits où il croît beaucoup de petite chélidoine, elle en découvre les racines, qui sont très-grêles ; les petites bulles qui y sont adhérentes s'en détachent, et on les prend pour du froment tombé d'en haut. L'éruption d'un volcan, l'embrasement d'une ville ou d'une forêt, élève dans les airs une prodigieuse quantité de cendres, qu'un vent impétueux peut transporter à une assez grande distance, en formant ainsi une espèce de *pluie de cendre*.

Mais d'où viennent toutes ces chenilles dont quelquefois après la pluie certains endroits des jardins et des champs se trouvent parsemés ? L'atmosphère, dit-on, contenant une multitude de corps de toute espèce, il peut s'y rencontrer aussi des insectes avec leurs œufs. Il ne manque à ceux-ci qu'un lieu où ils puissent éclore. Lorsqu'ils tombent avec la pluie, ils restent collés sur les feuilles et s'y développent. Mais il est plus vraisemblable qu'un air humide et chaud les fait éclore tout à coup dans les lieux où ils étaient déposés avant la pluie. Des écrivains dignes de foi rapportent que les pluies qui tombent à Philadelphie, pendant le mois d'Août, entraînent avec elles des insectes qui, lorsqu'ils s'attachent à la peau des hommes, et qu'on ne les en retire pas d'abord, la rongent, et causent de fortes démangeaisons.

Quand ces petits animaux viennent à tomber sur des étoffes de laine, ils s'y établissent et s'y multiplient comme les teignes.

Un violent tourbillon peut élever jusqu'à la hauteur des nuages les eaux d'un étang; et avec ces eaux les œufs de grenouilles, des petits poissons, et des divers insectes qui les peuplent. Qu'un coup de tonnerre ou un vent impétueux dissipe ou emporte au loin ces eaux et le nuage formé au-dessus, la contrée où ce nuage ira tomber essuiera une *pluie de grenouilles*, de *petits poissons* ou d'*insectes*, par le moyen des œufs déjà éclos dans le nuage, ou qui écloront bientôt après sa chute.

On a vu en Egypte, en Pologne, en Allemagne, en Provence, des légions de sauterelles venir tout à coup désoler les campagnes par leur voracité, et les infecter par leur corruption. Ces insectes, après avoir ravagé une contrée, pressés par la faim, et allégés par la maigreur, prennent un vol assez élevé, et à la faveur d'un vent violent ils se transportent quelquefois d'une contrée dans une autre. Abattue par une nuée qui se résout en pluie, cette espèce d'essaim sera une *pluie de sauterelles*, qui pourra paraître surprenante, et ne sera toutefois qu'un phénomène très-naturel.

148.me CONSIDÉRATION.

Des fautes qu'on est sujet à commettre dans le printemps.

SERAIT-IL possible, ô chrétien ! que tu profanasses par tes désordres la saison destinée principalement à nous animer à la pratique de la piété ! N'est-il pas naturel de penser que, dans les jours gracieux du printemps, chaque prairie est pour toi un temple où tu viens offrir à l'Eternel le tribut de louanges et d'actions de grâces que tu lui dois; où chaque pensée, chaque sentiment, chaque action se rapporte à la gloire de celui qui te donnera l'existence? Mais, hélas! combien les hommes sont ingrats envers le céleste Bienfaiteur! Ils voient la nature se rajeunir; ils voient les fleurs et mille autres objets faits pour ravir l'âme, sans penser au Dieu qui créa toutes ces choses; ou s'ils y pensent, ils oublient de lui rendre grâces pour les merveilles de sa bonté. L'ingratitude qui règne si communément dans cette belle saison de l'année, est en même temps la source de tous les désordres qu'on y commet. L'homme est donc sur la terre la seule créature qui ne sente pas son bonheur! Etre ingrat, cœur insensible, c'est à toi que je m'adresse à présent. Mais puis-je ne pas craindre que tu ne me prêtes moins d'attention encore que tu n'en accordes à ton Dieu, à ton Dieu qui te parle dans la nature d'une voix si intelligible et si forte? Comment se peut-il cependant que tu le méconnaisses? Toutes ses œuvres le révèlent, et tu ne peux connaître ni toi-même, ni le monde où tu vis, si tu ne connais pas ton Dieu. Chaque créature te ramène à son Auteur; chaque point du vaste domaine de la création est plein de la Divinité; elle se découvre dans chaque oiseau, dans chaque fleur, dans chaque brin d'herbe. Sans cesse elle emprunte le langage si persuasif et si doux de la nature; elle s'adresse à tes sens, à ta raison, à ta conscience, à chacune de tes facultés. Ecoute-le ce langage, et qu'il te rende sensible et reconnaissant.

Apprends à les employer ces beaux jours du printemps : quitte l'appartement où tu te tiens renfermé, et viens respirer le bon air. Visite les jardins et les champs : contemple partout les beautés de la saison. Mais fuis ces plaisirs extravagants qui traînent à leur suite l'oisiveté et le repentir. Dans la réalité, tu ne jouiras des charmes du printemps que lorsque ton œil, se fixant sur les œuvres du Créateur, ta raison y découvrira une puissance et une bonté divine. C'est alors que ton cœur éprouvera des plaisirs inconnus au méchant. Eh! pourquoi te livrerais-tu à ces folles joies qui offensent ton Dieu et blessent ta conscience? Viens ici goûter de purs et innocents plaisirs. C'est uniquement pour ceux-là que tu as reçu des sens, que tu fus doué de la raison et d'un cœur sensible.

149.me CONSIDÉRATION.

Le printemps, sous son plus bel aspect, est l'image de la résurrection de nos corps.

La plupart des fleurs que nous admirons n'étaient, il y a peu de mois, que des racines grossières et informes ; à présent elles sont la parure de la terre et le charme des yeux. Quelle touchante image de la résurrection des justes et de leurs corps revivifiés ! De même que les racines des fleurs les plus agréables, encore ensevelies dans la terre, sont informes et sans agrément, et se revêtent de mille attraits divers lorsqu'elles fleurissent de nouveau ; de même le corps humain, qui dans le sein du tombeau n'est qu'un objet d'horreur, éprouvera la plus étonnante révolution au jour des récompenses : « Car ce qui a été semé en faiblesse ressuscitera en force ; ce qui a été semé en déshonneur ressuscitera en gloire [1] »

Dès que le printemps succède à l'hiver, la vie et la joie succèdent dans le cœur de l'homme aux tristes impressions qu'y produisait une saison rigoureuse, et les premiers beaux jours nous font oublier l'hiver et ses jours ténébreux. De même, ô homme ! tu oublieras au grand jour de la résurrection tous les instants tristes et sombres de ta vie passée. Ici-bas les nuages de l'affliction viennent obscurcir ton visage. Mais, dès l'aurore de la nouvelle création, la douleur n'existera plus pour les justes ; rien ne pourra troubler la sérénité de ton âme ; une joie céleste la remplira tout entière.

Le printemps est le renouvellement général de la terre. Aussi uniforme qu'il nous semblait durant l'hiver, aussi attrayant, aussi agréable, est maintenant son aspect. Tout nous plaît, tout nous enchante, et l'on s'imaginerait presque habiter un nouveau séjour. C'est ainsi, ô mortel ! qu'au jour de la résurrection tu te verras transporté dans une nouvelle, dans une superbe et ravissante demeure. Le nouveau ciel et la nouvelle terre seront affran-

----

[1] 1 Cor. c. 15, v. 43.

chis de tous les défauts apparents, ou même trop réels par la faute des hommes, du globe que tu habites actuellement. La paix, l'ordre, la beauté, la justice, rendront notre séjour futur le plus heureux séjour qu'il soit possible de concevoir.

Quand la chaleur des rayons du soleil a pénétré la terre, des milliers de plantes et mille fleurs diverses sortent de son sein. Il en sera de même au moment où les générations s'élanceront de la poussière où elles étaient ensevelies; ainsi que la fleur printanière sort de la semence pleine d'éclat et de beauté, ainsi, ô chrétien fidèle! ton corps confié à la terre s'en relèvera un jour, environné de gloire et revêtu d'une beauté céleste.

Le printemps est l'époque de la végétation pour l'herbe, pour les fleurs et pour toutes les plantes; c'est alors que tout ce qui a poussé son jet sur la surface de la terre se développe de jour en jour et croît visiblement. Pour ton esprit immortel, ô chrétien! le jour de la résurrection sera l'époque de tes progrès illimités dans le bien. Alors nulle faiblesse, nul obstacle ne t'arrêteront dans le chemin de la perfection; tu voleras de vertu en vertu, de félicité en félicité, et ces vertus ne seront point laborieuses comme elles le sont ici-bas; cette félicité sera sans ombre et sans vicissitude.

Au printemps, toute la nature semble sortir du sommeil pour exalter son auteur; les doux accents des habitants de l'air se réunissent comme pour louer de concert celui qui les a créés. De plus nobles chants se feront entendre au jour de la résurrection; dans ce monde nouveau, les élus de Dieu qu'il aura régénérés le chanteront éternellement.

De quels ravissements alors sera rempli mon cœur! Si le printemps terrestre est si riche en agréments, quelle sera la beauté, quelles seront les délices du printemps de la nouvelle terre!

150.me CONSIDÉRATION.

Sur la crainte des orages et sur leur utilité.

QUOIQUE nous ne soyons pas en état d'apercevoir tous les avantages qui nous reviennent des orages, le peu que nous en connaissons est très-propre a remplir notre cœur de gratitude envers le souverain bienfaiteur. Représentez-vous l'atmosphère chargée d'exhalaisons nuisibles et pestilentielles, qui s'augmente de plus en plus par l'évaporation continuelle des corps terrestres, dont il en est tant de corrompus et de venimeux. Cet air, il faut que vous le respiriez ; la conservation ou la destruction de votre existence tient à ses qualités bonnes ou mauvaises ; la salubrité ou l'insalubrité de l'air vous procure la vie ou la mort. Vous sentez quel est votre accablement dans les chaleurs étouffantes de l'été ; combien est difficile votre respiration ; quel malaise et quelles anxiétés vous éprouvez alors. N'est-ce donc pas un bienfait de Dieu, un bienfait qui mérite toutes vos actions de grâces, qu'un salutaire orage vienne purifier l'atmosphère ; qu'il dissipe ou consume les exhalaisons surabondantes, et prévienne ainsi leurs dangereux effets ; qu'il rafraîchisse l'air, et qu'en lui rendant son ressort il facilite votre respiration ? Sans les orages, tant de principes délétères se seraient de plus en plus multipliés ; les hommes et les animaux auraient péri par milliers ; une peste universelle aurait fait du globe un vaste cimetière. Quel est donc le plus raisonnable, de craindre ou de souhaiter les orages ; de murmurer des dégâts partiels qu'il occasionnent, ou de bénir la Providence des biens précieux qu'ils procurent ?

Ce ne sont pas seulement les hommes et les animaux qui gagnent a ce que l'atmosphère soit purgée de tant d'exhalaisons pernicieuses ; les végétaux mêmes en tirent des avantages signalés. Reportez-vous à la fin d'un orage : les arbres et les plantes languissaient penchés vers la terre ; l'état de souffrance où ils étaient les conduisait vers le dépérissement, si ce même principe qui a semé l'épouvante ne fût venu leur rendre la santé et la force. Les nuages s'évanouissent ; le bel azur des cieux reparaît, le soleil rend à toute la nature la joie et la sérénité, les gouttes de pluie humectent les branches et les feuilles, un principe vivifiant s'insinue à travers les pores de la plante et circule avec tous les fluides; les végétaux se redressent, reprennent de la vigueur, et ce rétablissement s'annonce par la vivacité des teintes dont ils sont colorés.

L'électricité naturelle, une des principales causes des orages, a donc la plus grande influence sur tous les êtres vivants et inanimés. Celle de l'atmosphère est communiquée aux plantes par les différents météores qui se forment dans l'air: les brouillards, la pluie, la neige, le tonnerre. L'expérience a démontré que l'électricité artificielle accélère le mouvement des fluides dans les vaisseaux des plantes, et augmente leur transpiration insensible; et le développement du germe est hâté, et toutes choses, égales d'ailleurs, les graines de plantes électrisées lèvent plus tôt en plus grand nombre, et croissent plus vite que celles des plantes non électrisées.

On ne peut nier toutefois que le tonnerre qui gronde au sein des orages, et qui porte au loin l'épouvante, ne fasse aussi des ravages considérables. Mais ici, comme en tant d'autres choses, prenons garde que la frayeur ne nous grossisse le mal et le danger. Pour sentir combien peu il est vraisemblable qu'un homme en particulier soit frappé de la foudre, il suffit de savoir que de sept cent cinquante mille personnes mortes à Londres dans l'espace de trente ans, deux seulement ont été foudroyées. Observons en outre que, pendant les plus violents éclats de tonnerre, la plupart des hommes prolongent leurs craintes sans raison. Celui qui a le temps de s'effrayer et de redouter les suites de l'éclair, est déjà hors de ses atteintes. Après l'éclair, le tonnerre ne peut nous être plus nuisible que ne le serait le seul bruit d'un canon; au contraire, il nous annonce que nous avons alors échappé au danger de la foudre, et il nous indique en même temps à quelle distance elle se trouve de nous.

L'art peut aussi nous rassurer contre les terreurs de la foudre: il a inventé des machines pour garantir de ses atteintes les lieux où on les place. Mais un préservatif plus sûr encore que les paratonnerres contre les orages

et les autres phénomènes effrayants, c'est le témoignage
d'une bonne conscience. Tranquille et ferme, le juste ne
craint point les jugements du ciel ; il sait qu'à l'ordre de
Dieu toute la nature s'arme contre les pécheurs ; mais
quand le juge suprême effraie et frappe les pervers,
l'homme de bien sait encore qu'il est sous la garantie du
Très-haut.

151.me CONSIDÉRATION.

Des plaisirs que l'été fournit à nos sens.

L'ÉTÉ a des agréments inexprimables, et il nous offre
journellement des preuves de l'infinie bonté du Créateur.
C'est la saison où Dieu verse avec le plus d'abondance
sur toutes les créatures le trésor de ses bénédictions.
La nature, après nous avoir ranimés par les plaisirs
que fournit le printemps, s'occupe sans relâche durant
l'été à nous procurer ce qui peut satisfaire nos sens,
faciliter notre subsistance, remplir tous nos besoins, et
réveiller dans nos cœurs des sentiments de reconnaissance.

Sous nos yeux croit dans les champs et les jardins
une quantité innombrable de fruits, qui, après avoir flatté
nos regards, seront recueillis et conservés pour servir à
nos tables. Les fleurs nous font voir la plus agréable
diversité ; nous admirons leur parure magnifique ; l'inépuisable fécondité, la richesse de la nature brillent dans
leurs espèces si multipliées. Quelle variété encore, et que
d'agréments dans les plantes, depuis l'humble mousse jusqu'au chêne majestueux ! Volez sans cesse de fleur en
fleur, jamais votre œil n'en sera rassasié. Gravissez les
plus hautes montagnes, cherchez la fraîcheur à l'ombre
des bois, descendez dans les vallons, partout vous trouverez de nouveaux charmes. Une multitude d'objets vient
frapper la vue : tous diffèrent les uns des autres, mais
chacun réunit assez de beautés pour fixer l'attention.
Là les objets les plus riants quoiqu'inanimés ; ici des
créatures vivantes de diverses espèces. Si nous élevons
nos regards, ils sont réjouis par l'azur céleste ; si nous
les ramenons sur la terre, ils sont récréés par le beau
vert qui la colore. L'oreille est ravie par les joyeux ac-

cents des chantres de l'air, et leur mélodie si variée, si simple, remplit l'âme des plus doux sentiments. Le murmure des ruisseaux, celui des flots argentés que roule dans sa course le fleuve voisin me plongent dans une aimable rêverie. C'est pour flatter le goût que mûrissent la fraise et tant de fruits délicieux qui, indépendamment du plaisir qu'ils nous causent, procurent à notre sang un rafraîchissement salutaire. Les granges et les celliers se remplissent de nouvelles productions des champs et des vergers, et nous offrent la nourriture la plus agréable et la plus saine. De douces émanations s'exhalent de toutes parts. Les nombreux troupeaux se nourrissent des productions de la nature, et transforment pour nous les herbes en fruits agréables et en des viandes succulentes. D'abondantes pluies humectent la terre et nous assurent mille sources de bénédictions. Des arbres touffus et de riants bosquets nous rafraîchissent par leur ombre; en un mot, tout ce que nous voyons, tout ce que nous entendons, tout ce que l'odorat et le goût éprouvent de sensations augmente nos plaisirs et contribue à notre félicité.

Quel intéressant spectacle présentent à nos regards les champs couronnés de fleurs et d'épis! La joie qui brille dans les yeux du moissonneur semble être l'expression de la reconnaissance envers le Dieu de la nature. C'est lui qui fait sortir le pain de la terre et qui nous comble de biens. Amis, faisons éclater notre gratitude, et que les louanges du souverain Bienfaiteur soient à jamais le sujet de nos chants! Ecoutons la voix qu'il nous adresse du sein de nos guérets fertiles. « L'année te comblera de mes dons. O monde! ton bonheur est mon ouvrage. J'ai appelé le printemps, et les moissons et les récoltes sont l'œuvre de ma puissance : les champs qui te nourrissent et les coteaux enrichis de blé sont à moi. »

152.me CONSIDÉRATION.

L'automne.

Aux agréments de l'été, malgré tous les feux que répandait l'astre du jour, ont succédé les douceurs et les fruits de l'automne. Les arbres, chargés des dons

les plus précieux, semblaient se pencher vers nous,
comme pour nous inviter à les cueillir, à nous en nourrir
dans toute leur fraîcheur, et à en faire une provision
suffisante pour en perpétuer la jouissance. Un air tem-
péré et calme nous permettait d'user en liberté de tous
les plaisirs de la campagne ; des amusements variés s'offraient à nous de toutes parts. Après avoir vu, à une
époque plus reculée, tomber sous la faucille du moissonneur les épis dorés, et avoir rempli nos granges de la
riche dépouille de nos guérets fertiles, le temps est venu
où parmi les jeux, les repas simples et rustiques, nous
avons partagé la gaieté franche et les travaux des ven-
dangeurs. Nous les avons vu fouler les raisins dans la
cuve, d'où devait sortir la liqueur vivifiante qui se trouve
maintenant renfermée dans nos celliers ou dans nos caves.
Ainsi s'amènent tour à tour et se suivent les saisons dans
lesquelles la nature nous comble de ses présents.

Mais déjà l'automne tire à sa fin ; le soleil jette sur
nos demeures des regards affaiblis. Cette terre, si belle
et si féconde, devient de jour en jour triste, indigente
et stérile. Je ne verrai de longtemps ce bel émail des
arbres fleuris, les charmes du printemps, la magnificence de l'été. Ces teintes et ces nuances des forêts et
des prairies, cette couleur purpurine des raisins, ces
trésors divers qui couvraient nos campagnes, tout a disparu. Les arbres viennent de perdre leur dernière parure ; les pins, les ormes et les chênes plient sous l'effort
des aquilons. Dénués de forces et sans chaleur, les rayons
du soleil ne pénètrent plus la terre. Les champs qui nous
ont fait tant de présents sont enfin épuisés, et ne pro-
mettent plus rien à l'homme.

Celui qui ne réfléchit point murmure ; mais le sage voit
avec une douce émotion ses terres humides et détrem-
pées ; les feuilles sèches, l'herbe jaunâtre, sont préparées, par les pluies de l'automne, à devenir un engrais
utile qui fertilisera son domaine. Cette réflexion, jointe à
l'attente du retour du printemps, excite sa gratitude pour
les tendres soins du Créateur, et le remplit de la plus
vive confiance. Tandis que la terre, privée de tous ses
agréments extérieurs, est exposée aux plaintes de ses
enfants, qu'elle a nourris et réjouis, elle recommence à
travailler pour eux, et déjà elle s'occupe en secret de leur
bonheur futur.

Si je me replie un instant sur moi-même, je me dirai:
« Mes beaux jours se sont obscurcis, et l'éclat qui m'environnait a disparu, comme les feuilles des arbres. Notre sort ici-bas aurait-il aussi ses saisons? En ce cas, j'aurai recours dans l'hiver de ma vie, aux provisions que j'ai faites dans les jours de ma prospérité, et je tâcherai de faire usage des fruits de mon éducation et de mon expérience. Si mes récoltes ont été abondantes, j'en ferai part aux indigents; à ceux dont le terroir, mal cultivé ou ingrat, n'aura été que d'un faible rapport. Ah! puissé-je, lorsque l'été de ma vie aura pris fin, avoir une automne riche en bons fruits, un hiver honorable pour moi, utile à mes semblables, et emporter dans le tombeau la douce consolation de leur avoir fait tout le bien qui aura dépendu de moi. »

153.me CONSIDÉRATION.

La neige; fertilité qu'elle procure à la terre.

La grêle est une grosse pluie qui a été gelée dans sa chute: la neige est une bruine qui a subi la même révolution. Elle ne diffère de la glace qu'en ce que celle-ci est de l'eau gelée dans une épaisseur plus considérable. Les vapeurs aqueuses converties en bruine peuvent, en tombant vers la terre, être congelées par le froid qui règne dans les couches aériennes qu'elles traversent. Ce qui contribue peut-être plus que toute autre chose à rendre l'air glacial, ce sont les nuées; car les jours où il tombe de la neige sont d'ordinaire fort nébuleux. En effet, plus les nuées sont épaisses, plus elles interceptent les rayons du soleil et empêchent leur action, d'où il doit naturellement résulter un froid assez grand pour convertir les bruines en neige.

A ne consulter que les apparences, on dirait que la neige ne peut être fort utile à la terre; il semblerait même que le froid humide dont elle la pénètre ne peut qu'être nuisible aux arbres et aux plantes. Mais l'expérience doit nous rassurer à cet égard.

« La neige et la glace, dit un savant naturaliste, sont peut-être de tous les corps connus les plus impénétrables à l'action du froid; aucun abri ne préserve plus sûrement les plantes des rigueurs de l'hiver que la neige entassée au-dessus d'elles. Dans les pays où les froids ne sont pas excessifs, on voit souvent la terre gelée avant la chute de la neige, ressentir sous cette neige les effets de la chaleur intérieure, et se dégeler lors même que le froid continue de régner dans l'air, et que les corps qui n'ont pas joui de cet abri ont été continuellement dans un état de congélation. Les plantes ainsi garanties du froid font pendant l'hiver des provisions pour leur accroissement futur, en sorte qu'au moment où les neiges sont fondues, elles font des progrès étonnants, préparés pendant leur séjour sous cet abri salutaire. Nous voyons dans nos Alpes la *soldanelle* et le *crocus* fleurir au printemps, à mesure que les neiges se retirent; leurs fleurs brillent aujourd'hui dans la même place que la neige couvrait hier. »

Ainsi même, dans le temps où toute la nature paraît livrée à un sommeil de mort, Dieu prépare ce qui est nécessaire à l'entretien des êtres qu'il a formés, et pourvoit d'avance à notre nourriture et à celle d'un nombre infini d'animaux. Ce qu'il fait chaque hiver dans la nature, il le fait journellement pour la conservation du genre humain. Ce qui nous paraît inutile ou nuisible contribue dans la suite à notre félicité; et quand nous croyons que Dieu cesse de s'intéresser à nous, c'est alors qu'il forme des plans qui nous sont cachés, et qui en se développant nous délivrent de l'adversité et nous procurent des biens que nous n'osions attendre.

154.ᵐᵉ CONSIDÉRATION.

Les pluies d'hiver.

LES pluies froides qui tombent sur la terre pendant la saison rigoureuse sont bien différentes de ces pluies chaudes qui, en été, embellissent notre globe et le récréent. Quel aspect lugubre ce changement donne à toute la nature! Le soleil se voile; le ciel entier paraît n'être qu'une immense nuée. Nos regards ne sauraient s'étendre au loin, une triste obscurité nous environne et nous menace. Enfin les nuées crèvent, et elles inondent la terre; l'air semble un réservoir d'eau inépuisable; les rivières et les ruisseaux s'enflent, se débordent et submergent les prairies et les campagnes.

Quelque désagréable, quelque fâcheux que nous paraisse un temps si sombre, on y reconnaît néanmoins encore des vues de sagesse et de bonté. Épuisée, pour ainsi dire, par sa fertilité, la terre a besoin de reprendre des forces; et pour opérer cet effet il faut non-seulement qu'elle se repose, mais qu'elle soit humectée. La pluie abreuve et ranime cette terre altérée et aride. L'humidité pénètre et arrive jusqu'aux plus profondes racines des plantes. Les feuilles sèches qui couvrent le sol se putréfient et se transforment en un vivifiant engrais. Des pluies considérables remplissent de nouveau les rivières, et fournissent à l'entretien des sources et des fontaines. Jamais la nature n'est oisive: elle travaille continuellement, quoique son activité soit quelquefois cachée. Les nuées, en répandant sans cesse ou la pluie ou la neige, préparent la fertilité de l'année suivante; elles assurent les richesses de l'été; et lorsque la chaleur du soleil ramène la sécheresse, les sources abondantes, formées par les pluies d'hiver, se répandent, arrosent les prairies et les vallons, et les parent d'une verdure nouvelle.

C'est ainsi qu'une sage Providence pourvoit à l'avenir, et que ce qui nous paraissait incommode et destructif devient le germe des beautés et des dons que nous prodiguent le printemps et l'été. Ceux que le Créateur nous fait, par ce moyen, sont aussi innombrables que peuvent l'être les gouttes qui tombent des nuées; et lors même que l'homme ignorant et aveugle murmure dans le temps qu'il devrait se répandre en actions de grâces, la Sagesse éternelle, toujours invariable, continue à remplir ses vues bienfaisantes.

155.ᵐᵉ CONSIDÉRATION.
Des amusements tumultueux de l'hiver.

DANS cette saison que, par préjugé, tant d'hommes regardent comme le domaine de la tristesse, chacun se forme des amusements propres à le distraire, et à faire couler sans ennui les longues soirées de l'hiver. Plusieurs cherchent des dédommagements à ses rigueurs dans la dissipation, dans l'agitation des sociétés et dans de vains plaisirs. Que d'efforts pour raccourcir par des soins frivoles des jours déjà trop courts! L'espace d'une journée est commu-

nément rempli par un enchaînement d'occupations qui ne
répondent ni à la dignité de l'homme, ni à la distinction
de son âme. Une heure après le lever du soleil, le volup-
tueux quitte son lit : il projette, pendant un premier repas,
les amusements auxquels il sacrifiera ce nouveau jour; puis,
s'abandonnant à l'oisiveté, il attend l'heure d'un second,
et se livre alors sans mesure aux plaisirs de la table. Rassasié, ou plutôt surchargé par l'usage immodéré des mets,
il se jette sur un lit de repos, afin de retrouver les forces
nécessaires pour soutenir de nouveaux excès. L'heure sonne
où il doit se rendre dans une compagnie tumultueuse, à
moins que le cercle bruyant ne vienne se rassembler autour
de lui. Il se met au jeu : pour la première fois alors, depuis
le lever du soleil, son esprit fait paraître quelque activité ;
et, les cartes à la main, les heures s'écoulent rapidement
pour lui. Enfin cet homme animal et terrestre passe du jeu
à la table, et de la table au lit : mais, au lieu du doux
sommeil, fruit de la sobriété, l'insomnie, ou des songes
effrayants viennent troubler ses heures nocturnes.

Cependant, de toutes les manières de prodiguer les jours
et les longues soirées de l'hiver, ce n'est point là encore
la plus répréhensible. Combien l'homme est ingénieux à
multiplier les moyens d'abréger sa vie par de vains amusements ! Tantôt c'est la chasse qui l'appelle loin des villes :
il poursuit, il force le lièvre timide, ou le daim craintif
qui, réduit aux abois et succombant à sa faiblesse, devient
la proie du chasseur, dont les inhumains plaisirs troublent le
repos des campagnes et celui de la nature. Tantôt la volupté
l'appelle dans ces lieux où les deux sexes dans des danses
lassives se tendent mutuellement des piéges, et où souvent il perd lui-même avec l'innocence la paix de l'âme, et
bientôt la santé du corps. Tantôt ce sont les séduisants plaisirs du théâtre qui l'enchantent. Là son cœur, en proie aux
passions les plus vives et les plus dangereuses, perd insensiblement le goût des vrais plaisirs. Tantôt il court à d'autres fêtes, à d'autres divertissements qui trop souvent
l'avilissent et causent ses malheurs.

Au milieu de ces amusements rapides, qui pourrait lui
rappeler le souvenir de ses devoirs ? Le penchant de
l'homme pour la société n'est point blâmable, sans doute,
et il lui devient particulièrement nécessaire dans cette saison. Mais ce penchant doit-il dégénérer en passion et mal-

triser son âme ? Les sociétés, celles mêmes qui n'offrent rien de contraire aux bonnes mœurs et à la vertu, peuvent devenir nuisibles, si elles prennent trop de temps, si elles font négliger les devoirs de famille ou d'état, si l'économie intérieure de la maison en souffre quelque dérangement. Les plaisirs ne sont point notre œuvre journalière ; ce n'est qu'à titre de délassement que le Créateur nous les accorde. Avoir pour eux un goût trop vif, c'est perdre de vue sa vraie destination : c'est rechercher des jouissances qui dans la suite seront pour celui qui s'y livre une source de regrets et de remords. Soyons donc surtout attentifs au choix de nos plaisirs dans les jours d'hiver. Ne prodiguons point notre temps à des amusements dont on ne peut jouir sans nuire à la vertu, à sa réputation, au bien-être des siens. Que ces joies insensées, qui trop souvent font couler les larmes des infortunés, et nous écartent nous-mêmes des devoirs que la religion et la société nous imposent, ne trouvent jamais d'accès dans nos cœurs ! Que jamais les satisfactions, même les plus innocentes, ne nous dominent au point de nous rendre insensibles aux plaisirs purs et solides de la vertu ! Qu'au milieu du commerce des hommes, le souvenir de la présence du Seigneur soit ma sauve-garde contre les tentations ! Que je sois toujours attaché à l'exercice des devoirs sacrés de chrétien, de citoyen, d'époux, de père, et non à la recherche de ces amusements futiles, qui nous détournent aisément de nos obligations, ou qui du moins ralentissent notre zèle pour le bien ! Gouvernez vous-même mon cœur, ô mon Dieu, et faites que parmi les plaisirs de ce monde je n'oublie jamais ceux de l'éternité !

156.me CONSIDÉRATION.

Sur les innocents plaisirs que l'hiver peut nous procurer.

CHAQUE saison a ses plaisirs, ses beautés : et l'hiver même, quelque dépourvu d'agréments et de charmes qu'il paraisse au premier coup-d'œil, peut remplir à cet égard le but du Créateur. O toi qui, par ignorance ou par préjugé, te répands en murmures contre cette saison, songe aux plaisirs qu'elle peut procurer et à ton cœur et à tes sens, surtout en remplissant par des occupations utiles les loisirs qu'elle nous laisse plus que dans tout autre temps.

Quel agréable aspect nous présente l'aurore, embellissant de ses teintes de roses un paysage couvert de neige ! L'épais brouillard, qui voilait la terre et nous dérobait la vue des objets, se dissipe tout-à-coup ; un léger verglas blanchit le sommet des arbres ; les collines et les vallons se colorent en réfléchissant les rayons du soleil, dont l'heureuse influence donne à toutes les créatures une nouvelle vie.

Le beau contraste que forment de toutes parts les noires souches des arbres, avec ce tapis éblouisssant qui couvre la plaine ; et cette nuance grisâtre des chaumières, avec la neige qui charge leurs toits ! De sombres buissons d'épines rehaussent la blancheur des champs par ce brun même qui en varie le coup-d'œil trop uniforme. Les germes du grain percent la neige de leurs tendres pointes. Que ce vert naissant se marie agréablement avec le blanc qui règne à l'entour ! Quel éclat jettent les arbustes, lorsque la rosée, en forme de perles, est suspendue àleurs rameaux pliants et faibles, et où s'entrelacent des fils légers qui voltigent au gré du vent ! Presque tous les oiseaux ont abandonné les bocages ; mais on voit encore voler la solitaire mésange, qui chante, malgré la froidure ; l'agréable roitelet, qui sautille çà et là, et le moineau hardi, qui vient familièrement jusque dans un enclos becqueter les grains qui sont à terre. Quel charme résulte du mélange de tous ces objets ! Voyez la brillante parure de ces haies ; voyez les forêts se courber sous le rideau blanc qui les couvre. Tout offre l'aspect d'un vaste désert sur lequel s'étend une voile uniforme d'une blancheur éclatante.

Quelle idée se former de ceux qui, en considérant ces phénomènes, n'éprouvent aucun sentiment de plaisir ? Qu'il est à craindre que le printemps avec tous ses charmes ne les trouve insensibles !..... Venez, ô mes amis, reconnaissez combien l'Éternel est bon, combien sa sagesse est adorable et sa gratuité sans bornes, dans tout ce qui concerne l'hiver ! La nature, toute dépouillée qu'elle paraît à nos yeux, est cependant un chef-d'œuvre divin, et notre seul aveuglement nous en dérobe les beautés. Dans chacune de ses parties luisent quelques rayons de la divine sagesse, et quelle foule d'autres nous sont encore cachés ! Nous ne pouvons la suivre dans toutes ses voies, et la plupart des hommes ne sont attentifs qu'à ce qui frappe leurs sens et flatte leurs inclinations, semblables à la brute qui regarde et la neige et les merveilles de la nature, sans remonter au grand Être de qui tout procède.

Oh ! de quelle satisfaction serait remplie notre âme, si nous savions dignement contempler les œuvres de Dieu dans cette saison de l'année ! L'air peut se troubler autour de moi, le ciel devenir orageux, et la nature se priver de tous ses agréments ; mais j'éprouverai de vrais plaisirs en découvrant partout des traces de la sagesse, du pouvoir et de la bonté du Créateur. Quelque bornées que soient nos facultés naturelles, nous trouverons toujours assez de matière pour occuper notre esprit et nos sens. Eh ! pourquoi rechercherais-je avec inquiétude les dissipations du monde, les dangereux amusements de la danse et du jeu ! Entouré d'une épouse chérie, d'enfants bien nés et d'amis vertueux, n'ai-je pas dans ma retraite des plaisirs toujours vrais et toujours variés !

O mon âme ! exerce-toi à les goûter, ces plaisirs. Que les œuvres de ton Dieu occupent souvent ta pensée : cette méditation t'adoucira les peines de la vie. Monte vers le Créateur, sur l'échelle des êtres qu'il a créés, et qu'en tout temps et en toutes saisons, il soit l'objet de tes louanges !

157.me CONSIDÉRATION.

Exhortation à se souvenir des malheureux pendant l'hiver.

Vous qui, tranquillement assis dans de commodes et riantes demeures, entendez mugir l'âpre vent du nord, sans en ressentir les atteintes cruelles, pensez-vous qu'une multitude de malheureux éprouvent tout ce que l'indigence et le froid ont de plus dur ? Heureux ceux qui, dans cette saison rigoureuse, sont à couvert sous un toit, réchauffés par de bons vêtements, récréés par l'usage du pain et du fruit de la vigne, et qui couchés sur le duvet goûtent du repos, et se livrent à d'agréables songes ! Malheureux celui à qui la fortune a refusé jusqu'au nécessaire ; sans abri, sans vêtements pour se couvrir ; souvent étendu sur un lit de douleurs, et trop timide pour exposer ses besoins !

Ah ! pour sentir vivement la misère de tant d'infortunés, fixez un moment vos regards sur les objets de

compassion qui sont le plus à votre portée! Voyez tant
de vos frères, se traînant avec peine, tourmentés par le
froid et la faim; ces vieillards mal vêtus, s'exposant durant des heures entières aux intempéries de la saison,
pour solliciter la pitié des passants; ces malades privés
de remèdes et d'aliments, couchés sur la paille, dans de
misérables cabanes, où pénètrent le vent et la neige.

L'hiver rend plus nécessaire encore la bienfaisance
envers les indigents, puisqu'il augmente leurs besoins.
C'est ici l'époque où la nature elle-même est pauvre en
quelque sorte, et c'est ajouter un nouveau prix à vos
bienfaits que de les distribuer dans le temps le plus convenable. Si l'été et l'automne nous ont enrichis de leurs
fruits, n'est-ce pas pour que nous en fassions part à
nos frères, quand la nature elle-même semble les abandonner? Plus le froid augmente, plus nous devons être
disposés à soulager les malheureux, à verser dans leur
sein le superflu des dons qu'elle nous a prodigués. Quel
autre but la Providence a-t-elle pu se proposer dans le
partage inégal des biens de la terre, sinon d'exciter à la
bienfaisance l'homme opulent, par le spectacle touchant
de la misère de ses semblables! et je n'aurais pas pitié
de mes frères! et je souffrirais qu'ils fussent plus à
plaindre que les brutes mêmes! Riches, c'est à vous
qu'il appartient d'adoucir leur état; bénissez Dieu qui
vous permet d'avoir part à cet honneur. Votre vocation
est de nourrir le pauvre, de le vêtir, de le réchauffer,
de le consoler, de l'arracher aux soucis, aux souffrances, à la mort : donnez-lui de votre superflu. Et vous
qui, dans un état médiocre, êtes au moins à l'abri des
grands besoins, faites-lui part de vos modiques ressources,
et songez qu'on n'est jamais assez pauvre pour être dis-
pensé de faire du bien. Goûtez ainsi la plus douce satisfaction que puisse éprouver un cœur noble; le plaisir
divin de secourir ses frères; d'adoucir, de diminuer
pour eux la rigueur des saisons et le poids de l'adversité.
Qu'il est doux de pouvoir soulager les maux de ses semblables, et qu'il est aisé de se procurer cette consolation!
Il suffit pour cela de restreindre sa dépense en super-
fluités, de se priver de quelques plaisirs. Souvenons-nous
que notre superflu est le nécessaire des pauvres. Et quelle
offrande à la vertu, si d'ailleurs notre bienfaisance est

accompagnée d'une victoire sur nos passions ; si nous retranchons quelques-unes des dépenses accordées au luxe et à la vanité, pour les employer au secours des indigents !

158.ᵐᵉ CONSIDÉRATION.

Avantage du climat que nous habitons.

QUELLE ingratitude, et en même temps quelle ignorance ! Hélas ! nous ne savons ni ce que nous souhaitons, ni de quoi nous nous plaignons ! Est-ce par inadvertance ou par orgueil que nous méconnaissons la bonté de Dieu, qui a si particulièrement favorisé nos contrées ? Nous murmurons contre la rigueur de l'hiver ; nous envions les régions où le changement de saisons est inconnu, et c'est précisément l'hiver qui rend le climat que nous habitons, l'un des plus sains qui soient sur la terre. Dans les pays chauds, on est plus exposé aux épidémies que dans ceux où luit un soleil moins ardent, et rarement la vie s'y prolonge autant qu'elle le fait parmi nous. Les hommes, d'ailleurs, y sont moins robustes, et la population y est moins nombreuse.

Lors même que le froid est au plus haut degré dans nos climats, quelle différence encore entre nous et les habitants des contrées où il exerce un si grand empire ! Nos plus rigoureux hivers auraient pour eux la température de l'automne. Comparons en idée notre sort avec celui des peuples qui habitent la partie septentrionale du globe. Ici, quelques rayons du soleil viennent du moins éclaircir les jours nébuleux, et ranimer notre gaieté ; là, des jours semblables aux nuits ne sont jamais récréés par la lumière de l'astre bienfaisant. Ici, soit au moyen d'un poêle doucement échauffé, soit dans nos lits, nous pouvons braver l'intempérie de l'air ; là troublés, assaillis par les bêtes féroces, les hommes les redoutent bien plus que le froid, et leurs chétives cabanes les défendent à peine contre ces genres d'ennemis. Chez nous, les agréments de la société adoucissent les incommodités de la saison, et les mortels voisins du pôle sont presque séparés du reste de la terre, et vivent en hordes dispersées. Nous sommes assez heureux pour voir la succession du jour et de la nuit, tandis qu'ils passent dans les ténèbres une grande partie de leur vie. Enfin, après quatre ou cinq mois orageux, et moins agréables à certains égards que ceux qui les ont précédés, une saison délicieuse nous console, et nous fait oublier tout ce que nous avons souffert; ceux-là, au contraire, ne contemplent qu'une nature morte, sans jamais la voir revivre; chez eux règne un hiver éternel.

Ah ! bénissons la bienfaisante main qui nous assigna un si heureux partage? Loin d'être mécontents de notre sort, glorifions le Seigneur qui le règle avec tant de bonté. Si, même au sein des frimas, nous passons agréablement le jour, pensons à tant d'infortunés qui sont privés de ces plaisirs, dont l'habitude et l'abondance même nous font méconnaître le prix.

159.me CONSIDÉRATION.

Des mouvements des planètes.

La rotation de la terre sur son axe, d'occident en orient, d'où résultent les mouvements journaliers apparents du soleil, des planètes et des étoiles fixes autour d'elle, d'orient en occident; l'inclinaison de son axe, au plan de l'éclitique, d'environ 23 degrés et demi, et enfin son mouvement annuel autour du soleil, forment pour elle les jours, les saisons, les années, au bout de chacune desquelles après avoir parcouru, dans l'orbite qu'elle décrit, plus de deux cent dix-huit millions de lieues, c'est-à-dire près de sept par seconde, elle revient au point d'où elle était partie.

Les autres planètes, ces globes opaques, qui ne nous deviennent sensibles que par la lumière qu'ils reçoivent du soleil, et qu'ils réfléchissent vers nous, ont aussi leur révolution d'occident en orient, soit autour du soleil, soit autour d'une autre planète, en nous paraissant parcourir le zodiaque, de l'étendue duquel on ne les voit pas s'écarter.

C'est en vertu de deux forces, qu'elles circulent ainsi; l'une, qu'on nomme *centripète*, les porte sans cesse vers leur centre de gravité; l'autre, appelée *centrifuge*, tend à tous les instants à les écarter du centre de leur circulation, et les dispose continuellement à s'échapper par une *tangente;* en sorte que de ces deux forces contraires, naît un mouvement composé curviligne, par lequel chaque planète décrit une courbe relative à la nature des deux forces qui l'animent.

On divise les planètes en deux classes. Celles de la première se nomment planètes *primitives*, *principales* ou du *premier ordre.* Telles sont Mercure, Vénus, la Terre, Mars, Jupiter, Saturne et Herschell; il faut y joindre la petite planète récemment découverte au milieu d'une espèce d'archipel d'étoiles, et qui longtemps errante semblait se dérober aux regards des observateurs. On ne lui donne pas plus de deux secondes de diamètre apparent; de six cents lieues de diamètre réel; on la croit cinq fois plus petite que la Terre. Toutes les planètes dont nous venons de parler tournent autour du soleil.

Celles de la seconde classe s'appellent planètes *secondaires* ou *subalternes*, autrement *satellites* ou *lunes*. On en compte vingt, savoir : une qui tourne autour de la Terre, et qui porte spécialement le nom de *lune;* quatre qui circulent autour de Jupiter; sept autour de Saturne; et huit nouvellement découvertes par Herschell lui-même, autour de sa planète. Ces dix-neuf dernières portent principalement le nom de *satellites*, et ne se distinguent entr'elles que par leur plus ou moins grand degré d'éloignement de leur planète principale; de sorte que celle qui en est la plus proche s'appelle *premier satellite;* la suivante, *second satellite*, et ainsi des autres. Toutes les planètes subalternes sont emportées d'un mouvement commun avec leur planète principale, dans la révolution qu'elle fait autour du soleil.

Saturne, indépendamment de ses sept satellites, est encore entouré d'un anneau fort mince, presque plan qui lui est concentrique, et qui est également éloigné de sa surface dans tous les points. Les astronomes le regardent comme un amas de corps opaques, ou de petites lunes. Cet anneau se montre à nos yeux sous la forme d'une ellipse plus ou moins ouverte, suivant les diverses positions où il est par rapport au soleil et par rapport à nous, il disparaît en certains temps, faute d'être éclairé en assez grande partie par cet astre, et de nous renvoyer assez de lumière pour être aperçu de si loin.

Les planètes principales ont un mouvement d'autant plus rapide, qu'elles sont plus voisines du soleil. Ainsi Mercure, qui en est le plus proche, quoique d'ailleurs sa distance soit au delà de treize millions de lieues, parcourt plus de onze lieues par seconde; tandis que Saturne à plus de 331 millions 628 mille lieues, n'en parcourt guère plus de deux en pareil temps; et qu'Herschell, à plus de 663 millions 315 mille lieues de cet astre, n'en parcourt qu'un peu plus d'une et demie. Les planètes du second ordre achèvent aussi leurs révolutions dans des temps d'autant plus longs, qu'elles sont plus éloignées de leur planète principale.

Quant à la durée des révolutions des planètes primitives autour du soleil, Mercure met à peu près trois mois à faire la sienne; Vénus, distante de cet astre de plus de 25 millions de lieues, emploie à décrire son orbite environ sept mois et demi. La Terre fait sa révolution périodique en 365 jours 5 heures 48 minutes 45 secondes et demie; Mars met à la sienne un an et 322 jours; Jupiter, environ onze ans et dix mois; Saturne, environ vingt-neuf ans et cinq mois; Herschell, quatre-vingt-trois ans cinquante-deux jours, et l'étendue de sa révolution embrasse plus de quatre milliards cent soixante-neuf millions quatre cent onze mille lieues.

Nous voyons la plupart des planètes primitives, outre leur révolution autour du soleil, tourner encore sur leur axe, d'occident en orient, avec une vitesse uniforme, et employer à ce mouvement des temps inégaux. Ce sont les taches observées sur la surface des planètes, qui en changeant de situation, ont fait connaître leur rotation ainsi que sa durée; mais comme on n'a pu faire les mêmes observations ni à l'égard de Mercure, trop fortement éclairé à cause de sa très-grande proximité du soleil, ni à l'égard de Saturne et d'Herschell, à cause de leur trop grand éloignement de cet astre, on ne peut juger que par analogie du mouvement de ces trois planètes sur leur axe. Vénus y tourne en 23 heures 20 minutes; la Terre en 23 heures 56 minutes 4 secondes; Mars en 24 heures 40 minutes; et Jupiter en 9 heures 56 minutes. Le soleil lui-même, centre de notre système planétaire, tourne sur son axe, et il le fait en 25 jours 14 heures 8 minutes.

Relativement aux planètes du second ordre, nous avons

lieu de penser que, comme notre lune tourne sur son axe, les divers satellites tournent également sur le leur ; et à l'égard des satellites de Saturne et de Jupiter en particulier, quelques observations astronomiques semblent autoriser ce jugement.

Le mouvement de rotation de la lune est très-lent, si on le compare à ceux des planètes principales. Elle ne l'achève qu'en 27 jours et environ 8 heures ; mais comme elle met précisément le même temps à faire sa révolution autour de la terre, relativement à un point fixe dans le ciel, il arrive de cet accord, qu'elle nous présente toujours la même partie de sa surface ; d'où il suit que la moitié de ses habitants, si elle en a, ainsi qu'on a lieu de présumer, ne voient jamais la terre, à moins qu'ils ne voyagent.

Si nous partageons le temps pendant lequel se fait la révolution connue des planètes autour de leur axe, comme nous le partageons à l'égard de la terre, c'est-à-dire en vingt-quatre parties égales, les heures de Vénus seront un peu plus petites, et celles de Mars un peu plus grandes que les nôtres ; tandis que dans Jupiter elles n'en seront pas la moitié. Mais si la lune met vingt-sept jours et environ huit heures à tourner sur son axe, un jour entier, et même plus, sera dans cette planète, ce qu'est une heure sur notre globe. Or, chaque révolution de la lune sur elle-même forme un jour pour elle ; car, pendant chacune de ces révolutions, le soleil éclaire successivement toutes les parties de sa surface ; d'où il suit que, pendant une de nos années, il n'y a pour les habitants de la lune que treize jours et un peu plus d'un tiers.

Au reste, comme la lune, et en général les planètes primitives et secondaires ont une inclinaison quelconque à l'écliptique, on peut présumer qu'il en résulte pour leurs habitants des avantages à peu près semblables à ceux dont nous fait jouir l'inclinaison de l'axe de la terre.

Képler trouva le premier que les planètes décrivent des ellipses et non des cercles. Newton fit voir depuis, par la théorie de l'attraction universelle en raison inverse du carré de la distance, qu'il devait en être ainsi. Képler découvrit encore que *les carrés des temps pé-*

riodiques des planètes sont comme les cubes de leurs distances à leur astre central ; c'est-à-dire que si l'on compare le carré du temps qu'une planète primitive, par exemple, emploie à parcourir son orbite, au carré du temps qu'une autre planète primitive emploie à parcourir la sienne, on trouvera entre ces deux carrés le même rapport qu'entre les deux cubes des moyennes distances de ces planètes du soleil. Képler fut si transporté de cette découverte, et si frappé des rapports, qu'il avait peine à se fier à ses calculs ; et c'est toutefois cette même loi qui devient la source de la découverte plus générale, et plus importante encore de l'attraction universelle, faite par Newton, 50 ans après. Une autre loi est que *les aires sont proportionnelles aux temps*, c'est-à-dire que le temps qu'une planète emploie à parcourir différents arcs de son orbite, sont entre eux comme les aires triangulaires terminées par ces arcs et par ces deux lignes droites tirées des extrémités de ces arcs à l'astre central : et pareillement, ces aires sont entre elles, comme les temps employés à parcourir les arcs qui les terminent. Newton a démontré ensuite que cette loi était une suite nécessaire du mouvement de projection combiné avec la force centripète qui retient les planètes dans leurs orbites.

Quelle sublime harmonie ! quels étonnants rapports ! quelles lois simples et fécondes règlent tout, aux cieux, sur la terre, dans l'immensité de l'univers ! Or, fut-il jamais des lois sans un législateur ?

160.me CONSIDÉRATION.

La lune ou l'astre qui préside à la nuit.

LA lune est après le soleil celui des corps célestes qui a le plus d'éclat : et quand, par elle-même, elle ne serait pas un objet très-digne de notre attention, elle le deviendrait au moins par les grands avantages qu'elle procure à la terre.

Déjà, sans le secours du télescope et à la vue simple, nous pouvons découvrir plusieurs phénomènes de la lune. C'est un corps rond, opaque, et dont la partie lumineuse est toujours tournée vers le soleil, duquel cette planète emprunte sa douce clarté. Les accroissements et diminutions de sa lumière suffisent pour nous convaincre de ces vérités. Elle tourne dans une orbite particulière autour de notre globe, qu'elle accompagne dans toute sa révolution autour du soleil.

Mais ce que l'œil ne peut observer dans la lune, n'est rien en comparaison de ce qu'on y découvre à l'aide du télescope et du calcul. Quelles obligations n'avons-nous pas aux vrais savants, dont les recherches et les découvertes nous mettent en état de nous former les notions les plus étendues des corps célestes, et manifestent de plus en plus à nos yeux la gloire du Créateur ! Au moyen de ces recherches pénibles, nous savons à présent que la lune, celle de toutes les planètes qui est la plus proche de nous, et qui, malgré sa proximité, nous parait si petite, est toutefois un corps assez considérable en lui-même. Sa surface est quatorze fois moindre que celle de la terre ; sa grosseur, à peu près, comme de 1 à 41 ; et sa moyenne distance, d'environ 85 mille lieues.

Dans la surface de la lune se découvrent plusieurs taches, même à la simple vue. Quelques-unes de ces taches sont pâles et obscures ; d'autres sont plus lumineuses. Les taches lucides sont vraisemblablement des terres qui réfléchissent la lumière en plus grande quantité. Les taches obscures sont des corps fluides, transparents ; peut-être des mers qui, conformément à leur nature, absorbent une grande partie de la lumière, et n'en réfléchissent que fort peu. Si la lune n'était composée que d'une seule matière ; si elle était un corps entièrement solide, ou entièrement fluide et sans aucune inégalité, elle réfléchirait d'une manière uniforme les rayons qu'elle reçoit du soleil, et nous n'y découvririons aucune tache. Il est donc très-apparent que les parties obscures de la lune sont des mers, et que les parties lumineuses sont des terres. Entre ces parties lucides, il s'en trouve quelques-unes plus brillantes encore que les autres, et qui jettent même de l'ombre. Elles sont donc plus hautes que celles-ci, et peuvent être assimilées aux montagnes de notre terre. Quelques-unes sont isolées, d'autres sont contiguës, et forment quelquefois de fort longues chaines. On juge même de leur élévation par l'espace dont elles sont séparées du reste de la lumière. Il en est de deux mille six cents toises : élévation bien plus considérable à proportion, que sur la terre ; puisque celle-ci n'a pas de montagnes plus élevées que de trois mille deux cent dix-sept toises, en hauteur perpendiculaire. Ces différentes montagnes de la lune, semées irrégulièrement sur sa surface, lui donnent une figure que l'on prendrait, à la vue simple, pour une espèce de visage, mais qui n'y ressemble en aucune façon quand on la regarde en détail avec une lunette. Dans les mers de la lune on distingue des parties moins obscures, et qui paraissent avoir ainsi de la conformité avec nos îles. Au reste, gardons-nous de tirer trop légèrement des inductions de notre terre, relativement aux autres mondes planétaires.

Ces découvertes auxquelles on ne peut opposer rien de solide nous montrent que la lune n'est pas un corps aussi peu important que le vulgaire ignorant se l'imagine. Sa grandeur, sa distance et tout ce que nous en connaissons, nous fournissent au contraire d'utiles sujets de méditation. Une planète aussi considérable n'aurait-elle d'autre destination que celle d'éclairer notre globe pendant la plupart des nuits ; de produire le flux et reflux de nos mers ; de procurer aux habitants de notre globe d'autres avantages qui nous sont inconnus ? La surface d'un corps de quelques millions de lieues carrées serait-elle dénuée de créatures vivantes ? L'Etre infini aurait-il laissé cet immense espace désert et vide ? Le Seigneur n'a-t-il établi son empire que dans la planète que nous habitons ? N'est-il pas d'autres créatures qui adorent avec nous un même Seigneur et un même Père ; qui soient comme nous l'objet des soins de sa Providence, et au bonheur desquelles il pourvoie avec la même bonté ?

Bornons-nous en ce moment aux avantages que la lune procure à notre globe. Les tendres soins du Père de la nature envers les hommes se manifestent ici bien sensiblement. Il a placé la lune si près de nous, afin qu'elle seule répandit plus de lumière sur la terre que toutes les étoiles ensemble. Par là elle nous offre un agréable spectacle, une multitude de commodités et d'avantages. A la clarté de cet astre nous pouvons entreprendre des voyages, aller partout où le besoin nous appelle, prolonger nos travaux , et terminer plusieurs affaires. Combien d'ailleurs sert à la division et à la mesure du temps la régularité avec laquelle les phases de la lune se succèdent les unes aux autres !

161.ᵐᵉ CONSIDÉRATION.

Eclipses de soleil et de lune.

Une éclipse est un effet purement naturel : la trace de l'orbite de la lune dans le ciel est différente de cinq degrés de celle qui y décrit le soleil , c'est-à-dire l'*écliptique* ; mais elle coupe ce cercle en deux points , qu'on appelle *nœuds*.

Tous les quinze jours , la lune passe dans un de ces nœuds ; et si le soleil se trouve vers le même endroit du ciel , la lune nous le cache , ce qui fait l'éclipse de soleil : ou si elle est à l'opposite de cet astre , elle est cachée par la terre , ce qui fait l'éclipse de lune.

L'éclipse de soleil est donc causée par l'ombre que la lune projette sur la terre. Mais elle ne peut avoir lieu que quand la lune , qui est un corps opaque et naturellement obscur , se trouve placée en ligne directe , ou presque directe entre le soleil et notre globe. Dans ce cas , elle nous cache , ou une partie de cet astre , et c'est une éclipse partielle ; ou l'astre tout entier , et c'est une éclipse totale. Celles de cette dernière espèce sont surtout remarquables par les effets qu'elles produisent. On passe très-promptement du jour le plus éclatant à une obscurité plus grande que celle de la nuit ordinaire , du moins plus sensible et plus frappante : les chevaux sont obligés de s'arrêter dans le milieu du chemin , ne sachant où mettre le pied ; la rosée commence à tomber par l'interruption subite de la chaleur ; les oiseaux mêmes retombent vers la terre par l'effroi que leur cause une si triste obscurité. Ces évènements sont fort rares : depuis longtemps , il n'y a eu à Paris d'autre éclipse totale que celle du 22 mai 1724 , et il n'y en aura pas de longtemps.

On voit que l'éclipse solaire dépend de la situation où se trouve la terre , lorsque l'ombre de la lune se répand sur elle , et que c'est une erreur grossière de croire que le soleil soit réellement obscurci : il n'est que voilé par rapport à nous ; cet astre conserve toute sa clarté, et tout le changement qui arrive, c'est que les rayons qui en émanent ne peuvent parvenir jusqu'à nous, à cause de l'interposition de la lune entre la terre et lui. De là vient qu'une éclipse solaire n'est jamais visible en même temps sur tous les endroits du globe ; car il faudrait que le soleil eût effectivement perdu sa lumière, pour que l'éclipse fût aperçue, à la fois et sous les mêmes rapports, dans tous les points d'un même hémisphère ; au lieu qu'elle est plus grande dans un pays que dans l'autre, et qu'il y a même des contrées où elle n'est nullement aperçue.

Si la lune obscurcit quelquefois la terre, celle-ci répand aussi quelquefois son ombre sur la lune, et lui intercepte les rayons du soleil en toute partie : de là les éclipses de lune. Mais ce phénomène ne peut avoir lieu que quand cette dernière planète est à un des côtés de la terre, tandis que le soleil est du côté opposé, c'est-à-dire dans la pleine lune. Comme elle est réellement obscurcie par l'ombre de la terre, l'éclipse est aperçue en même temps sur tous les points d'un même hémisphère de notre globe.

Il doit y avoir éclipse au moins deux fois l'année, c'est-à-dire dans les nouvelles ou pleines lunes qui arrivent quand le soleil se trouve vers un des deux points du ciel où sont les nœuds. Mais ces éclipses ne sont pas toujours visibles pour nous, parce que la lune ne peut cacher le soleil qu'à une petite partie de la terre. Il peut arriver six ou sept éclipses dans la même année, pour différentes parties de la terre, parce qu'il n'est pas nécessaire pour qu'il y ait éclipse, que le soleil réponde précisément aux nœuds de la lune. La largeur de ces deux astres suffit pour qu'ils paraissent se toucher, sans qu'ils répondent précisément au même point du ciel ; et la largeur de la terre fait que la lune peut cacher à un pays le bord du soleil, quoiqu'elle soit éloignée de plusieurs degrés du nœud ou de l'intersection des deux orbites. On a remarqué que les éclipses reviennent, à peu près dans le même ordre, au bout de dix-huit ans et dix-huit jours ; et telle pourrait être une des causes du retour des mêmes températures, dont nous avons parlé plus haut.

Pour ceux qui ne mesurent pas l'utilité des choses naturelles par les seuls biens sensibles qui en reviennent, les éclipses ont des usages importants. Par leur moyen, on peut déterminer la vraie position et la distance des villes et des contrées, et l'on est parvenu par cette voie à tracer avec exactitude la carte géographique des pays les plus éloignés. Les éclipses bien observées servent à confirmer la chronologie, et dirigent le navigateur, en lui apprenant combien il est éloigné de l'orient à l'occident. Quelque peu d'importance qu'il plaise à la frivolité d'attacher à ces avantages, ils en ont cependant une très-réelle, et sans eux le monde serait privé d'une partie de son bonheur.

Chaque fois que je vois s'éclipser un de ces astres qui distribue la lumière à la terre, je dois songer aux grands évènements qui auront lieu au dernier jour du monde. Quel aspect que celui de la lune obscurcie, et du soleil couvert de ténèbres ! Quel effroi saisira les humains, quand ces brillants flambeaux perdront leur clarté ; quand les cieux passeront avec un bruit effrayant de tempête ; quand les éléments seront dissous par l'ardeur du feu [1] ! Ah ! puissé-je alors participer au bonheur de ceux qui habiteront l'éclatant séjour de cette lumière indéfectible, où il ne sera plus besoin ni de lune ni de soleil.

162.me CONSIDÉRATION.

Contemplation du ciel étoilé.

Le ciel nous offre un théâtre de merveilles, un spectacle ravissant. Cet astre majestueux, qui, du centre de notre monde, domine sur les planètes et sur cette multitude de comètes qui l'environnent ; Mercure, de tous ces globes le plus voisin de ses rayons ; Vénus, si radieuse soit qu'elle devance le lever de cet astre, soit qu'elle lui succède ; la terre, autour de laquelle la lune resplendissante se meut pour l'éclairer pendant la nuit ; Mars, avec sa couleur rougeâtre ; Jupiter, avec ses bandes et ses quatre satellites ; Saturne, avec les siens et son anneau ; Herschell, si im-

[1] II. Pet. III. 10.

mensément éloigné du centre de son mouvement et qui a un satellite de plus que Saturne : tous se distinguent par leur éclat dans la voûte étoilée, et concourent, chacun à sa manière, à nous procurer le plus magnifique spectacle.

Cependant le soleil, avec toutes les planètes qui l'accompagnent, avec cette foule de comètes qui de temps à autre viennent lui rendre hommage, n'est qu'une très-petite partie de l'univers. Chaque étoile, qui d'ici ne nous paraît qu'un point, est dans la réalité un corps immense qui égale ou surpasse le soleil en étendue comme en splendeur, et chacune d'elles peut être le centre de plusieurs mondes.

C'est ainsi qu'il faut considérer ces astres qui, durant les nuits, brillent au-dessus de nos têtes, de leur propre lumière. Ils se distinguent des planètes, à la vivacité de leur éclat et parce que la place qu'ils occupent dans le firmament est invariable. Dans une belle nuit, on s'imagine voir des millions d'étoiles : cependant avec le ciel le plus découvert, et sous l'équateur où l'on aperçoit la moitié du firmament, la meilleure vue sans télescope ne peut en discerner que onze ou douze cents, ou deux mille environ dans tout le ciel. Toutefois, il est certain qu'elles sont innombrables, et vainement on tenterait d'en faire le calcul. Les télescopes, à la vérité, nous ont ouvert de nouveaux points de vue, et par leur moyen on découvre des millions d'étoiles. Mais ce serait chez l'homme un orgueil bien insensé, que de vouloir déterminer les limites de l'univers par celle de ces instruments.

Si nous réfléchissons sur l'éloignement où les étoiles sont de la terre, quel nouveau sujet d'admirer la grandeur de la création ! Les sens seuls nous font déjà connaître que les étoiles doivent être plus éloignées de nous que les planètes. Leur petitesse apparente provient uniquement de la distance où elles sont de la terre, et en effet cette distance ne se peut mesurer, puisqu'un boulet de canon, en supposant qu'il conservât toujours le même degré de vitesse, atteindrait à peine au bout de sept cent mille ans l'étoile la plus voisine de notre globe. Que sont donc les étoiles ? Leur prodigieuse distance et leur éclat nous l'apprennent. Elles sont autant de soleils qui font jaillir jusqu'à nous, non pas une lumière empruntée, mais la lumière qui leur est propre, soleils que le Créateur a semés par millions dans l'espace, et dont chacun est accompagné de plusieurs globes qu'il st destiné à éclaire r.

Cependant toutes ces observations , quelque surprenantes qu'elles soient , ne nous conduisent , tout au plus , que jusqu'aux premières limites de la création. S'il nous était possible de nous élancer au-dessus de la lune , de nous rapprocher des planètes , et d'atteindre l'étoile la plus élevée au-dessus de nos têtes , nous découvririons de nouveaux cieux , de nouveaux soleils , de nouvelles étoiles , de nouveaux mondes , et peut-être plus magnifiques encore. Là même , toutefois , ne se bornerait pas le domaine du Créateur , et nous observerions avec la dernière surprise , que nous ne serions encore parvenus qu'aux frontières de l'espace des mondes. Arrête-toi donc ici, chrétien , et réfléchis. Qu'il doit être grand l'Etre qui a créé ces globes immenses et innombrables ; qui a réglé leur cours , et dont la puissante main les gouverne et les maintient ! Et qu'est-ce que cette terre que nous habitons , et les magnifiques scènes qu'elle nous présente , en comparaison du firmament ? Quand elle serait anéantie , son absence serait aussi peu remarquée que celle d'un de ces grains de sable qui se trouve sur les bords de la mer. Que sont auprès de ces mondes les provinces et les royaumes ? Des atomes qui se jouent dans l'air , et qu'on aperçoit aux rayons du soleil. Et qui suis-je moi , quand je me contemple parmi ce nombre infini des créatures de Dieu ? Ah ! je me perds dans mon propre néant !.... Mais quelque petit que je me semble à moi-même , combien je me trouve grand à d'autres égards ? Car ce n'est pas seulement par mon corps que je dois être mesuré , c'est par mon âme , c'est par mon esprit et par mon cœur.

163.me CONSIDÉRATION.

Les constellations : l'étoile polaire.

LES astronomes ont divisé toutes les étoiles , qu'on peut discerner à la simple vue , en cent constellations , dont les douze principales forment le *zodiaque* , ou la route que semble parcourir le soleil dans sa course annuelle. Entre les constellations septentrionales , il n'en est point de plus remarquable que celle qui est la plus voisine du *pôle arctique* , et qu'on appelle *la petite ourse.* La dernière étoile de sa queue n'est qu'à deux degrés du pôle ! et c'est pour cette raison qu'on la nomme *étoile polaire*. Elle marque , pour ainsi dire , le point autour duquel se fait le mouvement général du ciel. On peut la reconnaître en cherchant , du côté du nord , quelle est l'étoile qui ne change pas sensiblement de place dans l'espace d'une nuit ; car l'étoile polaire est la seule dans ce cas. Mais comme il faudrait en essayer plusieurs , et les suivre chacune pendant plusieurs heures , afin de reconnaître celle qui ne varie pas , il vaut mieux se servir de la *grande ourse* pour découvrir l'étoile polaire.

Il n'est personne qui ne connaisse cette constellation , que les gens de la campagne appellent le *chariot*. Elle est composée de sept étoiles qui se voient toujours du côté du nord ; mais tantôt plus haut , tantôt plus bas , suivant les temps de l'année où on l'observe. Au mois d'avril , vers les neuf heures du soir , elle paraît sur notre tête , ou à notre zénith : en octobre , au contraire , elle est fort basse , ou près de l'horizon. Cela suffit pour indiquer qu'elle tourne autour d'un autre point du ciel , qui est à peu près à la moitié de la hauteur qu'il y a depuis l'horizon jusqu'au zénith , et c'est au moyen de cette révolution que nous voyons la grande ourse s'élever et s'abaisser ensuite. Si l'on y regarde plusieurs fois dans une nuit , on la verra monter ou descendre sensiblement , comme on voit le soleil monter le matin , et descendre le soir. Or , les deux étoiles de la queue de la grande ourse les plus éloignées conduisent par un alignement , à peu près direct , vers l'étoile polaire , en suivant cet alignement à droite en été , à gauche en hiver , en haut en automne , et en bas au printemps.

Ainsi l'étoile polaire s'aperçoit toujours vers le même point du ciel. Il est vrai qu'elle décrit un cercle autour du pôle ; mais son mouvement est si lent , et le cercle est si petit , qu'il est presque insensible. Elle varie donc fort peu sa situation , et on la voit en toute saison , dans la même partie du firmament ; ce qui la rend un guide sûr pour les navigateurs , particulièrement sur l'océan. Avant la découverte de la boussole , les marins n'avaient point de conducteur plus fidèle ; aujourd'hui même , lorsque le ciel est serein , ils peuvent en bien des circonstances se reposer avec plus de sûreté sur les avis de cet astre , que sur ceux de l'aiguille aimantée.

Les avantages que nous procure l'étoile polaire me font
assez naturellement penser à ce guide moral, à ce présent
inestimable que Dieu nous a fait en nous donnant sa parole pour nous indiquer la route qu'il faut tenir sur la mer
orageuse du monde et au milieu des ténèbres dont nous
sommes environnés. Sans guide fidèle je m'égarerais continuellement, et ne saurais trouver la voie qui conduit au
bonheur.

L'étoile polaire sert encore à nous faire admirer la bonté
de Dieu qui, par la position et le cours des astres, nous
donne une connaissance si certaine des temps, des lieux,
et des divers points du ciel. Dans un pays entièrement inconnu, un astronome pourrait, au moyen des étoiles, savoir où il se trouve; il pourrait s'assurer exactement du
mois, du jour, et de l'heure avec la même précision que
s'il consultait la meilleure montre. Nous observons, par
exemple, que tous les jours les étoiles arrivent quatre minutes plus tôt à l'endroit où elles étaient la veille; ce qui
produit deux heures chaque mois. Ainsi l'étoile que nous
verrons ce soir à dix heures, dans une certaine contrée du
ciel, un mois après y paraîtra à huit heures; celle que
nous voyons aujourd'hui à minuit au-dessus de notre tête,
sera dans un an au même point du ciel. Touchant effet des
soins de Dieu pour tous les habitants de la terre! Combien les peuples qui n'ont ni horloges, ni cartes géogra-
phiques, seraient à plaindre, s'ils ne pouvaient y suppléer par l'observation des étoiles! Si nous faisons un retour sur ces peuples, ces méditations ne sauraient nous
paraître indifférentes. Il faudrait être destitué d'humanité
et de sentiment pour que des objets qui à la vérité ne nous
intéressent pas directement, mais qui concernent tant de
nos frères, ne nous parussent dignes d'aucune attention.
C'est avec reconnaissance que j'élève mes regards vers le
Père et le Créateur des astres. Le bien que les étoiles procurent aux hommes à cet égard particulier, est sans doute
un des moindres biens qui résultent de l'existence de ces
corps célestes; et cependant que de louanges, que d'actions de grâces ne mérite pas déjà ce seul avantage!

164.me CONSIDÉRATION.

Coup-d'œil sur les mondes.

Qu'elles sont multipliées les œuvres de notre Dieu ! Qu'il est majestueux ce ciel étoilé ! et combien le Créateur y paraît grand !.... Des milliers de mondes annoncent sa gloire, et les êtres intelligents qu'ils renferment reconnaissent et adorent celui qui les a formés. Quels puissants motifs de nous unir aux chœurs célestes, pour que les louanges du Très-Haut retentissent dans toutes les parties de ce vaste univers ? Heureuse perspective qui s'ouvre pour nous dans l'éternité, où nous serons à portée de connaître ces mondes, et d'en contempler les merveilles ! Quel sera notre étonnement, en découvrant des objets tout-à-fait nouveaux, ou du moins dont nous n'avions qu'une idée fort imparfaite ! De quel éclat brilleront à nos yeux les perfections divines, dont l'empire s'étend sur une foule de mondes, tandis que nous imaginions sans motif qu'elles s'exerçaient uniquement sur le globe que nous habitons ! Quelle source intarissable de connaissances variées ! Quelle riche matière de glorifier le Créateur et le Maître de ces mondes inombrables !

L'imagination succombe sous le poids de la création. Elle cherche la terre et ne la démêle plus. Dans cet amas immense de corps célestes, ce globe se perd comme un grain de poussière dans une haute montagne. Ces millions d'étoiles fixes ont chacune, comme notre soleil, leurs planètes particulières, et nous entrevoyons autour de nous une multitude inconcevable de mondes, dont chacun a son arrangement, ses lois, ses habitants, ses productions.

Mais élevons-nous plus haut, et portés sur les ailes majestueuses de la révélation, traversons ces myriades de mondes et approchons-nous du ciel où Dieu habite !.... Parvis resplendissant de la gloire céleste ; demeures éternelles des esprits bienheureux ; lumière inaccessible ; trône auguste de *celui qui est ;* quel est le faible mortel à qui il serait donné de pouvoir vous décrire ?

Pour concevoir les plus hautes idées de l'étendue et de la population de l'univers, viens, ô homme ! et médite un moment sur l'admirable système du monde. Essaie de contempler toute la magnificence de la création universelle !.... Quel ne sera point ton ravissement à la vue de ces milliers, que dis-je, de ces millions de comètes qui circulent autour de notre soleil dans des orbes de plus en plus excentriques, et sous toutes sortes de directions et d'inclinaisons ! Mais combien ton étonnement redoublera quand tu viendras à penser que peut-être notre soleil et ces milliers d'autres soleils que nous nommons *étoiles*, circulent eux-mêmes autour d'un autre monde, qui par la supériorité de sa masse domine sur tous ces soleils et sur leur immense cortége, tandis qu'il est dominé à son tour par un autre monde plus puissant encore, et dont il ne serait lui-même qu'un satellite !.... Qu'un satellite ! Ici l'esprit perd la force d'admirer, et l'étonnement se change en stupeur. Oh ! comment un tel spectacle pourrait-il s'offrir aux yeux d'un simple mortel ?.... Et pour en jouir, ne faudrait-il pas être un ange, ou avoir été *ravi au troisième Ciel ?...*

Oui je suis forcé d'en convenir ; l'univers est un ouvrage immense, composé d'une multitude innombrable de pièces de grandeur et de densité différente, qui engrenées les unes dans les autres ou enchaînées les unes aux autres par une loi générale, le sont peut-être par la même loi, à un premier mobile dont l'inconcevable activité pénètre de masse en masse à travers des myriades de sphères, jusqu'aux extrémités les plus reculées de la création !

Et tous ces mondes sont peuplés d'une multitude infinie et infiniment variée d'êtres sentants, d'êtres intelligents qui font retentir dans toutes les sphères le nom du Tout-Puissant, qui célèbrent à l'envi la grandeur de ses œuvres et les trésors inépuisables de sa sagesse !

Ainsi ce que nous observons infiniment en petit dans notre demeure, s'observe infiniment en grand dans les régions célestes. Une goutte de liqueur fourmille de globules vivants ; un système solaire fourmille de comètes ; et ces comètes ne sont pas sans doute de vastes solitudes. En variant les orbites de ces corps planétaires, en les allongeant plus ou moins, en les inclinant en tous sens, et en les projetant entre les orbites presque circulaires des planètes, la Sagesse ordonnatrice n'a laissé déserte au-

cune région des systèmes solaires, et la population de
l'univers a été accrue autant que le permettait le plan de
la création. L'arrangement de ces grands corps a été si
bien calculé sur l'espace, le temps et les gravitations res-
pectives, que tous les mouvements célestes s'exécutent
dans l'ordre le plus parfait ; que les écarts y sont le plus
petit qu'il est possible, et qu'il s'y trouve partout des
compensations proportionnelles.

165,ᵐᵉ CONSIDÉRATION.

**Hymne à la louange de Dieu, sur les merveilles que nous
a offertes la contemplation du ciel.**

De la terre j'ai porté mes regards vers le ciel, vers le
ciel où est placé le trône de Dieu que j'adore. Accablé des
merveilles qui se sont offertes à ma contemplation, je ne
sais ce que je dois le plus admirer, ou la grandeur, ou
le nombre, ou la marche de tant de vastes corps qui forment les dehors du palais que s'est construit le Créateur de
l'univers.

Ici tout me ravit, tout me confond, tout m'anéantit. Si
jamais un être matériel pouvait nous éblouir par quelque
image sensible de la majesté du Dieu de la nature, et
surprendre l'hommage des mortels abusés, c'était ce globe
immense qui régit notre système planétaire. Etabli au
centre apparent de l'univers, dans un océan de lumière
dont il est la source, il s'y montre entouré de ces astres
errants qui semblent former sa cour. Par sa force attractive il les tient sous sa dépendance; il les éclaire, il les
échauffe et les féconde par sa permanente irradiation ; il
en est comme le bienfaiteur, il en est le monarque.

Mais ce soleil lui-même se perd au milieu d'un nombre
incalculable d'autres soleils. Les étoiles, à une distance
prodigieuse les unes des autres, nous montrent dans
l'univers une immensité où se perd l'imagination, où s'a-
bîme notre intelligence. Elles paraissent semées dans l'espace avec une profusion qui nous atterre... Et ce ne sont
encore là que les avenues de la création !... Quel est
donc le maître de cet empire !... Qui oserait lui refuser
l'hommage qu'on lui doit ! Combien il est digne de toutes
nos admirations !

Toutes les armées célestes glorifient la force et la majesté de mon Créateur : et toutes les sphères, qui roulent dans l'immense espace, célèbrent la sagesse de ses œuvres. La mer, les montagnes, les forêts ; les abîmes, qu'un acte de sa volonté a fait sortir du néant, sont les hérauts de son amour, sont les hérauts de sa puissance.

Serais-je seul à garder le silence ?.... N'entonnerais-je pas un hymne à sa louange? Ah! je veux que mon âme s'élance jusqu'à son trône ; et si ma langue ne fait que bégayer, au moins les douces larmes qui coulent de mes yeux exprimeront l'amour que j'ai pour lui.

Oui, ma langue bégaie : mais tu le vois, ô Très-Haut! l'autel de mon cœur brûle des plus saintes, des plus vives ardeurs. Ah! quand je pourrais tremper mon timide pinceau dans les flammes du soleil, encore me serait-il impossible de tracer un faible crayon, une légère esquisse, un seul trait de ton essence. Même les esprits purs ne peuvent t'offrir que d'imparfaites louanges.

Par quel pouvoir des millions de soleil brillent-ils avec tant de splendeur ? Qui détermine le cours merveilleux des sphères roulantes ? Quel lien les unit? Quelle force les anime ?.... C'est ton souffle, ô Éternel! c'est ta voix puissante.

Tout est par toi. Tu appelas les mondes ; et ils accoururent dans l'espace. Alors notre globe naquit ; les oiseaux et les poissons, le bétail et les bêtes sauvages qui se plaisent dans les bois, l'homme enfin, vinrent l'habiter et y goûter la joie.

Tu réjouis nos yeux par des aspects riants et variés. Tantôt ils se promènent sur la verte prairie, ou bien ils contemplent les forêts qui semblent toucher les nues ; tantôt ils voient briller la rosée que tu verses sur les fleurs ; et ils suivent dans son cours le ruisseau limpide où la forêt vient se réfléchir.

Pour rompre la violence des vents, et tout à la fois pour nous offrir un spectacle enchanteur, s'élèvent les montagnes, d'où jaillissent des sources salutaires. Tu abreuves de pluies et de rosées les vallons arides ; tu rafraichis l'air par le souffle du zéphir.

C'est par toi que la main du printemps étend sous nos pas des tapis de verdure ; c'est toi qui dores nos épis, qui colores de pourpre nos raisins ; et quand le froid vient engourdir la nature, tu l'enveloppes d'un voile éclatant de blancheur.

Par toi l'esprit de l'homme pénètre jusque dans la voûte étoilée ; c'est par toi qu'il connait le passé ; qu'il sait discerner le faux d'avec le vrai ; l'apparence de la réalité ; c'est par toi qu'il juge, qu'il désire, ou qu'il craint ; par toi que dans la partie la plus essentielle de son être il échappe au tombeau et à la mort.

Seigneur, ma bouche fera éternellement retentir ce monde où tu m'as placé, de la magnificence de tes œuvres. Seulement ne dédaigne pas la louange de celui qui devant toi n'est qu'un faible vermisseau. Toi, qui lis dans mon cœur, agrée les mouvements qu'il éprouve sans pouvoir l'exprimer.

Quand le front ceint d'une couronne immortelle je me présenterai devant ton trône, alors j'exalterai ta majesté par des chants plus sublimes. O moment si longtemps et si ardemment désiré ! hâtez-vous de paraître ; hâtez-vous, moment fortuné, où des joies sans mélange et sans fin inonderont mon cœur.

166.me CONSIDÉRATION.

Mystère de la nature.

Dès que les hommes veulent approfondir les choses, et pénétrer les causes dont ils sont les témoins, ils se voient forcés de reconnaitre combien leur entendement est faible et borné. La reconnaissance que nous avons de la nature ne s'étend guère qu'à quelques-uns des effets que nous avons le plus souvent sous les yeux. Mais quelles sont les causes de ces effets ! comment s'opèrent-ils ? C'est presque toujours pour nous un mystère impénétrable. Il y a même dans la nature mille effets qui restent cachés à nos yeux ; et dans ceux que nous sommes en état d'expliquer, il se mêle pour l'ordinaire une obscurité qui nous fait souvenir que nous sommes des hommes.

Nous entendons le vent souffler ; nous éprouvons ses différents effets : mais nous ne savons pas au juste ce qui le produit, ce qui augmente sa violence, et ce qui l'apaise. D'une graine, nous voyons sortir de l'herbe, des tuyaux, des épis, mais nous ignorons comment cela s'opère ; nous comprenons encore moins comment, d'un noyau très-petit, naît une plante, puis un grand arbre, à l'ombre duquel les oiseaux font leurs nids, et qui se couvre pour nous de feuilles et de fleurs. Tous les aliments dont nous faisons usage se transforment au-dedans de nous, par un mécanisme incompréhensible, et s'assimilent à notre sang, à notre chair. Les merveilleux effets de l'aimant nous sont connus, et nous imaginons une certaine matière qui les produit; mais agit-elle par une force attractive qui lui soit propre? Circule-t-elle sans cesse autour de l'aimant et forme-t-elle une espèce de tourbillon? C'est ce que nous ne saurions déterminer. D'ailleurs, combien d'effets de l'aiguille aimantée nous ne pouvons expliquer! Nous sentons le froid: avons-nous découvert exactement de quelle manière il s'engendre! Nous sommes plus instruits que nos ancêtres sur les phénomènes du tonnerre; mais quelle est la nature de cette matière électrique qui se manifeste d'une manière si terrible dans les orages? Nous savons que l'œil discerne l'image des objets qui ébranlent notre rétine, et que l'oreille a la perception des vibrations de l'air: mais qu'est-ce qu'avoir des perceptions, et comment cela se fait-il? Nous avons la conscience de l'existence d'une âme dans notre corps; mais qui peut expliquer l'union du corps et de l'âme, et leur influence réciproque? Le feu et l'air sont continuellement sous nos yeux; mais quelle est proprement leur nature, et comment s'opèrent leurs effets divers! En un mot, sur la plupart des objets, nous n'avons point de principes sûrs et incontestables; nous en sommes réduits à des conjectures, à des probabilités. Mais que sont les hypothèses des philosophes, sinon des aveux tacites des bornes de leurs lumières? La nature nous offre à chaque pas des merveilles qui nous confondent, et quelques recherches, quelques découvertes que nous ayons faites, il reste toujours mille choses que nous ne saurions comprendre. Quelquefois, il est vrai, on parvient à donner des explications heureuses de certains phénomènes; mais les premiers principes sont certainement élevés au-dessus de la sphère de notre intelligence.

Les mystères de la nature nous donnent tous les jours de sages leçons par rapport aux mystères de la religion révélée. Dans le règne de la nature, Dieu a mis à notre portée les moyens propres à nous faire passer heureusement notre vie corporelle, quoiqu'il ait voilé les causes à nos yeux. C'est ainsi que dans le règne de la grâce, il nous fournit les moyens de parvenir à la vie spirituelle, sans nous dévoiler la manière dont il opère en nous. Est-il personne qui refusât de manger et de [boire, jusqu'à ce qu'il sût comment les aliments lui conservent la vie et les forces? L'homme ne pousse pas l'extravagance à ce point; au contraire, il observe les productions de la nature; l'expérience lui montre leur utilité, l'usage qu'il en doit faire; et, pour peu qu'il ait un esprit juste et un cœur droit, il s'en sert avec des sentiments de gratitude envers le Créateur. Pourquoi ne pas se conduire avec la même sagesse relativement aux mystères de la grâce? On dispute sur la nature des moyens de salut, sur leur manière d'opérer, et on néglige d'en faire le saint usage auquel ils sont destinés. Ah! que ne sommes-nous aussi raisonnables dans les choses spirituelles que dans les choses temporelles? Au lieu de nous livrer à de vaines spéculations, usons des grâces que Dieu nous accorde; répondons-y avec fidélité. S'il se trouve des choses que nous ne puissions comprendre, recevons-les avec humilité, et en reconnaissant la faiblesse de notre entendement. Il suffit que l'utilité qui nous en revient nous convainque qu'elles sont l'ouvrage d'un Etre infiniment sage et bienfaisant.

A Dieu ne plaise que je sois assez présomptueux pour me flatter d'approfondir et les mystères de la nature et ceux de la religion! Loin de moi la témérité de les soumettre au blâme et à la critique! J'avouerai la faiblesse de mes lumières, et l'infinie grandeur de mon Dieu. Chaque mystère excitera mon âme à l'adoration de cet Etre, dont les œuvres sont si merveilleuses, et les secrets si supérieurs à mon intelligence.

167.ᵐᵉ CONSIDÉRATION.

La somme des biens l'emporte de beaucoup dans le monde sur celle des maux.

RIEN n'est plus propre à nous consoler dans les revers et les disgrâces de la vie, que d'admettre en principe qu'il y a plus de bien que de mal dans le monde. Consul-

tons le plus misérable des hommes, et demandons-lui
s'il pourrait articuler autant de sujets de se plaindre,
qu'il a de motifs à la reconnaissance. Quelles que puissent
être ses infortunes, en laissant à part celles qu'il se fait
à lui-même, ou que son imagination lui exagère, il se
trouvera qu'elles ne sont pas à comparer avec la multitude
de bienfaits qu'il a reçus dans le cours de sa vie.

Pour vous rendre cette vérité sensible, faites le calcul
des jours que vous avez passés en santé, et de ceux où
vous avez langui dans la maladie. Opposez au petit
nombre de peines et de chagrins que vous éprouvez dans
la vie civile et domestique, les plaisirs si multipliés dont
elle est la source. Comparez toutes les actions bonnes et
innocentes par lesquelles la plupart des hommes se rendent
utiles à eux-mêmes ou à leurs semblables, avec le petit
nombre d'actions par lesquelles ils se nuisent à eux et
aux autres, et pensez que c'est l'habitude du bien qui
nous rend si sensibles au mal; que de nouvelles pros-
pérités nous font oublier les premières, et que nos maux
ne se gravent si profondément dans notre mémoire, que
parce que nous n'y sommes pas accoutumés et qu'ils sont
rares. Comptez les heureux évènements dont vous pouvez
vous souvenir. Opposez-leur ensuite les vrais maux que
vous vous rappelez; prenez garde que je ne dis pas tous
les maux dont vous vous souvenez: je ne parle pas de
ceux qui, de votre propre aveu, ont été pour vous
l'assaisonnement du bien ou la source de plusieurs avantages; je ne parle point de ces maux qui sont dispensés
aux hommes pour les rendre meilleurs, ou pour instruire
les autres par leur exemple: ces maux sont compensés
par des suites très-avantageuses au genre humain. Dans
le calcul dont il est ici question, n'opposez au bien dont
vous vous rappelez la jouissance, que les maux dont vous
ne reconnaissez point à présent l'utilité; et si vous l'entre-
prenez dans des moments de calme et de sérénité, vous
vous convaincrez qu'ici-bas le bien l'emporte de beaucoup
sur le mal. En voulons-nous d'ailleurs une preuve sensible? Combien il y a peu d'hommes qui, dans le choix,
préférassent la mort à la vie; et qui, lors même qu'ils
invoquent la première à grands cris, si elle se présentait
à eux, ne la conjurassent, comme le bûcheron de la
fable, de les aider seulement à recharger leur fardeau!

Mais pourquoi donc l'homme s'occupe-t-il si peu des preuves continuelles qu'il reçoit ici-bas de la bonté de Dieu? Pourquoi aime-t-il mieux voir les choses sous un mauvais aspect, et se tourmenter lui-même par des soucis et de vaines inquiétudes? La divine Providence ne nous environne-t-elle pas d'objets agréables? Pourquoi donc arrêter toujours nos regards sur nos infirmités, sur ce qui nous manque, sur les malheurs qui peuvent nous arriver? Pourquoi les grossir dans notre imagination, et détourner obstinément les yeux de tout ce qui pourrait nous tranquilliser et nous réjouir? Tel est l'homme; les moindres disgrâces absorbent toute son attention, et une longue suite de jours heureux s'écoule sans qu'il y prenne garde. Il s'attire à lui-même des chagrins et des malheurs qui ne lui arriveraient pas s'il était plus attentif aux bienfaits de Dieu. Ah! loin de nous des sentiments si propres à nous rendre misérables! Soyons intimement convaincus que Dieu a distribué avec ordre, avec justice, avec sagesse, avec impartialité, ses biens à toute la terre, et qu'il n'y a point d'homme qui n'ait les plus justes sujets de se répandre en actions de grâces. Béni soit donc ce Dieu qui est mon souverain bien! Il remplit mon cœur de joie et d'allégresse, et s'il m'exerce quelquefois par des afflictions, ses consolations, si j'ai recours à lui, ne tardent pas à récréer mon âme, et sa bonté daigne me promettre un bonheur sans fin et sans nuage. Il nous conduit par des voies secrètes et inconnues aux grandeurs qu'il nous destine. Les épreuves mêmes qu'il nous envoie ont un but miséricordieux, que nous reconnaîtrons un jour. En attendant, il nous épargne les maux qui surpasseraient nos forces; sa main puissante et paternelle nous protége, et ses yeux sont toujours ouverts sur nous.

168.ᵉ CONSIDÉRATION.

L'existence de Dieu.

O vous qui faites vos délices de contempler avec moi le plus beau des spectacles, voyez ces campagnes couvertes de verdure. Voyez ces bosquets et ces bois, ces sources d'une eau pure et ces ruisseaux, ce vaste et profond Océan, cette forêt antique et sombre, ces montagnes dont le sommet se perd dans les nues ; l'aspect sauvage des rochers et des déserts n'est pas même dépourvu d'agréments. Ce ciel de pourpre ; les accents tout à la fois agrestes et touchants que les oiseaux font entendre ; l'odeur suave que répandent les arbres et les fleurs ; la douce influence du soleil levant, inspirent à l'esprit une satisfaction inexprimable ; et c'est surtout dans ces moments que nos facultés, revivifiées en quelque sorte, sont propres à ces méditations auxquelles la solitude des campagnes et la tranquillité d'un beau matin nous disposent naturellement.

Le spectacle de la nature, si vivant, si animé, si attendrissant pour quiconque en reconnaît l'auteur, est mort aux yeux de l'homme qui en rejette l'existence ; et dans cette grande harmonie des êtres, où tout parle de Dieu d'une voix si douce, il n'aperçoit qu'un silence éternel.

La nature est un livre ouvert à tous ; nul n'est excusable de n'y pas lire, parce qu'il parle une langue intelligible à tous. C'est dans ce livre grand et sublime que le Père commun se montre plus à découvert.

Vous vous sentez ému.... Votre cœur s'élance vers l'auteur de tant de merveilles, pour l'en bénir et l'exalter.... Le Créateur s'y adresse au cœur et à l'esprit. Attachons-nous à ce qu'il dit à notre raison.

Examinez cette machine ingénieuse qui mesure les heures. L'aiguille est mue ; voilà un effet ; le mouvement lui est imprimé par une roue qui agit immédiatement sur elle, et cette roue est la cause du mouvement de l'aiguille. Le mouvement de cette roue est un effet lui-même, par rapport à une autre roue qui la fait mouvoir, et ainsi successivement. Par-là, depuis le mouvement du ressort jusqu'à celui de l'aiguille, il existe une suite de mouvements qui sont tout à la fois effets et causes, sous différents rapports. C'est là ce que j'appelle une *suite de causes et d'effets subordonnés*. Or il est évident que dans une telle suite il faut nécessairement qu'il y ait une première cause. S'il n'y avait point d'artiste, il n'y aurait point de montre.

Réfléchissez maintenant sur vous-même, et vous serez convaincu qu'il y a en vous, comme dans cette machine, une suite de causes et d'effets subordonnés. Réfléchissez sur ce grand spectacle que vous avez sous les yeux, sur l'univers : c'est une grande machine où existe encore une subordination de causes et d'effets. Mais nous venons de voir qu'une subordination de causes et d'effets exige nécessairement une première cause ; il y a donc une première cause qui a produit l'univers.

Pour établir cette subordination entre les choses, il faut en connaître parfaitement tous les rapports ; il faut avoir l'intelligence de toutes les parties : un horloger ne sera pas capable de faire une montre, s'il est une seule partie dont il ne sache pas les proportions. L'artiste qui a fait l'univers a donc nécessairement de l'intelligence.

Comme l'intelligence de l'ouvrier doit embrasser toutes les parties de la montre, l'intelligence de la première cause doit embrasser tout l'univers. Si quelque partie échappait à sa connaissance, il lui serait impossible de la mettre dans l'ordre où elle doit être ; et cependant son ouvrage serait détruit, si une seule était hors de sa place. Or une intelligence qui embrasse tout est une intelligence infinie : l'intelligence de la première cause est donc infinie.

Mais pour faire une montre, il ne suffit pas d'en avoir l'intelligence, il faut encore en avoir l'adresse ou le pouvoir. La puissance de la première cause est donc aussi étendue que son intelligence : elle embrasse tout ; elle est infinie comme elle.

Puisque cette première cause embrasse tout, elle est partout ; elle est donc immense.

Dès que cette cause est première, elle est indépendante ; si elle en dépendait, il y aurait une cause qui serait avant elle. Mais puisqu'il faut nécessairement qu'il y ait une cause qui soit première, c'est une conséquence que cette même cause soit indépendante.

Cette première cause étant indépendante, toute puissante et souverainement intelligente, elle fait tout ce qu'elle veut ; elle est donc libre. Elle ne peut pas acquérir de nouvelles connaissances ; car son intelligence serait bornée : elle voit donc tout à la fois le passé, le présent et l'avenir. Elle ne peut pas non plus changer de résolution ; car, si elle en changeait, elle n'aurait pas tout prévu, elle est donc immuable.

C'est une suite de son indépendance, qu'elle n'ait pas commencé, et qu'elle ne puisse pas finir. Si elle avait commencé, elle dépendrait de celle qui lui aurait donné l'être ; et si elle pouvait finir, elle dépendrait de celui qui pourrait cesser de la conserver. Elle est donc éternelle.

Comme intelligente, elle discerne le bien et le mal, juge le mérite et le démérite. Comme libre, elle agit en conséquence, c'est-à-dire qu'elle aime le bien, hait le mal, récompense la vertu, punit le vice, et pardonne à celui qui se repent et se corrige. Dans tout cela elle ne fait que ce qu'elle veut, parce qu'elle veut le bien, et ne veut que le bien.

Les qualités de cette cause se nomment *attributs* ; et l'on donne à l'attribut par lequel cet Etre punit, le nom de *justice* ; à celui par lequel il récompense, le nom de *bonté* ; à celui par lequel il pardonne, le nom de *miséricorde*.

La puissance qui fait tout ; l'intelligence qui règle tout ; la bonté qui récompense ; la justice qui punit ; la miséricorde qui fait grâce, s'expriment par un seul nom, celui de *Providence*. C'est en effet par ces attributs que cette première cause pourvoit à tout.

Une première cause, tout intelligente, toute-puissante, indépendante, libre, immuable, éternelle, immense, juste, bonne, miséricordieuse, et dont la Providence embrasse tout, voilà l'idée que nous devons avoir de Dieu, et celle que nous présente le spectacle de la nature, quand nous voulons y lire ce qu'il nous enseigne.

Maintenant, si vous réfléchissez sur les attributs de Dieu, vous verrez dans quel ordre nous les concevons. Vous remarquerez premièrement, que la liberté est le résultat de l'intelligence, de la toute-puissance et de l'indépendance. En second lieu, que la toute-puissance et l'intelligence infinie embrassent l'éternité et l'immensité ; car il faut que Dieu voie et agisse dans tous les temps et dans tous les lieux. Troisièmement, vous jugerez qu'une cause qui est partout et qui voit tout, doit être immuable. Vous verrez, en quatrième lieu, que de sa connaissance et de sa liberté naissent sa justice, sa bonté et sa miséricorde. Enfin, lorsque vous réunirez tous ces attributs, vous vous ferez l'idée de la Providence.

169.me CONSIDÉRATION.

Du gouvernement de Dieu à l'égard des évènements naturels.

Presque tous les évènements se règlent d'après les lois générales de la nature ; mais il serait insensé de n'y pas reconnaître une influence particulière de la Divinité, qui les dirige selon ses vues, et les fait concourir à ses desseins. La Providence divine se sert des causes naturelles pour châtier ou pour récompenser. A son ordre, l'air se corrompt ou se purifie ; les saisons deviennent fertiles ou stériles ; elle arrête ou favorise à son gré les entreprises des hommes.

D'ordinaire, il est vrai, Dieu n'interrompt point le cours des choses ; mais il n'est pas moins certain que la nature ne saurait agir efficacement sans son assistance, sans que lui-même y concoure. Il use de la chaleur du soleil pour réchauffer la terre et la rendre féconde. Il emploie la pluie et les vents pour purifier l'air et pour le rafraîchir ; mais c'est toujours de la manière et au degré qui conviennent à ses vues.

Une grande partie des maux et des biens que nous éprouvons ici-bas procèdent des objets dont nous sommes environnés. Or, comme Dieu s'intéresse à tout ce qui arrive à l'homme, qu'il le gouverne comme un être libre, et que cependant il le tient toujours sous sa dépendance, il faut nécessairement qu'il influe sur ces objets et sur toute la nature. Tel est le fondement des récompenses temporelles que souvent il accorde à la vertu, et celui des châtiments dont il menace le vice. Pour couronner l'une, il donne quand il lui plaît la paix et la prospérité ; pour punir l'autre, il envoie la famine et la contagion. En un mot, toutes les causes secondaires sont dans la main de Dieu, et immédiatement soumises à sa providence. Les hommes eux-mêmes peuvent nous fournir un exemple de cette conduite du Seigneur. Combien de fois leur industrie ne triomphe-t-elle pas de la nature ! Ils ne peuvent changer l'essence des choses ; mais ils savent se servir des causes naturelles, de manière qu'il en résulte des effets qui n'auraient point eu lieu, sans l'art et la direction de l'homme. Or, si le Très-haut a soumis en quelque sorte les causes naturelles à l'industrie humaine, à plus forte raison s'en sera-t-il réservé à lui-même la direction et le gouvernement.

Toutes ces causes sont sans doute par elles-mêmes d'excellents instruments; mais pour qu'ils soient utiles, il faut qu'ils soient mis en œuvre par un sage ouvrier. Il serait déraisonnable de souhaiter que Dieu changeât à chaque instant les lois qu'il a une fois établies; de vouloir, par exemple, qu'un homme en tombant dans l'eau ne s'y noyât pas, ou qu'en tombant dans le feu, il n'y fût pas consumé. La Providence sera-t-elle obligée de conserver l'intempérant, lorsque lui-même abrège ses jours par ses passions? Dieu sera-t-il tenu de faire des miracles pour sauver les hommes des malheurs qu'ils s'attirent par leur imprudence ou par leurs désordres? Du reste, il est de notre devoir d'attribuer à la Providence toutes ces dispensations particulières et bienfaisantes, qui remédient à nos besoins, et qui ramènent la joie dans nos cœurs. Quant aux désordres de la nature, ils sont le plus souvent les effets de la colère de Dieu qui les fait servir à la punition des crimes. C'est sur ces vérités que se fondent d'un côté les prières par lesquelles nous implorons la bénédiction céleste, nous demandons la paix et des saisons fertiles; et de l'autre, les actions de grâces qui expriment les sentiments de notre gratitude pour tous les biens dont nous comble la Divinité.

170.me CONSIDÉRATION.

Soins généraux de Dieu pour ses créatures.

TOUTES les créatures qui peuplent la terre ont part aux soins de la divine Providence. C'est par elle que des êtres si divers se maintiennent; par elle qu'ils vivent, qu'ils croissent, et que chacun, à sa manière et selon ses facultés, remplit le but pour lequel il existe. Les animaux destitués de raison sont doués des organes, de la force, de la sagacité convenables à leurs différentes destinations. L'instinct les avertit de ce qui pourrait leur être dangereux et nuisible, et les met en état de chercher, de discerner, de préparer les aliments et les demeures qui leur sont propres. Tout cela n'est point en eux le fruit de pénibles réflexions ; ils y sont portés par le penchant qu'une puissance supérieure leur a donné pour leur conservation ; et il n'est parmi eux aucune espèce qui ne puisse se procurer ce qu'exigent indispensablement sa subsistance et son bien-être.

L'homme, d'une nature plus excellente, naît dans un état plus faible, et qui demande bien plus de secours que n'en exigent la plupart des autres animaux. Ses besoins, ses facultés, ses désirs sont plus grands et plus nombreux ; aussi la Providence se distingue-t-elle envers lui par des attentions plus marquées, par de plus grands bienfaits. La terre, l'air et les eaux, toutes les richesses dont il est entouré, contribuent plus abondamment à sa conservation. Dieu distribue ses biens à tous les êtres intelligents, avec un amour de préférence. Il a soumis à leur empire les créatures privées de raison ; il a voulu que les travaux et la vie des brutes servissent à l'entretien et aux commodités de l'homme.

En général, toutes les contrées du globe qui sont habitées fournissent une nourriture suffisante aux créatures qui les peuplent. Admirables effets de la Providence ! Non-seulement le sein fertile de la terre, mais les vastes plaines de l'air et les profondeurs des mers abondent en aliments propres à l'entretien de cette multitude innombrable d'animaux qui vivent et qui se meuvent dans ces éléments. Les trésors de la bonté divine sont inépuisables. Les provisions qu'elle a préparées pour toutes ces créatures suffisent à tous les besoins et se renouvellent sans cesse. Le monde ne dépérit point. Toujours le soleil reparaît avec sa clarté et sa chaleur accoutumées. La fertilité de la terre ne va point en diminuant ; les saisons se succèdent par une marche régulière ; et jamais la nature ne manque de payer son tribut annuel, pour la conservation et le soutien de ses nombreux enfants. Soit que nous considérions la constance, la richesse, ou la diversité de ses dons, partout nous apercevons les traces d'une Providence universelle. Toutes les choses qui nous environnent et qui servent à nous procurer les nécessités, les douceurs et les agréments de la vie, sont autant de moyens visibles, autant de canaux par lesquels notre Créateur, notre Bienfaiteur invisible nous distribue continuellement ses grâces. Les agents de la nature sont les ministres qui remplissent les vues de sa providence ; le monde est son magasin, et nous en tirons tout ce qui nous est nécessaire. C'est à son immense charité qui fait son essence, c'est à ses tendres soins que nous en sommes redevables.

171.me CONSIDÉRATION.

Soins de la Providence pour les individus.

Ce serait un grand malheur pour le monde et pour moi, s'il était vrai, comme l'ont avancé quelques prétendus philosophes, que Dieu ne s'occupe que de la totalité des êtres ; que la conservation seule des genres, des espèces et des sociétés entières, l'intéresse, et qu'il ne se met nullement en peine des particuliers. Quel Dieu ! ou plutôt, serait-il Dieu, l'être qui ne pourrait pas ou qui ne voudrait pas s'occuper des parties dont le tout est composé ; qui, renfermé en lui-même, et craignant de troubler son repos, trouverait trop pénible de s'assujettir à des détails propres à fatiguer son attention ! Loin de moi des idées si peu dignes de l'Être suprême ! ma philosophie et ma plus douce consolation seront toujours de croire un Dieu dont la providence s'étend sur chaque créature.

Et qu'on ne dise pas qu'il serait au-dessous du Très-Haut de prendre soin des individus ; a-t-il donc été au-dessous de lui de les créer ? Y a-t-il quelque chose de petit aux yeux de celui qui a tout fait, les individus comme les genres et les espèces : qui ne peut cesser d'être, par sa nature, infiniment supérieur à tous les êtres qu'il a produits ; mais qui est toujours près d'eux, par son immensité, par sa science, par son action, par sa bonté ? Cet attribut lui rend chers tous les ouvrages de ses mains, et surtout les êtres qu'il a rendus capables de le connaître et de l'aimer. Non, rien n'est petit devant Dieu, comme rien n'est grand devant lui, si ce n'est la vertu, et tout ce qui se rapproche de ses perfections en les imitant. Ce n'est point par l'étendue des globes, ni par leur masse, qu'il apprécie ce qu'ils sont. Devant lui, un immense amas de matière, considéré en lui-même, est bien moins que ne serait pour nous un grain de poussière. C'est l'intelligence, c'est le sentiment dans les êtres dont ces globes sont peuplés, qui peuvent avoir à ses yeux quelque chose de grand et d'intéressant ; et le soupir d'un cœur sensible au sort des malheureux, un sentiment d'amour pour la Divinité, le touchent bien plus que toute l'harmonie des sphères célestes. C'est donc, ici-bas, l'homme, en tant qu'être moral, et beaucoup plus encore en tant qu'être religieux, qui est l'objet d'une providence signalée et particulière. S'il n'était mu que par une sorte d'instinct machinal et nécessaire, on pourrait supposer pour un moment qu'il lui suffit d'être gouverné par une providence générale, sans oublier toutefois que le Créateur doit concourir au maintien et à l'action de tout ce qui existe. Mais il s'agit ici d'un être libre, qui a besoin à chaque instant d'un secret modérateur; qui sent jusqu'à un certain point sa dépendance absolue, et qui adresse à l'Auteur de son existence des vœux et des prières. Or, un tel être sera-t-il indifférent à son Dieu? Et, dans quel moment peut-il, pour se rendre véritablement heureux, se passer de son secours?

Ah ! quel homme, s'il rentre sérieusement en lui-même et qu'il fasse attention aux principaux événements de sa vie, n'y trouvera pas des marques sensibles d'une Providence qui a veillé sur ses jours ; qui l'a soustrait à une foule de périls dont il était menacé; qui lui a offert dans ses égarements des conseils, des lumières propres à le toucher, à le ramener, à opérer son vrai bien ; qui lui a donné des amis, des soutiens, des guides; qui lui a ménagé des consolations dans ses peines, des ressources dans ses disgrâces, et qui a fait tourner à son avantage les choses en apparence les plus contraires ?

Voilà ce que j'ai éprouvé moi-même, ce que tout homme a senti, éprouvé comme moi. Cette Providence, s'il l'a honorée surtout par sa fidélité et sa confiance, il la retrouve également au sein de sa famille qu'elle a soutenue, qu'elle a protégée dans les circonstances les plus critiques, et où toute assistance paraissait impossible; c'est cette divine Providence qui multipliait pour elle ses faveurs, et pourvoyait à son établissement, à ses besoins, par les moyens les plus inattendus.

Je n'ai parlé jusqu'ici que le langage de la nature, de l'expérience et de la raison ; ces vérités sublimes et importantes me sont confirmées par la révélation. Elle m'apprend que même les cheveux de ma tête sont comptés, et qu'il n'en tombe pas un seul que Dieu ne l'ordonne ou qu'il ne le permette. « Considérez les oiseaux du ciel, ils ne sèment ni ne recueillent, ils n'amassent point dans des greniers; mais votre Père les nourrit. N'êtes-vous pas bien plus excellents qu'eux ? Et qui est celui d'entre vous qui puisse avec tous ses soins ajouter à sa taille la hauteur d'une coudée ? Pourquoi aussi vous mettez-vous en peine pour le vêtement ? Considérez comment croissent les lis des champs; ils ne travaillent point, ils ne filent point; et cependant je vous déclare que Salomon, dans toute sa gloire, n'a jamais été vêtu comme l'un d'eux. Si donc Dieu a soin de vêtir de cette sorte une herbe des champs, qui est aujourd'hui et qui demain sera jetée dans le four, combien aura-t-il plus de soin de vous vêtir, ô hommes de peu de foi ! Ne vous mettez donc pas en peine, et ne dites pas : où trouverons-nous de quoi manger, de quoi boire, de quoi nous habiller ? comme font les païens qui s'inquiètent de toutes ces choses; car votre Père sait que vous en avez besoin. Cherchez premièrement le royaume de Dieu et sa justice, et toutes ces choses vous seront données comme par surcroît. »

172.me CONSIDÉRATION.

Moyens de félicité que Dieu offre à l'homme.

CE n'est pas dans ces biens que l'on recherche avec tant d'empressement, qu'on se procure à si grands frais, qu'on perd si aisément, et dont la jouissance, laissant toujours dans l'âme un vide qu'ils ne peuvent remplir, n'enfante tôt ou tard que la satiété et le dégoût; non, ce n'est pas dans de tels biens qu'on peut trouver le bonheur, même ici-bas.

Où donc s'offre-t-il à nous ? C'est dans la connaissance et l'amour de l'Être souverainement aimable, souverainement parfait, qui nous créa pour l'aimer et être heureux en l'aimant; dans l'union étroite avec lui; dans une conformité entière à sa volonté sainte; connaissance pratique, union de volonté, partage des âmes simples et droites, bien plus que de ces prétendus sages, livrés à de stériles spéculations et à de vains systèmes : c'est dans l'amour de nos semblables que se forme cette grande famille dont Dieu est le père ; amour expansif, charité qui les embrasse tous, et qui leur faisant tout le bien qui est en son pouvoir, répand en nous et autour de nous la joie, la paix, le plus doux contentement : c'est dans l'étude et le spectacle de la nature, ce grand livre ouvert à tous les hommes ; de cette nature si vivante, si animée, si remplie de charmes aux yeux de quiconque sait y voir le souverain Bienfaiteur, qui lui donna tout ce qu'elle renferme de beautés, d'agréments et de richesses ; de cette nature privée au contraire d'esprit et de vie pour qui n'a pas ces yeux éclairés du cœur, seuls propres à nous faire lire jusque dans ses moindres productions les attributs de l'Etre suprême qui l'a formée ; c'est enfin dans la jouissance de soi-même, fruits d'une conscience pure et sans tache ; celle d'une âme qui peut rentrer dans son intérieur sans honte et sans remords ; qui se voit dans l'ordre et s'y complaît ; qui, en tout temps maîtresse d'elle-même, se possède, se maintient dans un repos constant et une égalité parfaite ; qui, par cette satisfaction intime, propre à lui tenir lieu de toute autre jouissance, voit du même œil l'abondance et la disette, la prospérité et les revers, toujours prêt à tout sacrifice de ce qui serait contraire au devoir, toujours à la hauteur des vertus qu'inspire la religion, seule capable de nous conduire, je ne dis pas seulement à ce bonheur infini qui dans l'éternité doit combler nos vœux, mais à la félicité passagère que l'homme est capable de goûter dans cette vie mortelle.

Quelle félicité, et qu'est auprès d'elle celle des heureux du siècle, au sein de leurs honteuses passions et de leur folle ivresse ; de ces hommes emportés loin d'eux par leurs désirs effrénés ; esclaves d'un monde impérieux et fantasque, asservis à ses usages, à ses modes bizarres ; victimes de ses caprices, et jouets de toutes ses révolutions ; de ces hommes qui passent par une alternative continuelle de joie et de tristesse, de plaisirs et d'angoisses, de confiance présomptueuse et de crainte pusillanime, de projets ambitieux et d'espérances futiles, de trouble, d'inquiétudes et d'alarmes, de dissipations frivoles et de désirs de retraite, de satiété, d'ennui, de dégoût de la vie, de mécontentement secret d'eux-mêmes et de tout ce qui les environne ?

Le Dieu qui nous donna l'existence nous fit pour le bonheur : un penchant irrésistible nous y porte sans cesse. Mais au lieu de le chercher où il est en effet, l'homme s'en éloigne de jour en jour en le plaçant dans des biens qui n'en ont que l'apparence. Il se forge des besoins imaginaires, et il oublie que Dieu est le premier besoin de son cœur : il promène ses désirs d'objets en objets, au lieu d'être assez sage pour les restreindre, pour les borner à ce qui est à sa portée, et qui peut le ramener au principe, à l'unique fin de son être. La nature lui offre de toutes parts des plaisirs innocents, des joies pures et tranquilles ; et il se fait un art mensonger de tous les genres d'amusements qui le transportent hors de lui-même. Ainsi contrarie-t-il à chaque instant les vues bienfaisantes du Créateur ; ainsi devient-il l'artisan de son malheur personnel, et presque toujours du malheur de ceux qui l'entourent. Il a horreur du despotisme et de la tyrannie, et, par ses passions fougueuses, il se rend le despote et le tyran de quiconque est soumis à ses volontés arbitraires. On l'évite ; on tremble à son approche ; tandis qu'il ne tiendrait qu'à lui de se faire chérir par sa douceur. Tout, s'il était vraiment sage, serait riant autour de lui ; et tout y est triste et sombre, comme un horizon couvert de noires vapeurs et d'épais nuages.

173.ᵉ CONSIDÉRATION.

Du prix de la révélation.

La révélation nous apprend à jouir dignement de tous les dons que nous prodigue cette nature si brillante et si riche, qui vient de faire l'objet de nos méditations ; sans elle le spectacle des merveilles que l'univers offre à nos yeux ne serait pour nous qu'une école bien imparfaite. Heureux qui en sent tout le prix !

Un des premiers biens dont elle devient pour nous la source, est d'éclairer et de fixer notre esprit sur les objets les plus importants. Tous les hommes ont eu l'idée et le sentiment d'une cause première, d'une intelligence suprême ; mais lorsqu'ils n'ont pas été éclairés par la révélation, où la plaçaient-ils ? quelles notions s'en sont-ils formées ? quel culte lui rendaient-ils ? Sur tous ces points, que de fausses idées ! quel amas de superstitions ! Dans les philosophes eux-mêmes, que de systèmes, pires encore, pour la plupart, que les croyances les plus communes et que les traditions populaires ! Sur l'homme, sur son origine, son état actuel, sa destination, combien d'incertitudes, d'erreurs et de fictions, sous l'enveloppe desquelles cependant on découvre une foule de vérités altérées qui ne se retrouvent dans toute leur suite et toute leur pureté que dans nos livres saints ! La religion révélée a pu seule dissiper ses épaisses ténèbres ; elle nous a donné de Dieu, de son unité, de ses attributs, la connaissance la plus distincte ; celle qui convenait à sa nature ; elle nous a instruits sur l'homme et sur sa véritable fin, de manière à ce que nous ne fussions plus une énigme à nous-mêmes. Sur ces articles et sur tout ce qu'elle nous enseigne, elle fait cesser nos doutes par le poids d'une autorité bien supérieure à celle de notre faible raison abandonnée à elle-même. Au sein de l'Eglise catholique, toujours une, toujours uniforme dans sa doctrine, toujours visible dans son chef et dans la succession constante de ses pasteurs légitimes qui remonte jusqu'aux Apôtres, cette autorité, si nécessaire à l'homme, fixe, détermine, rassure et met en repos notre esprit naturellement inquiet et chancelant, avide de nouveautés, courant pour l'ordinaire après la vérité par la voie de l'opinion, par l'imagination et par les sens, s'égarant à chaque pas, revenant sans cesse sur lui-même, tant qu'il lui reste assez de droiture et de discernement pour s'apercevoir et se douter au moins de ses écarts, et se faisant un tourment continuel de ses variations, de ses incertitudes et de ses recherches. Je le demande en particulier à quiconque est revenu à la religion, après avoir erré trop longtemps dans le dédale tortueux des vains systèmes de la moderne philosophie : n'est-ce pas là ce qu'il a éprouvé avant son retour, et ce qui lui fait sentir si vivement aujourd'hui tout le prix de la révélation ?

Elle ne se borne pas à éclairer et à fixer notre esprit. En tournant notre sensibilité vers les plus grands objets, et les plus propres à lui fournir un aliment convenable ; en lui donnant toute l'élévation et toute l'étendue qu'elle doit avoir, la religion révélée remplit notre cœur. Il n'est point d'âme plus délicate, plus sensible en effet que l'âme vraiment religieuse. Et pour qui est-elle si sensible? Pour l'Auteur de son être, pour la source de toute beauté, de tout bien; pour ce Dieu souverainement parfait, souverainement aimable, que la religion lui a appris à connaître, à aimer par-dessus tout, infiniment plus que toutes les créatures, qui ne sont que l'ouvrage de ses mains. Pour qui est-elle si sensible encore? Pour tous les hommes, qu'elle voit tous sans exception dans celui qui les a formés, qui a gravé en eux les premiers traits de son image, qui les a tous couverts et teints en quelque sorte du sang de Jésus-Christ, qui a voulu les lier tous entre eux par cette charité qui fait son essence, selon ce beau mot de saint Jean : *Dieu est charité.*

La religion révélée, en nous aidant à triompher de nos propres passions, par les motifs et les secours qu'elle nous présente, nous rend toute notre grandeur réelle. La révélation nous ramène à la dignité de notre origine, et rétablit en nous les traits augustes de cette image de lui-même, que le Créateur a gravée dans notre âme, mais que la dégradation de la nature humaine par le péché y a si malheureusement défigurée. Que l'on compare cet homme spirituel et céleste, renouvelé par la grâce de Jésus-Christ, tel que nous le peignent les livres du Nouveau-Testament, cet homme dont les vues sont si nobles et si pures, qui vit uniquement de la vie de la foi, et ne se conduit que par ses maximes ; qui fait toute son étude de se rapprocher de son modèle, en imitant autant qu'il est en lui ses perfections; qui tend à l'éternité, et y place toutes ses richesses, en les versant dans le sein des malheureux qu'il soulage, qu'il soutient par ses exemples et par ses discours, quand il ne peut le faire aussi par ses aumônes ; qui, embrasé du feu de la plus ardente charité, n'emploie, à l'exemple de son divin Maître, tous ses moments, tous ses moyens qu'à faire du bien ; qu'on le compare à l'homme charnel et terrestre, qui n'aspire qu'à des jouissances passagères, qui ne vit que pour ce monde vain et périssable ; qui se roule dans la fange des plaisirs les plus honteux ; qui se montre barbare et dénaturé quand il rencontre quelque obstacle à la fougue de ses désirs, qui ne cherche que son propre avantage, quelque effet qui puisse en résulter pour le malheur des autres ; et combien ne sera-t-on pas étonné de voir dans

la nature humaine ce contraste si frappant : d'un côté,
l'homme qui, formé par la religion, nous fait admirer en
lui l'âme la plus élevée, la plus grande, tenant en quelque sorte de la nature des anges, dans un corps dont les
liens le captivent ; et, d'un autre côté, un être abruti par
ses penchants désordonnés, disons plus vrai, un être vil
et pire mille fois, par l'abus de sa raison, que les brutes
elles-mêmes !

La religion révélée épure et accroît nos plaisirs. Elle les
épure en ne nous en permettant aucuns qui ne soient dans
l'ordre, qui ne soient avoués par la plus saine raison,
comme par l'esprit même du christianisme ; elle leur ôte
par là tout ce qu'ils pourraient avoir de dangereux, et
ne leur laisse que ce dont on peut jouir sans crainte et
sans remords. Elle les accroît en répandant un charme
inexprimable sur toute la nature. Combien tous les agréments et toutes les richesses qu'elles nous présentent acquièrent de prix à nos yeux, lorsque nous les ramenons
à celui qui en est l'Auteur, que nous y retrouvons partout sa bonté, sa magnificence et ses œuvres ! Avec quel
attendrissement on se dit à soi-même : C'est au père le
plus tendre, c'est à l'ami le plus généreux, c'est à notre
bienfaiteur de tous les jours, de tous les moments, que
je suis redevable de ce spectacle si admirable, si varié,
et toujours nouveau qu'il étale à mes regards, de ces biens
si multipliés, si divers dont il me comble ! Quelle élévation, quels ravissements, quelles délices ineffables une
âme sensible ne puise-t-elle pas dans de semblables pensées ! Et c'est la religion, c'est la piété qui les fait naître
et qui les lui rend habituelles.

Non-seulement la religion chrétienne épure et augmente
nos plaisirs ; elle nous console dans nos peines. Hors d'elle
où puiser des forces pour les soutenir avec résignation,
avec courage, lorsqu'elles sont portées à un certain excès ? Où trouver des motifs pour nous les rendre chères ?
Elle seule peut nous faire aimer les souffrances comme un
moyen d'expiation, comme une source de mérites, comme
un sujet de conformité avec cet Homme-Dieu qui a daigné
tout souffrir pour nous, comme l'entier accomplissement
des vues miséricordieuses de Dieu à notre égard, et la
voie la plus assurée, le gage le plus certain de notre bonheur futur ; ce qui fait dire à l'un des Apôtres : « regar-

dez comme le sujet d'une extrême joie les diverses tribulations qui vous arrivent, sachant que l'épreuve de votre foi produit la patience, et que la patience fait un ouvrage parfait [1]. »

Enfin, la religion révélée nous offre en Jésus-Christ le législateur le plus sage, celui qui nous a tracé les plus pures maximes, et dont ses ennemis eux-mêmes sont forcés d'admirer la morale sainte et sublime; le modèle le plus accompli, et le plus proportionné cependant à la nature humaine, que dans sa personne il a unie à la divinité; le Rédempteur des hommes; le puissant Médiateur, selon le mot de Montesquieu, entre un grand juge et de grands coupables; l'hostie la plus propice, la victime la plus capable de rendre à Dieu la gloire que le péché lui avait enlevée, d'honorer dignement l'Etre suprême, en comblant l'intervalle qui est entre le fini et l'infini; d'exalter nos mérites et de remplir toutes nos espérances.

Ainsi le christianisme nous offre-t-il le plus beau plan de religion et la plus divine économie : nulle part elle ne se dément; et, ce qui n'est arrivé dans aucune secte, dans aucune école de philosophes, ce qui ne pouvait appartenir qu'à des hommes inspirés d'en haut, parmi tant d'écrivains du Nouveau-Testament, aucun d'eux n'a montré la plus légère différence de sentiment dans le dogme, la moindre variété dans la morale.

Et je pourrais ne pas aimer cette religion sainte, la seule véritable ! Ah ! j'y tiens de toute la force dont je tiens *à Dieu*, qu'elle nous a si bien appris à connaître, à aimer, à adorer, et à servir en esprit et en vérité ; *à mes semblables*, qu'elle nous rend si chers, et en faveur desquels elle nous porte à nous oublier nous-mêmes, à nous sacrifier tout entiers ; *à la vérité*, dont elle a tous les caractères, et pour laquelle cette sainte religion, qui fait seule les cœurs vraiment droits, nous inspire le plus grand respect, comme le zèle le plus vif et le plus sincère ; *à la vertu*, qu'elle forme en nous d'après les idées les plus saines, par les plus puissants motifs et par les secours les plus efficaces ; *au bonheur*, enfin, dont elle est pour nous la source la plus réelle et la plus

[1] Jac. c. 1. v. 2. 3. 4.

féconde, dans cette vie même, autant qu'on peut le trouver ici-bas, mais surtout dans une vie meilleure qu'elle nous garantit et qu'elle nous prépare.

174.me CONSIDÉRATION.

Idée sur le bonheur de l'homme dans l'autre vie.

Dieu nous comble de biens sur la terre ; mais que sont ces biens auprès de ceux que l'œil n'a jamais vus, que l'oreille n'a jamais entendus, et que Dieu a préparés à ceux qui l'aiment ! L'homme n'est pas plus capable de se représenter la véritable nature des biens a venir, que l'être destitué de raison ne peut se représenter les plaisirs intellectuels de l'homme. Comment en effet parviendrais-je à connaître des objets qui, pour être saisis ou conçus, supposent d'autres facultés que les miennes, ou du moins des facultés tout autrement perfectionnées ? Cependant, si un voile épais dérobe à mes regards ces biens après lesquels mon cœur soupire, il m'est au moins donné d'entrevoir quelques-unes des principales sources d'où ils découleront.

L'homme possède trois facultés éminentes : la faculté de *connaître*, la faculté d'*aimer*, et celle d'*agir*. Ces facultés sont perfectibles à l'infini, et deux moyens principaux pourront les perfectionner, dans le monde à venir, des sens plus exquis, et de nouveaux sens.

Nos sens actuels sont susceptibles d'un degré d'étendue et de finesse bien supérieur à celui que nous leur connaissons ici-bas. Nous pouvons même nous faire une idée de cet accroissement, par les effets prodigieux de nos instruments d'optique. Qu'on se figure un des anciens philosophes, observant une mite avec nos microscopes, ou contemplant avec nos télescopes Jupiter et ses lunes ; quels n'eussent pas été sa surprise et son ravissement ! Quels ne seront point aussi les nôtres, quand revêtus de ce corps spirituel que la révélation nous promet après la résurrection, nos sens auront acquis toute la perfection qu'ils peuvent recevoir ! Nos yeux, réunissant alors les avantages des télescopes et des microscopes, se proportionneront à toutes les distances, et combien les verres de ces nouvelles lunettes seront-ils supérieurs à ceux dont l'art se glorifie ! Il en sera de même des autres sens qui nous seront rendus. Quels ne seront point les rapides progrès de nos connaissances, lorsqu'il nous sera donné de découvrir les premiers principes des corps ! Nous verrons alors par intuition ce que nous tentons de deviner à l'aide du raisonnement ou des calculs. Une multitude de rapports nous échappent, précisément parce que nous ne pouvons apercevoir la figure, les proportions, l'arrangement de ces particules infiniment petites, sur lesquelles repose tout le grand édifice de la nature.

Il ne nous est pas plus difficile de concevoir que dans l'économie future, de nouveaux sens soient ajoutés à ceux que nous possédons. Ces sens nous manifesteront dans les corps des propriétés qui nous seront toujours inconnues ici-bas. Combien de qualités sensibles que nous ignorons encore, et que nous ne découvrirons point sans étonnement ! Combien de forces dont nous ne soupçonnons pas même l'existence, parce qu'il n'est aucun rapport entre les idées que nous acquérons par nos sens actuels, et celles que nous pourrions nous former par d'autres sens ! Ces sens nouveaux seront en rapport avec le monde à venir, qui est notre véritable patrie ; peut-être avec tous les mondes, qu'il nous sera permis de visiter, et où nous puiserons sans cesse de nouvelles connaissances.

Elevons nos regards vers la voûte étoilée : considérons cet immense assemblage de soleils et de mondes disséminés dans l'espace, et admirons que l'homme ait une raison capable de lui révéler leur existence, et de s'élancer jusqu'aux extrémités de la création. De quels sentiments notre âme ne sera-t-elle point remplie, lorsqu'après avoir connu à fond l'économie d'un de ces mondes, nous volerons vers un autre, et que nous comparerons entre elles ces deux économies.

Mais la raison de l'homme perce encore au delà de tous les globes ; elle s'élève jusqu'au ciel où Dieu habite ; elle y contemple son trône auguste ; elle voit toutes les sphères rouler sous ses pieds, et obéir à l'impulsion que sa main puissante leur a imprimée : elle entend des acclamations de toutes les intelligences ; et mêlant ses adorations et ses louanges aux chants majestueux de ces hiérarchies célestes, elle lui adresse, dans le sentiment profond de son néant, le cantique que feront à jamais retentir les bienheureux.

Si la souveraine bonté s'est plu à parer si richement la première demeure de l'homme ; si, par son ordre, toutes les parties de la nature conspirent ici-bas à lui fournir des sources intarissables de plaisirs, quel ne sera pas le bonheur dont elle le comblera dans la nouvelle Jérusalem ! Il s'y abreuvera au fleuve des délices éternelles ; il ne cessera d'admirer les beautés, la richesse, la variété du magnifique spectacle offert à ses regards, dans cet autre univers qui embrasse tous les mondes, et où l'Être existant par lui-même donne aux Esprits célestes les signes les plus augustes de sa présence adorable. Ce sera dans ces saintes demeures, au sein de la lumière, de la perfection et du bonheur, qu'initiés dans les mystères profonds du gouvernement, des lois et des dispensations de la Providence, nous verrons les raisons secrètes de tant d'évènements qui maintenant nous étonnent, nous confondent ; et que, saisissant d'un coup-d'œil le pourquoi et le comment de ces calamités, de ces épreuves qui exercent ici-bas la patience du juste, épurent son âme, rehausse ses vertus, nous reconnaîtrons avec évidence que *tout ce que Dieu a fait est bon.*

Mais que sont encore toutes ces choses, en comparaison de la contemplation de Dieu lui-même, vu face à face, et de la connaissance intuitive de ses adorables perfections ? Et sur ce dernier objet, que ne resterait-il pas à dire, s'il nous était donné ici-bas d'avoir un entendement et un langage dignes d'un habitant des cieux ?

Notre faculté d'*aimer* est actuellement bornée, imparfaite, aveugle, grossièrement intéressée : toutes nos affections participent à la chair et au sang. Notre cœur étroit a de la peine à embrasser dans sa charité la totalité des hommes. Combien il lui est difficile de se concentrer un peu fortement dans l'Être souverainement aimable ! Mais ce sentiment si expansible, si fécond en effets divers, embarrassé maintenant dans des liens qui le resserrent, en sera un jour dégagé ; et celui qui nous a faits pour l'aimer et pour aimer nos semblables, saura épurer nos désirs, et diriger toutes nos affections vers la plus grande et la plus noble fin. Lorsque nous aurons été revêtus de ce corps glorieux que la foi promet aux justes, notre volonté perfectionnée n'aura plus que des désirs assortis à la haute élévation de notre nouvel être : elle tendra sans cesse au vrai bien, au plus grand bien. Dépouillés pour toujours de la partie corruptible de notre être, et revêtus de l'incorruptibilité, nos sens ne dégraderont plus nos affections ; notre imagination ne corrompra plus notre cœur : les grandes et magnifiques images qu'elle lui offrira sans cesse, vivifieront, échaufferont tous ses sentiments : notre puissance d'aimer s'exaltera, se déploiera de plus en plus, et la sphère de son activité s'agrandissant à l'infini, embrasera les intelligences de tous les ordres, et s'abimera dans ce Dieu qui est la charité par essence.

La *force*, comme la portée de nos organes, est ici-bas très-limitée. Nous ne saurions les exercer pendant un temps un peu long, sans éprouver bientôt un sentiment incommode et pénible. Nous avons à surmonter une résistance continuelle, pour nous transporter, ou plutôt pour nous traîner d'un lieu à un autre. Notre attention s'affaiblit en se partageant, et se consume par une application trop soutenue : notre mémoire ne retient qu'avec effort ce que nous lui confions ; l'âge et mille accidents la menacent, l'altèrent, la détruisent : notre raison, par la correspondance établie entre l'âme et le corps, tient elle-même à quelques fibres délicates que des causes assez légères peuvent déranger : enfin, notre machine entière est toujours près de succomber sous le poids et par l'action continuée de ses ressorts. Le corps spirituel, au contraire, ne sera sujet à aucune altération : il obéira toujours avec une extrême promptitude et la plus grande facilité, à toutes les volontés de notre âme ; et nous nous transporterons d'un monde dans un autre, avec une célérité qui surpassera celle de la lumière. Sous cette économie de gloire, nous exercerons sans fatigue toutes nos facultés : notre attention pourra saisir à la fois un très-grand nombre d'objets plus ou moins compliqués ; elle les pénétrera intimement ; elle en découvrira les ressemblances et les dissemblances les plus légères. Ce qui sera une fois entré dans notre mémoire ne s'en effacera jamais : elle s'enrichira de cette sorte à l'infini ; elle s'incorporera, pour ainsi parler, des modes entiers, dont elle ne cessera de retracer à notre esprit, sans altération, sans confusion, l'immense histoire de toute l'harmonie.

Oh ! que ces ravissantes idées sont propres à élever et

agrandir notre âme ; à balancer et adoucir toutes les épreuves de cette vie mortelle ; à soutenir et augmenter notre patience , notre résignation , notre courage ; à nourrir , à exalter tous nos sentiments de reconnaissance , d'amour et de vénération pour cette bonté adorable qui nous appelle à la jouissance de la plus entière félicité ! Comment les hommes peuvent-ils préférer des vanités à des biens infinis.... ! Ah ! c'est qu'ils ne connaissent point Dieu : c'est qu'ils ne cherchent point à le connaître ! Ils vous trouveraient, beauté toujours ancienne et toujours nouvelle , vie pure et bienheureuse de tous ceux qui vivent véritablement , s'ils vous cherchaient au fond de leur âme. Mais parce que vous êtes au dedans d'eux où ils ne rentrent jamais , et qu'au dehors ils s'arrêtent aux choses visibles , vous êtes pour eux un Dieu caché. Ils vous ont perdus en se perdant eux-mêmes. L'ordre et la beauté que vous avez répandus sur toutes vos créatures , comme des degrés pour élever l'homme à vous , sont devenus des voiles qui vous dérobent à leurs faibles yeux. Ils n'en ont plus que pour voir des ombres. La lumière les éblouit. Ce qui n'est rien , est tout pour eux : ce qui est tout , ne leur semble rien. Cependant qui ne vous voit pas , n'a rien vu ; qui ne vous goûte point , n'a jamais rien senti : il est comme s'il n'était point , et sa vie entière n'est qu'un songe malheureux.

O mon Dieu ! donnez à cet ouvrage , fait pour rappeler à vous ceux qui s'égarent , et pour vous attacher plus fortement encore les âmes tendres et sensibles , je ne dis pas seulement quelque partie de ces charmes que vous avez répandus sur toute la nature , mais cet esprit vivifiant qui échauffe , qui embrase tous les cœurs. Sans vous tous nos efforts sont faibles et vains : avec vous toute faiblesse est force et puissance. Quand les rudes aquilons ont ravagé la terre , vous appelez le plus faible des vents : à votre voix le zéphir souffle , la verdure renaît , la douce primevère et l'humble violette colorent d'or et de pourpre le sein des noirs rochers. Exaucez mes vœux les plus ardents ; et qu'en déployant ici la grandeur de vos bienfaits et la beauté de vos œuvres , je puisse faire naître dans tous vos enfants l'amour de leur Auteur !

F I N.

TABLE.

Introduction. — La contemplation de la nature est une source
de plaisirs pour l'esprit, est une école pour le cœur. *page.*   5

1.re Considération. La Création.   7

2 Époque de l'origine du monde et du genre humain.   9

3 La matière; son étonnante divisibilité.   12

4 Lois générales de la nature, et premièrement l'impulsion
et l'attraction universelles.   13

5 De l'affinité ou attraction spéciale.   15

6 Sur la force d'inertie.   16

7 Réflexions sur le globe terrestre : sage ordonnance qu'on
y découvre.   17

8 Origine des montagnes, leur nature, leurs volcans, leurs
cavernes.   18

9 Élévation des montagnes; leur température, leur utilité.   19

10 Beaux points de vue que représentent les Alpes.   20

11 La mer, avantages qu'elle procure.   21

12 Des trois règnes de la nature en général.   22

13 L'aimant.   23

14 Parties extérieures des plantes.   26

15 Parties intérieures des plantes; leur accroissement.   27

16 De la dissémination naturelle des graines et de l'extrême
petitesse des germes.   28

17 De la propagation des plantes par les graines, les fleurs et
les fruits.   29

18 Sur la fécondation des plantes.   30

19 Propagation des plantes par rejetons et par boutures : la
greffe.   31

20 Les feuilles des arbres.   32

21 Les fleurs, leur multitude et leur diversité.   34

22 Beauté des fleurs; ordre dans leur succession.   35

23 L'odeur des fleurs.   36

24 Réflexions morales à la vue d'un parterre.   37

25 Le Verger. Réflexions morales sur les boutons des arbres.   38

26 Réflexions sur les fleurs des arbres des vergers.   39

27 Réflexions sur les fruits des vergers.   40

28 Convenance des fruits avec les climats; les cerises.   41

29 Observations sur la végétation du blé.   *page* 42
30 De l'utilité du pain.   44
31 Réflexions morales à la vue d'un champ de blé.   Ibid.
32 La vigne.   46
33 Le vin.   47
34 Contemplation d'une prairie.   48
35 Beauté et utilité des prairies.   49
36 Les bois et les forêts.   50
37 Diversité entre les arbres.   52
38 Usages et utilité du bois.   53
39 Utilité des forêts.   54
40 Plaisirs que procure à l'agronome la culture des champs
    et des jardins.   55
41 Sur les avantages de la solitude.   56
42 Des plantes d'hiver, et des végétaux qui conservent alors
    leur verdure.   58
43 Plantes étrangères naturalisées dans nos climats.   Ibid.
44 De quelques-unes des principales plantes exotiques.   59
45 Rapport des plantes avec les besoins de l'homme, et
    particulièrement avec sa nourriture.   60
46 De la fécondité des plantes.   62
47 Activité continuelle de la nature dans le règne végétal.   Ibid.
48 Singularité du règne végétal.   64
49 Divers procédés remarquables dans les plantes.   65
50 Prétendue sensibilité dans les plantes.   66
51 Les animaux.   67
52 Les zoophytes ou animaux-plantes.   68
53 Les animaux microscopiques ou animalcules des infusions.   70
54 Les insectes, structure de leurs membres.   71
55 Origine des insectes et leurs transformations.   73
56 Les chenilles.   74
57 Métamorphoses des chenilles.   75
58 Beauté et diversité des papillons.   76
59 Instinct du papillon relativement à la propagation de son
    espèce.   77
60 Le ver à soie.   78
61 Les sociétés d'insectes qui ont pour fin principale l'é-
    ducation des petits : les fourmis.   79
62 Le fourmi-lion.   80
63 Les abeilles, structure de leurs gâteaux.   82
64 Travaux et instruments des abeilles.   83
65 De l'harmonie et du patriotisme qui règnent parmi les
    abeilles.   85
66 Les insectes parasites.   87
67 Les mouches éphémères.   88
68 Réflexions sur les insectes.   90
69 Les crustacées : l'écrevisse, le bernard-l'hermite.   91

70   Les poissons, leur structure.   *page* 93
71   Nombre des poissons ; leurs procédés.   94
72   Avantages que les hommes tirent des poissons ; poissons de passage : les morues , les harengs.   95
73   Les amphibies et les reptiles.   96
74   Les oiseaux ; leur structure extérieure.   98
75   Sur le vol des oiseaux.   99
76   Structure intérieure des oiseaux.   101
77   Nids des oiseaux.   102
78   Soins des oiseaux pour leurs petits.   103
79   Les oiseaux de proie et les oiseaux de nuit.   104
80   Les oiseaux aquatiques.   106
81   Les oiseaux des champs : l'oiseau-mouche , le colibri.   107
82   Les oiseaux doués du chant : le rossignol.   108
83   Les oiseaux de passage : leurs migrations.   110
84   Les quadrupèdes : soins qu'ils prennent de leurs petits.   111
85   Les animaux domestiques ; les troupeaux.   112
86   Les bêtes de charge.   113
87   Les bêtes de somme des autres climats.   114
88   L'éléphant.   115
89   Le chat et le chien.   116
90   Les animaux sauvages : les cerfs, les daims, les chevreuils , habitants des forêts.   117
91   Les animaux des champs : le lièvre , le lapin.   118
92   La marmotte et les animaux qui dorment durant l'hiver.   119
93   Réflexions sur les causes de l'engourdissement de certains animaux durant l'hiver.   120
94   Édifices des castors.   Ibid.
95   Les animaux carnassiers : le loup, le renard.   123
96   Animaux carnassiers des autres régions : le lion.   124
97   Le tigre , la panthère, l'once et le léopard.   125
98   Les singes , l'orang-outang.   127
99   Sur la multitude des animaux.   128
100   De la guerre que les animaux se font entre eux.   130
101   Abus que l'on fait des animaux.   133
102   Dommages que causent les animaux.   136
103   Utilité des plantes et des bêtes venimeuses.   138
104   Tout dans la nature se rapporte au bien des hommes.   140
105   L'homme.   143
106   De la respiration.   144
107   Merveilles de la voix humaine.   146
108   Structure merveilleuse de l'oreille.   148
109   L'œil.   151
110   Merveilles de la vision.   153
111   De la rapidité avec laquelle la vie s'écoule.   155
112   Sur la résurrection à venir.   157

113 L'homme considéré principalement comme doué d'intelligence. *page* 161
114 Sur la spiritualité de l'âme. 162
115 L'immortalité de l'âme. 163
116 La destination de l'homme sur la terre. 166
117 Les désirs de l'âme s'étendent à l'infini. 169
118 Des propriétés de l'eau, et de ses parties constituantes. 172
119 La mer : son flux et reflux. 174
120 Singularités de la mer. 176
121 Utilité des tempêtes. 178
122 De la navigation. 180
123 Nature de l'air et ses propriétés. 182
124 Utilité et nécessité de l'air. 184
125 Les vents. 186
126 Nature et propriétés du son. 187
127 L'écho. 189
128 Navigation aérienne. 190
129 La matière ignée. 192
130 Nature du feu et ses effets. 193
131 Des feux souterrains. 195
132 L'électricité artificielle. 197
133 L'électricité naturelle : le tonnerre. 198
134 Le paratonnerre : autres phénomènes électriques. 200
135 De la nature et des propriétés de la lumière. 201
136 Diversité des couleurs. 203
137 Coup-d'œil général sur le système du monde. 205
138 De la position du soleil ; grandeur et distance de cet astre. 208
139 De la grandeur et de la figure de la terre. 209
140 Du mouvement de la terre. 210
141 Avantages qui résultent de l'inclinaison de l'axe de la terre. 211
142 L'aurore. 212
143 Le lever du soleil. 214
144 L'aurore boréale. 216
145 Utilité morale des nuits. 217
146 Tableau des beautés du printemps. 218
147 Les pluies. 220
148 Des fautes qu'on est sujet à commettre dans le printemps. 222
149 Le printemps, sous son plus bel aspect, est l'image de la résurrection de nos corps. 224
150 Sur la crainte des orages et sur leur utilité. 226
151 Des plaisirs que l'été fournit à nos sens. 228
152 L'automne. 229
153 La neige ; fertilité qu'elle procure à la terre. 631
154 Les pluies d'hiver. 232
155 Des amusements tumultueux de l'hiver. 233

156 Sur les innocents plaisirs que l'hiver peut nous pro-
     curer.   *page* 235
157 Exhortation à se souvenir des malheureux pendant
     l'hiver.   237
158 Avantage du climat que nous habitons.   239
159 Des mouvements des planètes.   240
160 La lune ou l'astre qui préside à la nuit.   244
161 Eclipses de soleil et de lune.   247
162 Contemplation du ciel étoilé.   240
163 Les constellations : l'étoile polaire.   251
164 Coup-d'œil sur les mondes.   254
165 Hymne à la louange de Dieu sur les merveilles que
     nous a offertes la contemplation du ciel.   256
166 Mystère de la nature.   258
167 La somme des biens l'emporte de beaucoup dans le
     monde sur celle des maux.   260
168 L'existence de Dieu.   262
169 Du gouvernement de Dieu à l'égard des évènements
     naturels.   266
170 Soins généraux de Dieu pour ses créatures.   267
171 Soins de la Providence pour les individus.   269
172 Moyens de félicité que Dieu offre à l'homme.   271
173 Du prix de la révélation.   273
174 Idées sur le bonheur de l'homme dans l'autre vie.   278

FIN DE LA TABLE.

Lille, imp. de L. Lefort. 1844.

BIBLIOTHÈQUE HISTORIQUE ET MORALE.

58 VOL. IN-12 A 1 FR. 10 C. LE VOL. BROCHÉ, ORNÉ D'UNE VIGNETTE.

Adhémar de Belcastel, ou ne jugez point sans connaître.

Ame (l'); entretiens de famille sur son existence, son immortalité, sa liberté, etc., suivis d'entretiens sur l'existence de Dieu et sur la Providence, par M.***

Amis de collége, par M.me Césarie Farrenc.

Beautés des leçons de la nature, ou l'histoire naturelle présentée à l'esprit et au cœur; extraits de Cousin Despréaux.

Botanique à l'usage de la jeunesse, par M.me B.****

Chants historiques, trad. de l'ital. de Silvio Pellico, par L. P. 2.e édit.

Charmes de la société du chrétien, par l'auteur de *René*.

Correspondance de famille, sur le choix des amis et sur le danger des mauvaises liaisons. 5.e édit.

Dom Léo, ou le pouvoir de l'amitié, par l'auteur de *Lorenzo*. 2.e éd.

Drames à l'usage des colléges et des pensionnats.

Edmour et Arthur, par l'auteur de *Lorenzo*. 2.e édit.

Epreuves (les) de la piété filiale, par le même. 2.e édit.

Famille (la) Luzy, ou désintéressement et cupidité, par Henri Marger.

Fernand et Antony; épisode tirée de l'histoire d'Alger, avec une notice sur l'Algérie.

Foi (la); l'Espérance et la Charité, par M. L. B.

Histoire de Pierre d'Aubusson, Grand-Maître de Rhodes.

Histoire de Du Guesclin; extraite de Guyard de Berville, par ****.

Histoire de Bossuet, par F. J. L. 2.e édit.

Histoire de Fénelon, par le même. 3.e édit.

Histoire de Godefroy de Bouillon, suivie de l'histoire des Croisades, jusqu'à la mort de saint Louis, par H. Prévault. 2.e édit.

Histoire de Louis XIV, à l'usage de la jeunesse.

Histoire de Marie-Antoinette, et précis sur M.me Elisabeth.

Histoire de Stanislas, roi de Pologne; extraite de l'abbé Proyart, par ***, et suivie de quelques opuscules.

Histoire de S. François d'Assise, par l'auteur du *Voyage à Hippone*.

Histoire de sainte Monique, par le même.

Histoire des Solitaires d'Orient, tirée des auteurs ecclésiastiques.

Histoire du grand Condé, par l'auteur de l'*Histoire de Louis XIV*.

Histoire du pontificat de Pie VI.

Histoire du pontificat de Pie VII.

Jérusalem; tableau de l'histoire et des vicissitudes de cette ville célèbre, depuis son origine la plus reculée jusqu'à nos jours, par de Ravensberg.

Julien Durand, nouvelle imitée de l'anglais par l'auteur d'*Adhémar de Belcastel*; suivie d'Honorine et d'Adolphe.

Lancelle et Anatole, ou les Soirées artésiennes, par D. J. D. ancien professeur de physique. 2.ᵉ édit.

Lorenzo, ou l'empire de la religion, par un non-conformiste écossais qui a embrassé la foi catholique. 3.ᵉ édit.

Morale du Christianisme, offerte à la jeunesse, par M. D. S.***

Naufrage (le), ou l'île déserte, suivi d'*Arthur Dancourt*. 2.ᵉ édit.

Petit (le) Savoyard; histoire morale dédiée à la jeunesse, suivie du *pauvre Orphelin* et de l'*Orpheline*. 2.ᵉ édit.

Réné, ou de la véritable source du bonheur, par l'auteur de la *Correspondance de famille*. 2.ᵉ édit.

Retour à la Foi; trad. de l'Espagnol d'Olavidès.

Retour des Pyrénées, suivi de fragments et de pensées diverses, par l'auteur du *Voyage aux Pyrénées*. 2.ᵉ édit.

Rosario; histoire espagnole, par l'auteur de *Lorenzo*. 2.ᵉ édit.

Séraphine, ou le catholicisme dans l'Amérique septentrionale. 2.ᵉ édit.

Solitaires (les) d'Isola-Doma, par l'auteur de *Lorenzo*. 2.ᵉ édit.

Souvenirs d'Angleterre et Considérations sur l'Eglise anglicane, par M. Robert, chanoine honoraire de Tours.

Souvenirs d'Italie, par M. le marquis de Beauffort.

Théâtre des jeunes filles, par M.ᵐᵉ Césarie Farrenc.

Traits édifiants, recueillis de l'histoire ecclésiastique. 2.ᵉ édit.

Triomphe (le) de la piété filiale; extrait de la vie du comte Georges de Lesley, publiée en italien par Mgr. Rinuccini, suivi de la famille Deschamps. 2.ᵉ édit.

Vie de Brydayne, Missionnaire, par l'abbé Carron.

Vie de saint Vincent de Paul, extraite de la vie du Saint par Collet.

Vie de sainte Thérèse, suivie de la Paraphrase sur le *Pater*.

Vie de Marie Leczinska, reine de France, par l'abbé Proyart.

Vie pratique de S. Alph. de Liguori, par M. l'abbé Gillet, prêtre.

Vie pratique de S. Louis de Gonzague, par le même.

Visnelda, ou le christianisme dans les Gaules, par M.ᵐᵉ V. M.***

Voyage à Hippone, au commencement du 5.ᵉ siècle, par un ami de saint Augustin. 2.ᵉ édit.

Voyage aux Pyrénées, par l'auteur du *Retour des Pyrénées*. 2.ᵉ édit.

Voyage sur la mer du monde, orné d'une carte allégorique,

Youlofi (les); histoire d'un prêtre et d'un militaire français chez les nègres d'Afrique, par M. de Préo.

—⚜—

NOUVELLE

BIBLIOTHÈQUE CATHOLIQUE.

à 30 c. le volume in-18 broché, la plupart ornés e vignettes.

Adèle, ou la pieuse villageoise. 3 vol. fig.
Adhémar de Belcastel, ou ne jugez point sans connaître. 4 vol. fig.
Adolphe, ou la conversion. fig.
Aimable (l') joug du Seigneur.
Album du jeune Botaniste. T. P. M. fig.
Aimée, ou l'ange d'une famille. 2 vol. fig.
Ame (l'); entretiens de famille sur son existence. 2 vol. fig.
Amis (les) de régiment. 2 vol.
Anecdotes religieuses, contemporaines et inédites. fig.
Ange (l') consolateur. 2 vol. fig.
Angéline de Mazili. 2 vol. fig.
Année (l') consolante, dédiée aux âmes affligées. 2 vol. fig.
Antoine, ou le bon père de famille.
Arthur Daucourt, ou voyage en Norwége. fig.
Artisan (l') chrétien, ou vie du bon Henri, cordonnier.
Auguste. fig.
Auguste Fauvel. fig.
Augustine, ou les avantages d'une éducation chrétienne.
Avertissements (des) de la Providence dans les calamités publiques.
Bienfaits des Missionnaires de l'Amérique. 2 vol. fig.
Bienfaits (les) de la Providence. fig.
Bible de famille, ou histoire de l'ancien testament. 4 vol. fig.
Bibliothèque (la) de St.—Gervais. 2 vol.
Bonheur (du) des époux chrétiens. 2 vol.
Bonheur d'une famille chrétienne. 2 vol. fig.
Bonne (la) Mère de famille, ou souvenirs de la vie de Mme ***.
Bon (le) sens du peuple. fig.
Cabane (la) du pécheur. fig.
Captivité et mort de Louis XVI. 2 vol. fig.
Carême (le) populaire, ou l'école de Jésus souffrant. 2 vol. fig.
Caverne (la) de la forêt; ouvrage imité de l'allemand.
Charité (la).
Charlotte et Ernest, ou les 6 sous métamorphosés en 6 louis. fig.
Charmes (les) de la société du chrétien. 2 vol. fig.
Choix de lectures chrétiennes et d'anecdotes intéressantes.
Choix des poésies inédites de Silvio Pellico, par L. P. 2 vol. fig.
Chrétien (le) consolé dans les diverses situations de la vie.
Conseils à la jeunesse, extraits des devoirs des hommes.
Conseils et Exemples en forme de dialogue.
Conseils d'une mère chrétienne à sa fille, par M. M.*** 2 vol.
Considérations affectueuses, trad. de S. Liguori, par l'abbé M.***
Correspondance de famille sur le choix des amis. 4 vol.
Croix (la) de la forêt; récit imité de l'allemand.
Dangers (les) de la légèreté. 2 vol.
Derniers (les) jours du condamné Félix Robol. 2 vol. fig.
Deux (les) Marins, ou le triomphe de l'amitié. fig.
Deux amis, ou entretiens familiers sur la nécessité d'une religion.

Deuxième Plaidoyer religieux, ou nécessité de la confession. 2 v. fig.
Devoirs du jeune chrétien. 2 vol. fig.
Dialogue sur le jurement et le blasphème, par un curé de campagne.
Dieu me voit, ou dialogue sur la présence de Dieu.
Dimanche (le) utilement employé; dialogue sur la religion.
Docteur (le) Morisot. 2 vol. fig.
Dom Léo, ou le pouvoir de l'amitié. 2 vol. fig.
De la Douceur chrétienne.
Drames et Proverbes, par l'auteur de la *Famille Luzy*. fig.
Edmour et Arthur, par l'auteur de *Lorenzo*. 3 vol. fig.
Edmund; récit du 15.ᵉ siècle, imité de l'anglais. 2 vol. fig.
Efficacité de la prière, ou conversion d'un condamné. fig.
Eglise (de l') catholique, apostolique et romaine. 2 vol.
Elise. fig.
Entretiens d'un Berger et d'un Missionnaire sur les vérités de la foi.
Espérance (l').
Essais dramatiques et moraux, par l'auteur de *Florence*.
Exemples de confiance en Dieu au milieu des plus grands périls.
Exemples de vertu, mis à la portée de la jeunesse. 2 vol.
Famille (la) heureuse. 2 vol. fig.
Famille (la) irlandaise; ouvrage imité de l'anglais. 2 vol. fig.
Famille (la) Luzy, ou désintéressement et cupidité. 3 vol.
Famille du fermier Simon, ou la résignation dans les adversités. fig.
Fernand et Antony, ou l'amitié dans le malheur. 2 vol. fig.
Fidélité (la) bénie; chronique chrétienne du 5.ᵉ siècle.
Florence, ou modèle de piété offert aux jeunes personnes.
Foi (la); par M. L. B. fig.
Fraises (les) et le petit Ramoneur. fig.
Geneviève de Brabant; histoire touchante du vieux temps. 2 vol. fig.
Geneviève, ou la pauvre femme charitable. 2 vol.
Georgine, ou l'amour fraternel. fig.
Gloire et Malheur, ou les suites de l'ambition. fig.
Guide du Lecteur chrétien, pour le choix des ouvrages. 2 vol. fig.
Henri Vanderhove. 2 vol. fig.
Héroïne de la charité, ou vie de Jeanne Biscot. fig.
Heureux (les) fruits de la vertu. fig.
Histoire de Godefroi de Bouillon, par H. Prévault. 2 vol. fig.
Histoire de Jérôme, ou le malin, dupe de ses malices. fig.
Histoire de Joseph. fig.
Histoire du Pontificat et de la captivité de Pie VI. 2 vol. fig.
Histoire de Pie VII, extraite en grande partie de M. Artaud. 2 v. fig.
Histoire de saint Louis, roi de France. 2 vol. fig.
Honnête (l') Marchand, ou la bonne foi dans le commerce. fig.
Honorine. 2 vol. fig.
Imitation de saint Augustin, par l'auteur du *Voyage à Hippone*. fig.
Imitation de saint Joseph. fig.
Importance (de l') de la prière, trad. de l'italien de S. Liguori.
Inconnu (l'), ou l'Expiation. fig.
Instructions sur les évangiles des dimanches et fêtes de l'année. 5 v. fig.
Isabelle de Nesle; épisode tiré de l'histoire du 15.ᵉ siècle. 2 vol. fig.
Isala; par l'auteur de *Lorenzo*. 2 vol.
Isidore, ou le fervent Laboureur.
Jenny. fig.
Jérusalem; tableau de l'histoire de cette ville célèbre. 2 vol. fig.
Jeunes (les) Héros chrétiens. 2 vol.
Jeune (la) Mélanie. fig.

Jeune (le) Ouvrier, ou souvenirs de la vie de Léandre Vandrisse.
Jeune (la) Vierge, ou notice sur Melle Aloysa Jouve.
Jour (le) des morts, par A. R.*** fig.
Julie, ou le bon exemple. fig.
Julien Durand; nouvelle imitée de l'anglais. fig.
Justine, ou l'influence de la vertu, par A. D. 2 vol. fig.
Lectures intructives et intéressantes, recueillies de divers auteurs. 2 v.
Lettres de Léandre à Théophile, sur les devoirs dans le monde. 2 vol.
Lorenzo, ou l'empire de la religion. G. T. D. 3 vol. fig.
Louise, ou la bonne femme de chambre. fig.
Marcellin, ou du devoir de prier pour les morts. fig.
Marguerite, ou le dévouement d'une mère, par A. D. 2 vol. fig.
Marraine (la) et la Filleule, ou considérations sur le baptême. 2 vol.
Marie et son père. fig.
Martyrs (les) et les Confesseurs de la foi.
Martyr (le) du secret de la confession, ou vie de S. J. Népomucène.
Matinées (les) et les Veillées du mois de Marie. 2 vol. fig.
Méditations pour servir dans les circonstances difficiles de la vie.
Méditations de l'enfance, ou réflexions sur l'enfance de N. S. J. C. fig.
Mes prisons, ou Mémoires de Silvio Péllico. 3 vol. fig.
Modèle (le) des jeunes pensionnaires, ou vie d'Augustine P.***
Mois (le) de Marie populaire. fig.
Morale (la) du Christianisme, offerte à la jeunesse. 4 vol. fig.
Moralités et Allégories, traduites et imitées de l'allemand. fig.
Moraliste (le) du premier âge.
Natalie, ou la piété nous rend heureux.
Naufrage (le), ou l'île déserte; ouvrage imité de l'anglais. 2 vol.
Nouveaux Essais dramatiques et moraux; scènes populaires.
Nouveau (le) Tobie, ou la patience dans les afflictions de la vie.
Observation (de la fidèle) des Commandements de Dieu. 2 vol.
Observation (de la fidèle) des Commandements de l'Eglise.
Orphelins (les) juifs. fig.
Pauvre (le) Orphelin. fig.
Pensées sur les fins dernières de l'homme, trad. de S. Liguori. 2 v.
Pensées de saint Augustin. fig.
Petit (le) Savoyard. fig.
Petite (la) Mendiante. fig.
Piété (la) filiale, ou devoirs des enfants envers leurs parents. 2 v. fig.
Pratique de l'amour envers N. S. Jésus-Christ, par S. Liguori. 2 v. fig.
Premier Plaidoyer religieux, ou le dogme de la Confession.
Princesses (les) de France, modèles de vertu et de piété. 2 vol.
Prisonnier (le) de Russie, par l'auteur des *Ioulof.* 2 vol. fig.
Prix (le) de Sagesse, par l'auteur de la *Famille Lazy.* fig.
Réconciliation (la). 2 vol. fig.
Réné, ou de la véritable source du bonheur. 2 vol.
Retour de l'enfant prodigue, ou dialogue sur la Pénitence. 2 vol.
Retour (le) en Savoie. fig.
Robert, ou le Superstitieux éclairé.
Rosario; suite des *Solitaires d'Isola Doma.* 3 vol. fig.
Route (la) du Ciel; pensées pour chaque jour du mois. fig.
Sacrifice (le) de l'Autel; par M. Guillois, curé au Mans. 2 vol. fig.
Saints (des) Anges, et en particulier des Anges gardiens.
Sélim, ou le pacha de Salonique. fig.
Sentiments chrétiens, ou paraphrases diverses des livres saints.
Séraphine, ou le Catholicisme dans l'Amérique septentrionale. 3 v. fig.
Serviteurs (les) vertueux, ou vie de la bonne Armelle et de J. Cochois.

Silva, ou l'ascendant de la vertu, par l'auteur de *Lorenzo*. 2 vol. fig.
Sœurs (les) jumelles, ou la vocation. 2 vol.
Solitaires (les) d'Isola Doma, suite de *Silva* et du *même auteur*. 2 v.
Soirées (les) artésiennes. 4 vol.
Soirées (les) du Presbytère. fig.
Souffrances et Résignation. fig.
Souvenirs d'Italie. 3 vol. fig.
Souvenirs d'Angleterre et considérations sur l'Eglise anglicane. 2 v. fig.
Stéphane et Félicie, ou considérations sur les Sacrements. 2 vol.
Suites funestes de la lecture des mauvais livres. 2 vol.
Suzanne, ou l'atelier des orphelines, par l'auteur de *Thérèse*. fig.
Tableau de la naissance du protestantisme; par M. l'abbé P.*** fig.
Thérèse, ou la pieuse ouvrière. fig.
Traits édifiants recueillis de l'histoire ecclésiastique. 4 vol.
Traits remarquables, recueillis des premières années du 19.ᵉ siècle.
Trésors (les) de la grâce, suivis de traits historiques. 2 vol.
Triomphe (le) de la piété filiale. 2 vol.
Triomphe (le) de l'humilité, ou vie du B. Benoît-Joseph Labre.
Troisième Plaidoyer religieux, ou les avantages de la confession. fig.
Un Ange de la terre, ou notice sur la vie et la mort de J. Daymé. fig.
Une Enfant de Marie, ou notice sur la vie et la mort de M.ᵉˡˡᵉ ***.
Une Famille française chez les Iroquois. 2 vol. fig.
Vacances (les), ou lettres de quelques jeunes personnes. 2 vol.
Valentin, ou le jeune Menuisier faisant son tour de France. fig.
Variétés instructives et morales. 2 vol.
Veillées (les) du village, ou dialogues sur divers sujets. 2 vol.
Veillées (les) amusantes. fig.
Vérités (les) de la Foi, mises à la portée de tous les fidèles.
Vertus et Bienfaits du clergé de France. 2 vol.
Vertus de Marie; par S. Alphonse de Liguori. 2 vol.
Victorine et Eugénie, ou politesse et charité.
Vie de François-Philibert, dit Lafeuillade, soldat au régiment du Vexin.
Vie de la bienheureuse Françoise d'Amboise, duchesse de Bretagne.
Vie de Louis de Sales, ou modèle de piété au milieu du monde. 2 v.
Vie de Louis XVII. 2 vol. fig.
Vie de M. de la Salle, ou l'ami de l'enfance. fig.
Vie de M. de Renty, ou modèle du parfait chrétien. 2 vol.
Vie de M.ᵐᵉ Maës. fig.
Vie de S. Augustin, évêque d'Hippone, docteur et P. de l'Eglise. 2 v.
Vie de saint François de Sales, évêque et prince de Genève. 2 v. fig.
Vie de saint François Xavier, apôtre des Indes. 2 vol. fig.
Vie de saint Vincent de Paul. 2 vol. fig.
Vie de sainte Catherine de Sienne. fig.
Vie de sainte Marie-Magdeleine, pécheresse et pénitente.
Vie du pauvre prêtre Bernard, ou le Père des malheureux. 2 vol.
Vie du P. Jean Eudes; par M. l'abbé P.*** portr.
Vie du vénérable serviteur de Dieu Grignon de Montfort. fig.
Vie et Miracles de sainte Philomène. 2 vol.
Vie pratique de S. Louis de Gonzague; par M. Gillet, prêtre. 2 v. fig.
Vies des Saints dans les plus humbles conditions de la société. 2 vol.
Visnelda, ou le christianisme dans les Gaules. 2 vol. fig.
Voyage aux Pyrénées, par l'auteur des *Souvenirs de Voyages*. 2 v. fig.
Voyage sur la mer du monde. 2 vol. carte.
Voyage à Hippone, au 5.ᵉ siècle. 2 vol. fig.
Voyage à Migné. 2 vol. fig.

LIVRETS D'ENCOURAGEMENT

AU TRAVAIL ET A LA VERTU.

60 LIVRETS IN-18, DONT 30 AVEC JOLIE VIGNETTE.

A 10 FR. LE CENT, *avec vignette.*

A 8 FR. LE CENT.

1.re SÉRIE.

Le petit Paul.
L'Enfant dans les bois.
Albert et Léonard.
L'Orpheline.
Les véritables Défenseurs du peuple.
L'Hirondelle.
L'honnête Homme.
Notre-Dame de Bon-Secours.
Emile et Edouard.
Le Chien dans la Seine.
Thomas Morus.
La mère Blanc-d'Œuf.
Ayez pitié du pauvre.
Michelette, ou l'ange de la prison.
Julien le jardinier.

2.e SÉRIE.

La tombe des Carriers.
Jules Belly.
Le Fermier de Valpont.
Pauvre père !
Le pieux Commis.
L'Avare et le Prodigue.
La Providence.
Les deux Voisins.
Les Voleurs.
Gérard le charpentie
Si j'avais cent francs
Les Quadrupèdes.
Les Oiseaux.
Les Insectes.
Les Poissons.

1.re SÉRIE.

Le vrai Moyen d'être heureux.
Le seul Remède aux désordres.
La 1.re Communion d'Edouard.
M. Valbert.
La Religion, protectrice du pauvre.
Prosper.
Les deux Frères.
Le danger des mauvaises lectures.
La sanctification du Dimanche.
Les deux Soldats.
Le Secours inattendu.
M. de Saint-Aubin.
Les Vœux changés d'objets.
Pourquoi des riches ? Pourquoi des pauvres ?
Saint Louis de Gonzague.

2.e SÉRIE.

La joie du Chrétien.
L'Homme et la vie.
L'Homme et la mort.
Foi. Douceur.
Les Délices de l'homme de bien.
L'Arrogant puni.
Jean, ou l'orphelin reconnaissant.
Ernest, ou repentir d'un bon cœur.
Julien, ou le mensonge.
Bastien, ou l'enfant dissipé.
Charles, ou l'enfant jaloux.
Henri, ou le jeune instituteur.
Fabliaux.
Fleurs à la jeunesse.
L'Homme. Le Monde. l'Eternité.

BIBLIOTHÈQUE DE L'ENFANCE.

80 VOLUMES G.º IN-32.

TRADUITS OU IMITÉS DE L'ALLEMAND DU CHANOINE SCHMID,

DE NELK, LANG, etc.

Prix du volume broché avec figura : 80 c.

Le Coin du feu. 3 vol.
Les OEufs de Pâques.
Berthe ou l'Écran.
Le petit Henri d'Eichenfelds.
L'Enfant perdu.
La Veille de Noël.
Mathilde, l'Orpheline de la Suisse.
Le Serin.
La Croix de bois.
Le petit Mouton.
Le petit Ermite.
La Colombe.
Gratia, reine de Tango.
Le Ver-luisant.
La Grotte.
La Guirlande de Houblon.
Le Berceau.
Louis, le petit Émigré.
Le Médaillon.
La Fidélité récompensée.
Le Perroquet.
La Pensée.
La Corbeille de fleurs. 2 vol.
La Chaumière des Alpes.
L'Écrin.
Le Grenier.
La Bourse.
Le Chapeau.
La Statue de saint George.
La Croix de la Forêt.
Eustachie.
Le bon Fridolin et le méchant Thierry. 2 vol.
La Boule du clocher.
La Fille inconnue.
Le Coquelicot.
Le petit Berger.

La jeune Stéphanie.
Choix d'Histoires morales.
La Chaumière Irlandaise. 2 vol.
Les Braconniers.
Les Pommes.
Le Chien aveugle.
La Bible de l'Enfance. 3 vol.
Le Volet.
Le petit Baril d'encre.
Le Rosier.
La Vallée d'Alméria. 2 vol.
Setma.
Le vieux Buchmann.
Barthélemy.
L'Oncle sévère.
Le Souvenir.
La Poire.
La Bague.
Ferdinanda.
La Dame noire.
Le Fils adoptif.
Fabiana.
L'Orpheline.
Le Lys de la vallée.
Rosalie de Palerme.
La Nuit de Noël.
Les Fruits d'une bonne éducation.
Le Verre d'eau.
L'École de la pauvreté.
Le Vendredi.
L'Enfant Prodigue.
La Chartreuse.
Le Rossignol.
Les deux Frères.
Le vieux Château.
Vie de saint Louis de Gonzague.

A la même Librairie,

Collection de vol. in-12

brochés avec jolies couvertures impr.
et ornés d'une vignette.

Morale du Christianisme.
Souvenirs d'Angleterre.
Dom Léo, ou le pouvoir de l'amitié.
Traits édifiants.
Correspondance de famille.
Voyage aux Pyrénées.
Retour des Pyrénées.
Vie de sainte Thérèse.
Vie de saint Vincent de Paul.
Vie de Brydayne.
Vies de S. Bernard, etc.
Histoire de Bossuet, par F. J. L.
Histoire de Fénelon, par F. J. L.
Séraphine.
Adhémar de Belcastel.
La Foi, l'Espérance et la Charité.
Le Naufrage.